Masculinités maghrébines

Francopolyphonies

Collection dirigée par / Series Editors

Kathleen Gyssels
Christa Stevens

VOLUME 21

The titles published in this series are listed at *brill.com/fpph*

Masculinités maghrébines

Nouvelles perspectives sur la culture, la littérature et le cinéma

édité par

Claudia Gronemann

avec le concours de

Michael Gebhard

BRILL
RODOPI

LEIDEN | BOSTON

Illustration de couverture: Photographie © Christian Schlüter

The Library of Congress Cataloging-in-Publication Data is available online at http://catalog.loc.gov
LC record available at http://lccn.loc.gov/2017029868

Typeface for the Latin, Greek, and Cyrillic scripts: "Brill". See and download: brill.com/brill-typeface.

ISSN 1574-2032
ISBN 978-90-04-34156-2 (hardback)
ISBN 978-90-04-34282-8 (e-book)

This book is printed on acid-free paper and produced in a sustainable manner.

Table des matières

Introduction

Claudia Gronemann

« Je veux être un homme. Et je sais pourquoi. [...] Être un homme en Algérie c'est devenir invisible. [...] L'Algérie est un homme ».[1] C'est ainsi que Nina Bouraoui, dans son texte autobiographique *Garçon manqué* a résumé ce phénomène qui veut que, dans une société patriarcale, la norme masculine s'avère être une catégorie non-marquée. Dans cette continuité, plutôt que d'appréhender le masculin en tant que modèle naturel, notre volume se propose de renverser la question : quelles sont, dans les cultures, les littératures et les cinémas du Maghreb, les stratégies esthétiques révélatrices des mécanismes qui produisent toutes formes de masculin et qui produisent de nouveaux modes narratifs de la subjectivité au masculin ?

Dans la lignée des études sur le masculin, ce volume a pour objectif de revisiter les manifestations de la masculinité en contexte franco-maghrébin en éclairant autant les expressions esthétiques que leur rapport conceptuel aux réalités socioculturelles. Il réunit surtout des réflexions en liaison avec des phénomènes littéraires et cinématographiques, tout en incluant, de même, des contributions du champ de la sociologie et de l'anthropologie. Les efforts conjugués des experts de diverses disciplines – des études maghrébines *classiques*, des études du genre et *queer*, de la culture populaire, de la sociologie, l'anthropologie, du cinéma et des médias – ont contribué à établir dans notre ouvrage une approche contemporaine des modèles du masculin en Afrique du Nord.

Pour préciser notre objectif, il ne s'agit néanmoins pas de former ici, avec un regard critique, l'image d'une virilité monolithique *type maghrébin* – une idée invariante de l'homme arabo-musulman –, mais de proposer un projet voué à rendre visible les processus de constitution, de négociation et de renégociation des normes du genre masculin, de la sexualité ainsi que des identités sexuées. Il ne sera pas non plus question de faire un énième constat des moments de basculement des anciennes structures patriarcales – rupture qui a marqué les pays du Maghreb depuis le début de la colonisation, si ce n'est avant, lors d'une histoire profondément transculturelle. Nous souhaitons plutôt comprendre plus généralement les mécanismes de ces structures en tant que générateurs des genres, au pluriel. Ainsi, les auteurs de ce volume ne s'intéressent pas directement à l'être masculin considéré comme catégorie ontologique qui est, de

1 Nina Bouraoui, *Garçon manqué*, Paris, Stock, 2000, p. 37.

 | DOI 10.1163/9789004342828_002

fait, le résultat de classements socioculturels, mais à la production et la déstabilisation permanentes des codes (maghrébins et français) qui définissent, traduisent et fixent l'idée du masculin dans les différentes sociétés nord-africaines ici en question. Tout en rassemblant des réflexions issues des de la culture, du cinéma et de la littérature, cet ouvrage entretient une proximité avec les sciences sociales, en soulignant l'impact des modèles esthétiques pour repenser les codes culturels du masculin et leur rapport aux identités nationales, sociales et ethniques.[2]

Ce sont principalement les études sur la condition masculine (*Men's Studies*), développées depuis les années 80, qui représentent un point de départ méthodologique pour nos analyses. Mais on retiendra aussi que l'histoire du paradigme en question commence *avant la lettre* avec les catégories de la psychanalyse de Sigmund Freud ; ce dernier avait en effet développé l'idée d'une formation psychosociale de deux identités genrées ayant leur origine dans une masculinité « primaire » (par ex. le pénis envié a été un de ces concepts controversés). Sous la notion de *Men's Studies*, les études du masculin se sont ensuite institutionnalisées dans les années 70 à l'intérieur des sciences sociales avant de passer de la phase des essentialismes (dont les caractéristiques stables du masculin en constituaient l'objet central) à un stade « constructionniste », principalement initié par les travaux de Butler durant les années 90. Cette étape est marquée par l'idée d'une performativité du genre qui prédomine sur les formations sociales ou biologiques supposées, de sorte que le masculin n'a pas sa source dans le sexe, mais dans les processus symboliques. Dans ces travaux, l'accent était mis en premier lieu sur les facteurs sociaux, les groupes et typologies des hommes, mais aussi sur la production symbolique du genre à l'intérieur des formations en question, de même que sur la relation de l'individu à la norme. A partir de ce moment, les limites entre les genres et leur évolution sont entrées au cœur des réflexions. Au lieu de considérer « les hommes » et « les femmes » en tant qu'objet d'analyse, on a alors commencé à réfléchir aux masculinités et aux féminités non comme des entités stables, mais comme les variables d'une pratique discursive établie en lien avec le champ des interactions sociales. Ce tournant vers une analyse du genre en tant que problématique culturelle privilégie depuis le 21ème siècle les philologies de manière croissante, de même que la critique littéraire et cinématographique ; on constate toutefois que la recherche consacrée au masculin

2 Cette perspective renvoie aux études de l'intersectionalité (une approche spécifique aux sciences sociales), qui se basent sur une orientation sociopolitique et partent de l'idée du genre non pas comme une catégorie sociale indépendante, mais comme une problématique fondamentalement entrelacée à d'autres mécanismes de la différenciation.

reste toujours largement ancrée dans les disciplines sociales. Ayant été longtemps réduites à la question du genre en Occident, les *Men's Studies* élargissent leur spectre et portent davantage attention au masculin d'un point de vue global, ainsi qu'aux manifestations coloniales et postcoloniales. On observe ainsi diverses publications qui font preuve non seulement de la pertinence scientifique de ce sujet, mais qui permettent également d'identifier certaines tendances du débat. Dans le contexte africain, il est par exemple question de la sexualité masculine, et particulièrement de l'homoérotisme présumé comme pratique dépréciée.[3] La question du masculin en Afrique du Nord constitue pour sa part un domaine relativement marginal à l'intérieur du vaste corpus des *Men's Studies* et attend encore d'être reconnue pleinement comme sujet d'études systématiques tenant compte des catégories établies et des spécificités culturelles ainsi que socio-historiques.

Le cas de la colonisation du Maghreb est significatif. Celle-ci a provoqué une situation complexe, influençant l'établissement du viril dont les définitions conceptuelles sont alors entrées en concurrence, produisant des changements décisifs que représentent les deux côtés, le colonisé ainsi que le colonisateur. Une différenciation ethnique est par exemple entrée en vigueur en Algérie, au Maroc et en Tunisie, et a peu à peu commencé à développer une perception de l'homme en tant que subalterne. La dominance du système colonial s'est ainsi notamment organisée à travers le renouvellement des codes du masculin. Le moment de la décolonisation – politique et intellectuelle – venu, il revenait alors à la littérature et au cinéma d'articuler les conflits, de prendre conscience des traumatismes et de remettre en question le système du masculin hégémonique. Depuis l'émergence de ce nouveau champ littéraire, le genre féminin aussi bien que masculin constitue ainsi un sujet central des manifestations artistiques. La question des masculinités est d'autant plus remarquable dans les conflits de famille, à l'image des figures de despotes, de fils rebelles, de violeurs, de délinquants et d'hommes traumatisés qui apparaissent dans un grand nombre d'ouvrages.

Dans la critique, la réflexion sur le genre masculin est récente et fait souvent son apparition à travers le prisme du féminin. Longtemps, la virilité a été examinée comme une constante historique des sociétés patriarcales en Afrique du Nord, où la loi paraît s'exercer surtout contre les femmes et les enfants, sans pour autant prendre en compte l'ambivalence d'un tel concept normatif qui

---

3 Voir par ex. *Homosexualités en Afrique*, numéro 96 de la revue *Africultures* (les articles de Patricia Callé, Florence Martin sur l'homosexualité masculine dans le cinéma maghrébin et tunisien) ; *Expressions maghrébines* ; Chantal Zabus, *Out in Africa. Same Sex Desires in Sub-Saharan Literatures & Cultures*, Woodbridge, James Currey, 2013.

concerne au même titre le sexe masculin. Grâce à l'apparition des études du masculin, le champ d'intérêt s'est étendu et l'on retient d'avantage les conséquences normalisatrices pour les hommes, qu'il s'agisse de ceux qui s'érigent en dominants ou bien de ceux qui sont transformés en colonisés.[4] En lieu et place d'une simple polarisation entre masculin et féminin, la hiérarchie entre hommes est ainsi devenue le centre d'intérêt et le fameux concept de « masculinité hégémonique »[5] a commencé à inspirer les études maghrébines, comme le soulignent d'ailleurs plusieurs contributions de notre volume. Selon cette nouvelle approche, ce n'est plus l'homme à travers sa « biologie », sa socialisation ou bien son savoir incorporé qui est garant du masculin, mais les pratiques sociales de dominance entre les hommes, des groupes ou encore des formations globales et locales d'hommes qui le forment en tant que tel. Dans une telle perspective épistémologique, le masculin est considéré comme un phénomène tout-à-fait dynamique et fondamentalement entrelacé avec les règlements socioculturels. Grâce à ces outils de réflexion, nous comprenons que l'homme n'est pas le contraire de la femme et qu'il n'est pas « masculin » en soi, mais que la masculinité s'établit selon des principes de dominance en tant que phénomène de caractère absolument relationnel. Ainsi, le masculin ne représente pas une constante anthropologique, mais ressort plutôt des relations spécifiquement issues de l'épistémologie moderne : on devient masculin par rapport à l'autre, soit-il homme, femme ou enfant. Comme le démontrent les contributions réunies, la différenciation des genres s'acquiert toujours en relation à l'autre, que l'on se situe dans un contexte de structuration générationnelle, ethnique, économique, religieuse ou culturelle ; le masculin – comme le féminin – n'est alors qu'une conséquence des différenciations et négociations ayant lieu, dans le cas du Maghreb, dans un contexte transculturel. La littérature et le cinéma rendent alors visible le fait que le masculin n'est pas l'attribut d'une personne, mais qu'il est plutôt le résultat des situations d'interaction. C'est en ce sens que les articles du présent volume n'envisagent pas l'être masculin en présupposant son existence extratextuelle, mais plutôt en

---

4 A l'aide de son concept d'*habitus*, Pierre Bourdieu (1998) décrit les mécanismes d'un corps socialisé qui internalise ces normes de sorte que l'homme devient l'objet d'une production « externe » du masculin.

5 Ce concept qui date des années 1980 est devenu fameux avec les travaux du sociologue australien Raewyn Connell (voir son analyse empirique de quatre groupes d'hommes en Australie, 1995) qui souligne l'importance des relations de dominance à l'intérieur du domaine masculin fonctionnant selon les principes de subordination, de complicité et de marginalisation en relation avec des catégories sociale, ethnique et sexuelle. Pour l'histoire et la redéfinition du concept voir Connell/Messerschmidt (2005).

prenant en compte les processus de codage de ce masculin dans son contexte concret, par attribution à une personne ou bien par auto-proclamation.

L'observation de l'état actuel du masculin au Maghreb montre bien que les manifestations ne se limitent pas à condamner les « pères-seigneurs » et leurs rôles sociaux mais tendent à initier des processus d'individualisation. Notre volume se propose en ce sens d'éclairer le changement des modèles du masculin depuis la fin des années 1970 dans la mesure où les manifestations littéraires de l'époque « décrochent de la problématique idéologique antérieure posée en termes d'aliénation/authenticité ».[6] A partir de cette période, une multitude d'auteurs ont en effet commencé à élaborer de nouvelles stratégies en guise d'affirmation de leur autonomie littéraire et de leur modernité. Mohammed Dib a par exemple rompu avec l'écriture réaliste et commencé à exprimer de plus en plus les ambiguïtés du genre (voir Mourida Akaichi dans ce volume). Les années 70 sont également un moment clef historique où les écrivains « issus de l'émigration » ont élevé leur voix pour se rebeller contre les normes, leur marginalisation par la société majoritaire, le racisme, avec la même énergie qu'ils mettaient à s'élever contre les traditions et conventions de leurs aînés, en établissant leurs propres rôles masculins (voir Ronja Schicke et Lila Medjahed). Nous tenons d'autre part également compte des systèmes particuliers d'énonciation du masculin, comme par exemple l'émergence du discours conscacré aux hommes « non-masculins », les *papiches*, dans la culture algérienne. Ce discours contribue à configurer, – mais aussi à éroder – le concept de la *redjla*, ce type du masculin lié à l'honneur (voir Mourad Yelles). En considérant ce dynamisme, nos études se proposent de nuancer la perspective des masculinités en captant les particularités de leur production sans pour autant se référer uniquement aux contextes religieux et coloniaux, sans doute très pertinents pour comprendre l'histoire du masculin, mais insuffisants pour éclairer la tension dans les manifestations modernes du masculin. Nous portons d'autre part une grande attention à la terminologie qui fait partie de la construction sociale des différents types du masculin. L'usage du terme d'homosexualité par exemple, qui s'est établi pour donner contour à l'hétéronormativité, ne correspond pas aux pratiques homosociales et homoérotiques au Maroc (voir Gianfranco Rebucini). Nous faisons ainsi le constat que le « problème » de l'homoérotisme au Maghreb ne relève pas de la dimension corporelle/sexuelle d'une pratique entre hommes mais est de l'ordre strictement social lié au critère de la reconnaissance.

---

6 Charles Bonn et Naget Khadda, « Introduction », dans Charles Bonn, Naget Khadda et Abdallah Mdarhri-Alaoui, éds., *La littérature maghrébine de langue française*, Paris, EDICEF-AUPELF, 1996, p. 16.

Mais au-delà des exemples mentionnés plus haut, le présent volume ne favorise pas une seule approche du masculin, mais réunit différents axes d'analyse afin de stimuler l'échange, notamment la réflexion de leurs résultats et la comparaison des méthodes. Il est ainsi organisé en quatre sections dont chacune se consacre à un angle particulier pour étudier le masculin. La première partie, *Études dans le champ social et culturel*, se compose de quatre articles qui partagent une approche du masculin sous son aspect socioculturel. Dans son article qui inaugure notre volume, Gianfranco Rebucini décrit la hiérarchisation masculine qui s'établit à l'intérieur des relations homoérotiques et qui fonctionne à partir des principes psychosociaux comme la raison (*aql*) et l'honneur. Partant d'une saisie d'informations dans le champ – l'auteur a fait la collecte de données à Marrakech –, l'anthropologue explique les mécanismes de cette différenciation du masculin, à travers laquelle s'organisent les relations sexuelles des hommes marrakchis. En cela, Rebucini éclaire un modèle spécifique de l'homoérotisme qui – à la différence du mécanisme identitaire de l'homosexualité en Occident – repose de façon constitutive sur la production d'une distinction intra-masculine sociale et sexuelle entre le dominant et le dominé, ce qui ne s'oppose guère au système qui vise à produire une masculinité hégémonique. Dans un deuxième temps, Mourad Yelles consacre pour sa part son analyse à l'histoire du masculin en Algérie, plus précisément, aux processus d'érosion de la *redjla*, concept traditionnel de la virilité liée à l'honneur, à l'autorité et au courage. Il constate que, à l'exception des crises sociohistoriques des XIVe et XVe siècles ayant provoqué des « troubles » dans le genre, une transition du concept s'est réalisée à l'ère moderne. On est alors passé de l'homme viril à son antipode, c'est-à-dire un/e *papiche* ou *papicha*, soit l'homme « non-masculin » par définition. Comme le montre Yelles, le *papiche* est un jeune homme de famille fortunée qui extériorise sa richesse d'origine douteuse et ne correspond pas aux valeurs traditionnelles du masculin comme la pudeur, l'honnêteté et l'honneur. Yelles détaille ce modèle du genre qui a marqué l'histoire algérienne depuis l'échec spectaculaire du modèle national révolutionnaire à l'époque post-Boumédiène en ayant recours à la littérature, à la chanson, à la culture populaire et au cyberespace, révélant alors la « richesse passionnante » des apparences du masculin algérien. L'article de Denise Brahimi focalise son attention sur les grandes lignes du changement social et politique, en partant des représentations littéraires et cinématographiques et tend à identifier le reflet de ces discours artistiques aux moments de ruptures historiques. L'auteur élabore un panorama conséquent des œuvres qui saisissent sous la forme de récits spécifiques des facteurs aussi bien culturels, sociaux qu'économiques menant à la crise, puis au déclin du patriarcat. Denise Brahimi dresse ainsi le portrait des sociétés maghrébines depuis les années

1970 tout en soulignant le changement continu du rôle masculin. Ce processus commence avec la dévirilisation de l'homme dans une société moderne, industrielle non-agricole (Bouamari, *Le charbonnier*, 1972) et se poursuit à l'ère de la mondialisation avec la virilisation des jeunes femmes, ce qui brise le cliché de la femme arabe, comme le mettent en scène les récentes productions engagées des deux brillantes metteurs en scène Leïla Kilani et Yasmine Kassari. La modification du discours sur l'homosexualité s'inscrit également dans le cadre d'une société en mutation menant de l'affirmation de l'homoérotisme dans la poésie de Jean Sénac, face à la société en lutte pour l'indépendance, à l'autonomisation du protagoniste, chez le romancier Mohamed Leftah.

Un troisième traitement spécifique du masculin est abordé par Mohand-Akli Salhi, qui décrit le processus d'élaboration d'une masculinité berbère de la Kabylie (*tirugza*) à partir des compétences linguistiques spécifiques affirmées dans une culture orale. La parole prononcée est ainsi devenue l'insigne de cette virilité. Évidemment, avec le passage à l'écriture en langue berbère, ce modèle est soumis à un changement radical. Il se trouve parodié dans la littérature contemporaine, par exemple chez l'auteur algérien Boualem Rabia.

La deuxième section du volume, *Études cinématographiques*, s'inscrit dans la lignée de l'ouvrage collectif *Scènes des genres au Maghreb* (2013, Rodopi) et vise la formation du masculin dans le cinéma franco-maghrébin. Michael Gebhard y analyse le masculin « non accompli » à l'exemple du protagoniste Kaddour, personnage tragique du film *La Citadelle* (Algérie/France, 1988). C'est le troisième long-métrage de Mohamed Chouikh, directeur qui a marqué le cinéma algérien et qui raconte ici l'histoire du fils adoptif d'un patriarche ayant quatre épouses. L'action se déroule dans un village de montagne qui se démarque du reste du monde par ses murs et le caractère renfermé d'une citadelle. Il y règne la loi intemporelle d'une société archaïque comme le communique la mise en scène de ce paysage mythique. Sidi, le patriarche, reconnaît la sympathie des femmes pour son beau-fils Kaddour, ce qui provoque – en raison des traditions de cette communauté isolée – le *fitna* (chaos). Le père consent donc à dépenser de l'argent pour marier son fils dans un bref délai. Mais son autorité se transforme en despotisme et il renforce à cette occasion sa propre virilité au détriment de son fils ; il égare alors l'enfant illégitime, le ridiculise devant tout le village et lui rend l'accession au statut d'homme impossible. Michael Gebhard analyse de plus près les procédés filmiques et explique que cet acte de violence paternelle soudaine réside dans le fait qu'il reste impuni et qu'il n'enfreint pas la généalogie. Si le père adoptif répudie son jeune beau-fils jusqu'à causer sa mort, il ne rompt néanmoins pas le principe sacré de circularité. Ce film crée l'atmosphère étouffante d'une société dirigée par l'homme dominant et la brise enfin par le cri d'une fille face à la mort de Kaddour, expression de l'unique voix humaine du récit filmique.

Un autre classique du cinéma maghrébin bien présent dans les études du masculin, *L'Homme de cendres* de Nouri Bouzid, est étudié par Kristine Hempel qui s'attache à établir une autre perspective au conflit. Elle remet en question les opinions qui se concentrent sur les protagonistes Hachemi et Farfat, considérés comme deux homosexuels, ce qui paraît être une vision eurocentriste. Elle se réfère dans son article au modèle de la mélancolie des genres (Butler 2002) en décrivant la formation des identités comme processus initié par des règles et des interdictions. Hempel arrive ainsi à comprendre la spécificité du masculin chez les protagonistes comme conséquence d'un système psychopathologique douteux. Dans le film, les jeunes hommes cèdent à la mélancolie, conséquence de leur passage de l'enfance à l'âge adulte. L'identification masculine dans une société arabo-musulmane comme la Tunisie ne se produit pas seulement par le refus du féminin, mais également par la répression de l'enfant « intérieur ». Chez Hachemi, c'est le refus du mariage qui indique son hésitation par rapport au rôle dominant. La rupture abrupte avec l'enfance sans qu'il soit permis à l'adolescent d'en porter publiquement le deuil provoque une mélancolie fondamentale et non pas l'homosexualité.

Le même long-métrage de Nouri Bouzid fait également partie des douze classiques du cinéma choisis par Manuel Billi, dont l'article traite de la double altérité du 'maghrébin-homosexuel' dans l'histoire du cinéma francophone. Il propose une analyse structurelle typologique de ces personnages pour démontrer que la mise en scène de leur masculinité 'autre' ne correspond pas nécessairement au cliché de l'homosexuel exotique, mais varie plutôt selon le statut identitaire qui lui est attribué par rapport à la figure de l'européen hétérosexuel. Comme on peut le constater, les procédés cinématographiques spécifiques produisent soit un personnage différent au niveau interne de l'action, soit au niveau discursif à reconnaître par le spectateur. Billi met ainsi en lumière l'aspect relationnel dans la production du masculin en considérant la position narrative comme produit d'une sémiotique du cinéma. Sous cet angle, il ne prend pas l'homosexuel maghrébin comme 'effet de réel', mais vise plutôt à systématiser la relation des personnages hétérosexuels et homosexuels selon leurs fonctions particulières, qu'il s'agisse de la constitution de l'altérité ou bien de la représentation d'un modèle socioculturel.

Les enjeux du masculin chez les personnages *transgender* sont analysés par Renaud Lagabrielle qui se consacre à deux comédies « de folles », *Chouchou* et *La Folle Histoire d'Amour de Simon Eskenazy*. Il s'agit de deux films français dont les protagonistes masculins préfèrent s'habiller en femmes. La spécificité de leur mise en scène réside dans le fait que ces hommes ne sont pas du tout ridiculisés, mais qu'ils donnent plutôt l'image d'une diversité culturelle tout-à-fait positive. Cet effet s'inscrit dans la continuité d'un jeu complexe avec les conventions du genre. Les réalisateurs rompent ici avec l'horizon d'attente de la comédie dirigée vers un public bourgeois du cinéma. À la différence de l'article de Billi, qui met en relief les aspects structurels de la relation des personnages (proposant une interprétation contraire de *Chouchou*), Lagabrielle focalise son attention sur la formation et la réception des personnages maghrébins transgenres. Leur comportement ne se limite pas selon l'auteur à transgresser la différence des genres, mais proclame fermement la capacité d'agir de ces protagonistes de comédie. La crise du masculin n'est alors plus considérée comme un problème de catégories sexuelles, mais comme le signe d'une profonde remise en question du savoir par rapport aux modes d'identification culturelle et sociale. En ce sens, Lagabrielle rejette le reproche qui a été fait à *Chouchou* d'être un film conservateur qui ne répète que les stéréotypes féminins. Il affirme en prenant appui sur Butler qu'il s'agit tout au contraire d'une répétition parodique de ces modèles du féminin pour faire prendre conscience des attentes même d'un public conservateur.

Alexie Tcheuyap jette enfin un regard sur la production des nouveaux modèles du masculin dans le cinéma des grands directeurs tunisiens Nouri Bouzid, Moufida Tlatli, et Férid Boughedir qui rompent avec le modèle nationaliste tant présent dans le cinéma post-indépendant, surtout en Algérie. L'homme est ici défini par son devoir national et le masculin se réduit à l'idée du citoyen qui contribue à édifier le jeune État national sans pour autant prendre en compte les interactions des individus entre eux. Les réalisateurs tunisiens commencent, par contre, très tôt à éclairer les crises du masculin et ne respectent plus les tabous filmiques. En ayant recours à des techniques spécifiques, ils démasquent l'idée de l'homme autonome pour mettre en scène l'image longtemps voilée du masculin. Pour se faire, ils adoptent le genre de la comédie où ils évoquent la sexualité, jusque-là laissée de côté dans le cinéma. Les ouvrages de ce nouveau cinéma d'auteur permettent également d'illustrer et de repenser le corps pour inaugurer un nouveau discours filmique du masculin en dehors des structures de domination ou de soumission.

La troisième et dernière section intitulée *Études littéraires*, rassemble une série de contributions consacrées aux productions littéraires contemporaines. Cette partie s'intéresse à la variété et à la complexité des littéraires du masculin présents au Maghreb pour souligner, en même temps, qu'il n'existe pas une simple forme de masculinité restreinte aux binarismes tels que l'association homme-femme ou dominant-dominé. Si la formation des masculinités s'effectue en relation avec des facteurs socioculturels et se caractérise par une dynamique fondamentale jamais accomplie, le domaine de la littérature s'avère pour sa part un espace privilégié qui reflète la typologie des rôles, tout en produisant également de nouvelles perspectives au sujet du masculin.

Claudia Gronemann analyse à propos du texte *Une mélancolie arabe* de l'auteur marocain Abdella Taïa, qui évoque le rôle passif de l'homme, le problème de l'absence de ce modèle dans la tradition du masculin au Maroc. Prenant appui sur les théories de Foster (1998) et Butler (2002) qui ne se réfèrent pas au genre en Islam, mais qui insistent sur la mélancolie comme résultat des normes genrées, elle s'intéresse à la relation de la tradition du mélancolique avec l'homme arabe telle que retranscrite par Taïa. La répudiation du féminin pour devenir homme, et le fait qu'il n'a pas le droit d'en faire le deuil provoque chez le mâle une profonde mélancolie, tandis que l'homme dominant se distingue absolument du féminin en l'attribuant à « l'autre ». C'est pourquoi « Abdellah », le jeune protagoniste de cette autofiction, refuse d'être traité comme un homme efféminé par ses propres partenaires. En conséquence, il autoproclame une masculinité « non adaptée » par définition. Le narrateur a recours en même temps à l'écrivain mélancolique prestigieux et rapproche de surcroît les pensées occidentales et maghrébines.

En prolongeant la réflexion sur l'homoérotisme dans la littérature marocaine, Sabrina Nepozitek consacre son article au roman *Une vie à trois* de l'auteur Bahaa Trabelsi, qui fait partie des auteurs qui publient leurs textes au Maroc. Contrairement à l'exposition autobiographique de Taïa qui se réclame de son propre homoérotisme contre la législation officielle et religieuse, Trabelsi évoque ce problème à travers la fiction. Adam, le jeune narrateur, rentre de la France et se marie – en plus de son concubinage avec Jamal – à une jeune femme pour cacher son désir homoérotique. Pour analyser cette stratégie d'adaptation, Nepozitek se sert du concept psychanalytique de la mascarade utilisé jusqu'à présent dans les études féminines (Rivière, Irigaray et Butler) pour rendre visible les mécanismes psychopathologiques liés au rôle féminin dans une société patriarcale. Par l'évocation d'une « masculinité comme mascarade » analogue à ce masque féminin, contre son gré pour assurer sa position sociale, elle souligne que le système patriarcal retombe sur les femmes et les hommes.

À partir du concept de dépucelage, Birgit Mertz-Baumgartner approche, dans son article, les malaises et souffrances de deux protagonistes masculins chez Leïla Marouane. Dans *La vie sexuelle d'un islamiste à Paris* (2007), c'est le jeune banquier en pleine réussite, Mohamed, qui a francisé son prénom en *Basile*, qui endure une grande frustration sexuelle en n'arrivant pas à séduire une femme. Aziz Zeitoun, l'époux et co-protagoniste du roman *Ravisseur* (1998), répudie par contre sa femme sans le vouloir et connaît ainsi une frustration comparable à celle de Mohamed, mais à la différence de Mohamed, il commence à terroriser sa propre fille ainsi que toute sa famille. La caricature de ces deux personnages, en dehors de l'aspect comique ayant pour but de divertir, renverse le modèle du masculin dominant et met en lumière l'absurdité des règles genrées menant directement à la violence.

Dans son article qu'elle consacre à l'analyse des figures paternelles en situation d'immigration, Ronja Schicke révèle que la littérature *beur* offre toute une variété de modèles – notamment des pères sensibles et aimants – et qu'elle ne cultive pas seulement le stéréotype classique du despote. Les textes traitent souvent des conflits intergénérationnels dans lesquels le père représente, à l'intérieur de la famille, le centre masculin. En même temps, le masculin hégémonique dans la société française provoque chez l'immigré une dégradation sociale et la perte de cette conscience masculine, comme le montre Azouz Begag, l'auteur le plus connu de cette génération, par l'emploi métaphorique des chiens (*Les Chiens aussi*, 1995). Cette pluralité des rôles qui est exposée dans cette littérature dite « d'immigration » rend évident le fait que la violence du père n'est pas fondée dans son pays d'origine, mais plutôt liée à son statut de subalterne. À la différence des chercheurs qui accordent leur plus grande attention au père despotique, Schicke révèle plutôt les rôles alternatifs parfois présents à côté du patriarche dans un seul et même texte. Par conséquent, elle ne vise pas seulement le type social, mais considère également la complexité des constructions littéraires par rapport au concept du personnage qui s'avère parfois statique, parfois dynamique. Ronja Schicke constate en fait une rupture du binarisme entre père maghrébin et père français, ce qui se manifeste surtout dans les écrits de plumes féminines, comme par exemple les romans de Faïza Guène et Houda Rouane.

Dans un deuxième article consacré aux auteurs *beurs*, Lila Medjahed pose son regard sur la génération des adolescents en situations transculturelles et examine les discours satiriques sur le masculin qui constituent un élément important de la socialisation dans la diaspora. Dans son analyse des romans de Mehdi Charef, Azouz Begag et Faïza Guène, elle approche notamment les différentes situations d'énonciation par lesquelles la satire est évoquée par la voix des narrateurs ou des narratrices. Finalement, elle constate la mise en opposition des concepts du corps masculin : le jeune immigrant émasculé, d'un côté, qui est confronté au caractère « dur et fort » du banlieusard et à l'homme viril « qui domine ». Le ton satirique transmet parfaitement leur propre statut hybride, le masculin alternatif chez ces adolescents, fils d'immigrés, en contrepoint de celui de leurs pères et des hommes dans la société française, et il annonce un grade d'individualisation qui rompt avec la logique du masculin hégémonique.

Sous forme d'une lecture herméneutique, Mourida Akaichi approche l'idée du corps masculin chez l'auteur algérien Mohamed Dib dont l'œuvre romanesque est marquée depuis 1962 (*Qui se souvient de la mer*) par l'usage complexe des techniques modernes. Ainsi, il ne s'agit pas pour Dib de viser le masculin comme reflet d'une structure sociale, mais plutôt de comprendre sa cristallisation et son incarnation dans les caractéristiques du texte littéraire. A l'origine de deux romans de la première phase de création de Dib, Akaichi identifie le corps en crise des protagonistes masculins. Iven Zohar, le jeune amoureux de *Cours sur la rive sauvage* (1964) se sent attiré par Radia, sa fiancé, et il se met à sa recherche mais rencontre à sa place Hellé, la femme démoniaque qui le soumet. Ce roman qui transmet une quête initiatique à travers une introspection pleine d'onirismes et fantasmes, rattache la formation du corps masculin aux signes de l'obsession du féminin. De même, Habel, l'exilé dont l'œuvre porte le nom (*Habel*, 1977), développe sa masculinité par un langage du désir de la femme, Sabine, qui devient corps-signe. Dib met alors sous une nouvelle forme littéraire les péripéties mentales du désir masculin classique.

Notre volume présente des pistes de réflexion pour contribuer à établir une vision plus concrète et précise de la variété du masculin au Maghreb. Nous insistons sur la particularité irréductible de chaque manifestation, mais soulignons également leur contrepoids, qui se trouve dans l'ensemble des normes construites autour des genres, tant masculin que féminin et 'entre les deux'. Par conséquent, les identités genrées, et particulièrement le masculin en tant qu'élément non-marqué dans une culture patriarcale, obtiennent une fonction structurante pour l'organisation des sociétés, ce qui provoque des tensions et des confrontations permanentes avec le statut de l'individu genré.

(Je tiens à remercier Raphaël Thierry pour la correction de mon texte).

Remerciements

Ce volume s'inscrit dans le projet de recherche *Mythes du genre et leur hybridation* (2009-2013) soutenu par l'Association Allemande de la Recherche Scientifique (Deutsche Forschungsgemeinschaft).

L'organisation locale du Colloque *Masculinités maghrébines* a été aux bons soins de Michael Gebhard qui a effectué un travail extraordinaire et nous lui devons la pleine réussite de cet évènement. Lors de cette rencontre qui s'est tenue à Mannheim nous avons pu compter également sur le soutien efficace de Birgit Olk et celui des étudiantes et étudiants-assistants. Pour la réalisation du présent volume nous aimerions remercier Roselyne Versini-Waas pour sa lecture soigneuse du manuscrit ainsi qu'Ines Bugert pour la transmission rigoureuse et la correction des épreuves du volume. À Eva Léchelle nous sommes redevables pour la revision finale du volume.

Bibliographie

Bonn, Charles et Naget Khadda, « Introduction », dans Charles Bonn, Naget Khadda et Abdallah Mdarhri-Alaoui, éds., *La littérature maghrébine de langue française*, Paris, EDICEF-AUPELF, 1996, pp. 5-22.

Bouraoui, Nina, *Garçon manqué*, Paris, Stock, 2000.

Bourdieu, Pierre, *La domination masculine*, Paris, Éditions du Seuil, 1998.

Connell, Raewyn, *Masculinities*, Cambridge, Polity Press, 1995.

Connell, Raewyn et James W. Messerschmidt, « Hegemonic Masculinity. Rethinking the Concept », *Gender & Society* 9, nº 6, 2005, pp. 829-859.

Gerami, Shahin, « Islamist Masculinity and Muslim masculinities », dans Michael S. Kimmel, Jeff Hearn et R. W. Connell, éds., *Handbook of Studies on Men and Masculinities*, Thousand Oaks, Sage, 2005, pp. 448-457.

Ghoussoub, Mai et Emma Sinclair-Web, éds., *Imagined Masculinities*, London, Saqi Books, 2000.

Kimmel, Michael S., Jeff Hearn et R. W. Connell, éds., *Handbook of Studies on Men and Masculinities*, Thousand Oaks, Sage, 2005.

Lagrange, Frédéric, « Male Homosexuality in Modern Arabic Literature », dans Mai Ghoussoub et Emma Sinclair-Webb, éds., *Imagined Masculinities : Male Identity and Culture in the Modern Middle East*, London, Saqi Books, 2000, pp. 169-198.

Ouzgane, Lahoucine, *Islamic Masculinities*, London, New York, Zed Books, 2006.

Ouzgane, Lahoucine, *Men in African Film and Fiction*, Woodbridge, James Currey, 2011.

Reeser, Todd et Lewis C. Seifert, « Introduction : Marking French and Francophone Masculinities », dans Todd Reeser et Lewis C. Seifert, éds., *French and Francophone Masculinities in culture and theory*, Newark, Delaware, University of Delaware Press, 2008, pp. 13-50.

PARTIE 1

Études dans le champ social et culturel

CHAPITRE 1

Masculinités et production érotiques au Maroc

Gianfranco Rebucini

Abstract

After a critical review of some "culturalist" studies on sexuality in the so-called Arab-Muslim world, this article focuses on the analysis of bodily practices (here called homoerotic) between men belonging to the lower class in Morocco. The selected explanatory framework pulls away from a Western "sexual" epistemology, which is marked by the identitarian dichotomy between homosexuality and heterosexuality, trying to understand male erotic practices in connection with the construction of hegemonic masculinity, which in this context, is composed of and maintained by the acquisition of specific psychosocial principles such as "reason" (*'aql*) and honor. Homoerotic practices between men, far from being simply opposed to hegemonic masculinity, remain in strict interrelation with it.

Introduction : le courant « culturaliste » de la « sexualité en Islam »

L'anthropologie du monde islamique ne s'est guère intéressée à la sexualité masculine. Par contre, d'autres disciplines sont à l'origine de plusieurs études sur ce sujet. On peut citer notamment une tradition d'études « culturalistes » qui s'est focalisée sur l'étude de la sexualité et de l'homoérotisme masculin, souvent surdéterminé et surexposé par rapport aux études similaires en Occident.

Parmi les études qui continuent de faire date à cet égard, on trouve *La Sexualité en Islam*[1] du sociologue tunisien Abdelwahab Bouhdiba qui date de 1975. L'importance de ce travail scientifique est surtout liée au fait qu'il a fortement influencé toutes les études ultérieures sur cette question. Il s'agit d'un ouvrage qui se veut sociologique, mais qui n'échappe pas à une démarche culturaliste où la composante religieuse demeure fondamentale. L'auteur y analyse la sexualité en se référant continûment aux textes religieux, comme le Coran ou les Hadiths. Son discours sur la sexualité se veut donc valable pour toutes les sociétés de culture dite « arabo-musulmane ». La religion est considérée comme le fondement idéologique mais aussi concret des comportements

1 Abdelwahab Bouhdiba, *La Sexualité en Islam*, Paris, PUF, 1975.

 | DOI 10.1163/9789004342828_003

sexuels, et le Coran et ses préceptes seraient la justification et la cause des pratiques sexuelles les plus variées. Ainsi, selon Bouhdiba, la « vision islamique de la sexualité est […] totale. Sa visée, c'est d'intégrer le sexuel en tant que vécu quotidien. L'islam est reconnaissance non méconnaissance de la sexualité. »[2] Dans cette étude, le discours psychanalytique intervient aussi pour expliquer les déviances comportementales s'éloignant des normes établies par la loi coranique. Ainsi, pour Bouhdiba, « [d]u corpus traditionnel conçu comme un tout se dégage une *Weltanschauung* dont la permanence jusque dans l'actuel définit un ensemble de traits 'invariants' de la personnalité arabo-musulmane. »[3] Plutôt que d'analyser les comportements réels des sociétés, Bouhdiba impose durablement un cliché général sur l'ensemble des sociétés de religion musulmane. La religion devient ainsi le seul paramètre pertinent d'évaluation de la sexualité.

Sur la base de son analyse psycho-théologique, l'auteur insiste sur la ségrégation des sexes, et donc sur l'absence de relation avec les femmes, pour expliquer les causes « anormales » de l'homosexualité masculine. Si, comme l'écrit l'auteur, la « bivalence est vouloir de Dieu, et la sexualité, qui est mise en relation du mâle et de la femelle, n'est qu'un cas particulier d'une volonté divine absolument universelle »,[4] tout comportement qui, en quelque sorte, contrarie ce dualisme et cet ordre divin finirait par être contre Dieu, contre la religion, et même, pathologiquement, contre nature. Bouhdiba affirme :

> [l]'islam demeure violemment hostile à toutes les autres formes de réalisation du désir sexuel qui sont dénaturantes car elles vont purement et simplement à l'encontre de l'harmonie antithétique des sexes ; elles violent l'harmonie de la vie ; elles plongent l'homme dans l'ambiguïté ; elles violent l'architectonique cosmique elle-même. Aussi la malédiction divine englobe-t-elle dans une même colère la femme garçonne et l'homme efféminé, l'homophilie masculine et féminine, l'autoérotisme, la zoophilie … Toutes ces 'déviations' impliquent en effet le même refus d'accepter le corps sexué et d'assumer la condition féminine ou masculine. La déviance sexuelle est révolte contre Dieu.[5]

Et pourtant, c'est justement cette division antithétique du monde entre le masculin et le féminin qui a produit, si l'on suit l'auteur, la ségrégation et la

2 *Ibid.*, p. 127.
3 *Ibid.*, p. 14.
4 *Ibid.*, p. 15.
5 *Ibid.*, p. 44.

prise de distance des sexes en Islam. Cette ségrégation, continue Bouhdiba, est devenue au cours des siècles la cause de la forte présence de l'homoérotisme. En fait,

> [l]a rencontre des sexes est tellement enrobée d'interdiction, si minutieusement réglée, si jalousement réduite au strict minimum que les tentations de les violer naissent à chaque instant. D'où cette constatation que les relations homosexuelles se sont développées dans les sociétés arabo-musulmanes favorisées finalement par les faits et ce au détriment des relations inter-sexuelles.[6]

Ainsi, selon l'auteur, « [p]édérastie et saphisme ne sont que succédanés, dérivatifs et formes compensatoires engendrés par la bipartition sexuelle et perçues explicitement comme pis-aller ».[7] Selon Bouhdiba, les comportements homoérotiques seraient donc le fait d'une dégradation d'un statut primordial idéal que les sociétés islamiques n'auraient pas été capables de préserver. Et cet idéal serait « forcément » hétérosexuel.

Dans l'introduction de son œuvre *Producing Desire*,[8] paru en 2006, l'historien israélien Dror Ze'evi a fortement critiqué le caractère hétérocentré de l'analyse de Bouhdiba. Ze'evi remarque que l'intention de Bouhdiba est d'affirmer que le vrai Islam, celui de ses origines, est une religion ouverte et tolérante vis-à-vis de la sexualité. C'est seulement « à travers les siècles, comme résultat d'incompréhensions et de distorsions, [que] son message a été corrompu et a donné naissance à une société sexuellement dépravée ».[9] En outre, Ze'evi remarque que Bouhdiba construit ses analyses à partir d'un modèle de dégradation historique. Ce modèle laisse fallacieusement entendre que l'histoire d'une société pourrait se comprendre suivant une linéarité simple à partir d'une prétendue origine sacrée. Selon la critique de Ze'evi, l'auteur tunisien essaierait ainsi d'affirmer et de prôner la nécessité d'un retour au modèle idéal et originel de cette société.[10]

C'est aussi dans cette mouvance d'analyse de la réalité sociale à travers le seul prisme de la tradition islamique, comme religion et civilisation, que se

---

6 *Ibid.*, pp. 244-245.

7 *Ibid.*, p. 245.

8 Dror Ze'evi, *Producing Desire. Changing Sexual Discourses in the Ottoman Middle East, 1500-1900*, Berkeley, University of California Press, 2006.

9 *Ibid.*, p. 3.

10 Pour une critique de l'essentialisme de l'Islam de la part de Bouhdiba, voir aussi Joseph A. Massad, *Desiring Arabs*, Chicago, Chicago University Press, 2007, pp. 144-152.

situent les travaux de Malek Chebel sur la sexualité. Cet auteur prolifique, connu sur la scène française mais aussi internationale[11] – mais dont les travaux sont d'une qualité scientifique bien moindre par rapport aux études de Bouhdiba – a écrit au moins onze livres sur la sexualité au Maghreb ou en Islam en général. Dans ses ouvrages, les frontières géographiques s'évaporent souvent à la faveur d'une indistinction culturelle et religieuse. En se fondant sur des clichés sexuels attribués à la civilisation « arabo-musulmane » toute entière, ses travaux se donnent la tâche de repérer et d'analyser la sexualité en posant comme principe de base une prétendue unité de la mentalité des sociétés islamiques vis-à-vis de la sexualité. Ainsi par exemple, les comportements sexuels, qu'il qualifie de façon univoque de « déviants » – comme l'homosexualité, la zoophilie, le voyeurisme, la masturbation etc. – sont analysés dans leurs expressions et représentations par le biais de sources religieuses ou par une analyse psychanalytique de la « mentalité » arabe.[12] L'honneur, la pudeur, la jalousie, la virilité psychologique, l'importance du Père dans un soi-disant « syndrome d'appropriation » en seraient la base idéologique et symbolique. Les représentations concernant la circoncision, l'ambiguïté sexuelle du hammam et plus généralement celle concernant le corps sont analysées et étudiées dans une vision qui fait de la mentalité « arabo-musulmane » le premier principe explicatif.

Cependant, il apparaît de manière frappante que les travaux de Chebel ne sont jamais le résultat d'un travail de terrain. Ainsi, même s'il se dit anthropologue au nom de sa seule compétence indigène, l'auteur n'a jamais tiré les données qu'il présente de la réalité sociale des faits et il n'a jamais réellement mené d'études ethnographiques. Ses conclusions demeurent sans aucun lien avec une étude quelconque des acteurs agissant en société. Avec les outils de l'histoire, de la psychanalyse, d'une certaine islamologie, Chebel mène ses analyses sur la sexualité en posant comme sous-entendues une unité et une continuité de la « culture arabe et islamique » de sa naissance à nos jours.

Les deux auteurs qu'on a cités – le premier à cause du rayonnement scientifique de son ouvrage, et le second par l'importance de son discours dans la sphère publique[13] et médiatique – quoique assez différents en raison d'une

11 Certains de ses ouvrages, notamment portant sur l'Islam, ont été traduits en italien, espagnol, allemand et anglais.

12 Malek Chebel, *L'Esprit du sérail. Perversions et marginalités sexuelles au Maghreb*, Paris, Lieu Commun, 1988.

13 Malek Chebel a aussi fait partie en 2003, par ses compétences d'islamologue et d'anthropologue, du « Groupe des Sages sur le Dialogue entre Peuples et Cultures » de la Commission Européenne présidée par M. Romano Prodi.

séparation générationnelle, mais aussi de la qualité intellectuelle de leurs travaux respectifs, n'échappent pas à un réductionnisme fallacieux entre le religieux et le socioculturel et construisent, de la sorte, un *unicum* culturel entre des époques et des sociétés qui peuvent être très différentes et même très éloignées les unes des autres.[14]

De plus, pour décrire la situation à l'égard de la sexualité dans les pays islamiques, Bouhdiba comme Chebel utilisent largement la rhétorique nocive de la tradition et de la modernité. Ce serait la confrontation avec l'Occident pendant et après la période coloniale qui ferait office de tournant primordial. Les identités sexuelles se trouveraient ainsi dans une impasse, incapables de surmonter les contradictions survenues lors de ce processus de changement et de contestation des « valeurs traditionnelles ». Le problème majeur de cette interprétation psychosociale, c'est que la tradition est toujours vue comme un terme passif. Ainsi, la société « traditionnelle » n'est jamais le sujet d'une action propre mais serait toujours en position de réaction ou de résistance vis-à-vis de la modernité. Ce discours cache d'ailleurs une forte téléologie dont le moment de la modernité serait, quoique contrasté, l'inéluctable destin des sociétés islamiques. La modernité est considérée comme externe et comme imposée à des sociétés foncièrement et ahistoriquement « traditionnelles ». En outre, une des plus puissantes associations faites avec le concept de tradition est celle du passé. L'utilisation de cette dichotomie modernité/tradition ne fait que conforter l'idée d'une tradition liée au passé et surtout invariable à travers les siècles.

Un tel réductionnisme et de telles généralisations, souvent simplement déclarés plutôt que basés sur un vrai travail ethnographique, n'ont d'autre résultat, et peut-être d'autre but, que de renforcer les stéréotypes orientalistes, comme Edward Said l'a si bien montré.[15] Malgré cela, ce courant d'études est le plus cité et le plus représenté dans les travaux portant sur la sexualité ou les rapports de genre au Maghreb, ceci peut-être aussi par manque d'alternative.

Les pratiques homoérotiques au Maroc

Jusqu'ici, nous nous sommes attachés à la critique du courant culturaliste concernant la sexualité masculine. Il s'agit maintenant de proposer une alternative fondée sur un travail ethnographique qui a eu lieu à Marrakech, au

14 Pour une autre critique de ce courant culturaliste, voir aussi Frédéric Lagrange, *Islam d'interdits, Islam de jouissance*, Paris, Téraèdre, 2008.

15 Edward Said, *Orientalism*, New York, Pantheon Book, 1978.

Maroc, sur une période de presque deux ans entre 2002 et 2005.[16] Pendant cette période, il nous a semblé indispensable de conduire notre analyse en distinguant deux cadres socioculturels différents. Celui des classes supérieures et occidentalisées, pour lesquelles les catégories occidentales de la « sexualité », et notamment la dichotomie hétérosexualité/homosexualité, avaient une valeur explicative forte, et celui des classes populaires pour lesquelles ces catégories ne semblaient pas faire beaucoup de sens.[17] Ceci est évidemment une généralisation un peu hâtive, qui devra servir, nous l'espérons, à mieux cerner les particularités et les différences structurelles entre les deux cadres. Il est certain, en effet, que les passages entre les classes sociales au Maroc sont nombreux et très complexes. Il suffit de rappeler qu'à l'époque de notre travail ethnographique les classes supérieures et occidentalisées exercaient une hégémonie culturelle et matérielle très forte sur les autres classes de la société marocaine.

Dans ce qui suit, nous essaierons de retracer une étude plus complète du cadre socioculturel des classes populaires, qui semble, au premier abord, plus complexe et plus difficile à saisir, du moins avec les outils conceptuels habituels. À partir de notre recherche ethnographique, nous avons pu constater que les catégories utilisées pour décrire et analyser les pratiques corporelles entre hommes vis-à-vis de la construction de la masculinité ne pouvaient être transposées du système de l'épistémologie sexuelle occidentale qui délimite et structure les études sur la sexualité en Occident. Plus particulièrement, nous nous sommes aperçus que la dichotomie hétérosexualité/homosexualité ne pouvait que très rarement être mobilisée comme un instrument valable dans ce travail analytique. Il est apparu notamment que les pratiques corporelles entre hommes, que nous avons choisi de nommer homoérotiques, ne peuvent s'inscrire dans cette épistémologie binaire occidentale. Nous avons utilisé les termes « homoérotique » et « homoérotisme » pour désigner les pratiques corporelles et affectives entre hommes qui ne peuvent se définir comme relevant d'une identité homosexuelle. L'accent qu'est ici posé sur les pratiques « érotiques » plutôt que « sexuelles » devrait permettre de montrer comment ces pratiques corporelles peuvent et doivent être envisagées dans un contexte socioculturel beaucoup plus ample que celui de la seule « sexualité ».

Nous avons donc choisi de porter notre analyse sur le plan de la construction des masculinités pour essayer de voir de quelle façon ces pratiques corporelles

---

16 Voir à ce propos Gianfranco Rebucini, « Les Masculinités au Maroc. Pour une anthropologie des genres et des sexualités dans la Ville de Marrakech », thèse de doctorat, EHESS-Paris, 2009.

17 Pour une analyse plus précise des catégories « sexuelles » et corporelles dans les pays arabes voir Massad, *Desiring Arabs, op. cit.*

pouvaient façonner ou influencer la fabrication sociale et culturelle de la masculinité notamment hégémonique au Maroc. En effet, le concept de masculinité hégémonique est apparu comme un outil conceptuel hautement efficace pour étudier les occurrences d'une variété de forme de masculinité que l'on peut observer dans la réalité sociale marocaine. Ce concept, systématisé par Raewyn Connell dans un ouvrage majeur sur les masculinités,[18] apparaît comme un instrument heuristique particulièrement pertinent pour l'analyse du rapport entre les représentations idéales de la masculinité, générées et générant un rapport de pouvoir et de hiérarchie, et la construction des identités genrées et sexuelles des hommes.[19] L'idée d'hégémonie demeure particulièrement utile dans l'analyse des masculinités parce qu'elle s'intéresse non seulement aux aspects représentationnels et symboliques mais aussi et prioritairement aux pratiques et aux conditions concrètes des relations sociales, et dans une interrelation avec les aspects idéologiques. De plus, ce concept permet de mesurer les effets sur le développement pluriel des conceptions de la masculinité et notamment par rapport aux pratiques corporelles érotiques entre hommes.

L'idée d'une masculinité hégémonique peut donc servir de base explicative stable dans l'étude d'autres masculinités, telles les pratiques homoérotiques. Il est alors possible de conceptualiser l'existence d'une variété de masculinités. Les pratiques homoérotiques peuvent-elles être analysées et conçues comme faisant partie du système du genre ou comme une acception particulière de masculinité ? Ces pratiques donnent-elles lieu à des configurations sociales particulières que l'on pourrait étudier en relation avec la masculinité hégémonique qui structure les rapports de genre au Maroc ? Il nous est apparu que poursuivre dans cette direction permettait de mieux éclairer les significations sociales et culturelles intrinsèques à la pratique de l'homoérotisme. Le fait d'inscrire l'analyse de ces pratiques à l'intérieur du spectre des rapports de genre, et notamment dans leur relation avec la masculinité hégémonique, permet en effet de les détacher du « système de sexualité » où la dichotomie qui la structure « homosexualité/ hétérosexualité » paraît peu explicative et très peu heuristique dans ce contexte. Il semble en fait que les pratiques homoérotiques soient plus redevables d'une caractérisation par degré de masculinité que d'une spécification proprement liée au « type » de sexualité qui

18 Raewyn Connell, *Masculinities*, Cambridge, Polity Press, 1995.

19 Connell définit la masculinité hégémonique comme la conception sociale dominante, l'idéal culturel et l'idéologie sociale dans une pluralité de masculinités. Elle se différencie ainsi des masculinités subordonnées qui sont dominées ou opprimées. Voir à ce propos *ibid.*

serait en jeu. Ce qui est important n'est pas tant une distinction spécifique d'un mode de sexualité (homosexuelle, bisexuelle ou hétérosexuelle) que la position masculinisante ou féminisante de l'acte auquel on s'adonne. Les pratiques corporelles ici en jeu doivent donc être considérées en fonction de ce que, dans un article précédent, nous avons pu appeler un modèle spécifique marocain « genre/pratiques érotiques » plutôt que suivant un modèle « genre/sexualité » d'origine occidentale.[20]

C'est à partir de nos recherches ethnographiques que nous avons pu élaborer ce modèle où les pratiques érotiques entre hommes devaient s'inscrire dans un modèle non « sexuel »[21] et où la « sexualité » entendue comme « dispositif »[22] n'avait que très peu à nous apprendre. En effet, les données ethnographiques ont bien montré comment le plus souvent les pratiques homoérotiques (la séduction, les rapports corporels, l'affectivité, etc.) ne donnaient pas lieu à une identité « sexuelle » spécifique de l'individu. Les hommes et les garçons pouvaient s'adonner à ces pratiques sans que pour autant ils se sentent ou soient assimilés à des homosexuels. Cela ne veut pas dire, et on y reviendra, qu'il n'y ait pas de stigmatisation sociale de ces pratiques. Mais la stigmatisation qui existe n'est pas compréhensible et elle ne doit pas être comprise en termes de « sexualité », comme par exemple une stigmatisation d'une homosexualité de la personne. Ce qui demeure important est le rapport que ces pratiques entretiennent avec la masculinité hégémonique.

La construction de la masculinité hégémonique : honneur, honte et *'aql*

Ici, la question de l'apprentissage de la masculinité hégémonique, qui n'est en réalité jamais acquise dans sa forme idéale, demeure fondamentale. Dans le contexte socioculturel des classes populaires du Maroc d'aujourd'hui, la masculinité hégémonique est une formation idéologique et concrète complexe.

---

20 Voir Gianfranco Rebucini, « Masculinités hégémoniques et 'sexualités' entre hommes au Maroc. Entre configurations locales et globalisation des catégories de genre et de sexualité », *Cahiers d'études africaines*, LIII, 1-2, 2013, n° 209-210, pp. 387-415.

21 « Non sexuel » veut dire ici en large partie « non identitaire ». Parce que la question de l'identité sexuelle est primordiale dans les définitions et les catégorisations de l'épistémologie sexuelle occidentale, il paraît opportun de s'éloigner d'une telle épistémologie en essayant le plus possible de ne pas utiliser le terme « sexualité » ou « sexuel » pour décrire les pratiques érotiques ou corporelles dans ce contexte socioculturel.

22 Voir Michel Foucault, *La Volonté de savoir*, Paris, Gallimard, 1976.

Des éléments très différents peuvent en effet la composer. Partant d'une approche de développement de la personne, nous pouvons distinguer certaines valeurs qui semblent essentielles à la formation de ce type dominant de masculinité. Comme l'ont montré plusieurs anthropologues spécialistes du Maroc ou, plus généralement, du monde arabe, la formation du sujet (mâle) ne peut être envisagée sans tenir compte d'un processus de maturation de la personne spécifique à cette société. En effet, dans le système idéologique de la « philosophie populaire » de plusieurs sociétés islamiques, la personne se compose généralement de trois éléments principaux.[23] Ainsi, par exemple, Lawrence Rosen, dans son ouvrage *Bargaining for Reality* de 1984, cite un informateur (Abdallah) qui lui explique qu'au Maroc il y a

> three fundamental elements of which human nature is composed : *rûẖ*, *nafs* and *ʿaqel*. Ruh refers to one's soul. It is that portion of one's nature that will continue to exist after one's death. It comes from God and will return to God. [...] *Nafs* [...] is all the things we share in common with the animals, all the passions and lusts. [...] And that is what *ʿaqel* means: reason, rationality, the ability to use our heads in order to keep our passions from getting hold of us and controlling us. God gave Adam reason so he would know good from bad. God gave man the freedom to act as he pleases, but he also gave us reason so we would not be completely at the mercy of our nafs.[24]

23 La diffusion de ce modèle tripartite, que l'on retrouve dans beaucoup de sociétés islamiques du Maroc à l'Asie centrale n'est pas sans rappeler les débats très répandus en philosophie et médicine islamiques tout au long de l'histoire précoloniale sur les fonctions physiologiques et la santé du corps et leur relations avec les aspects de l'esprit, de la connaissance et de l'âme. Cette conception tripartite peut sans doute s'inscrire dans l'héritage de la philosophie platonicienne transmise par l'intermédiaire des traités de médicine galénique au moyen-âge et qui ont inspirés les conceptions médicales et physiologiques sur le corps et la personne bien au-delà des seuls cercles des philosophes et des savants jusqu'à nos jours. Cela explique peut-être pourquoi des anthropologues contemporains ont retrouvé ces trois éléments au niveau du sens commun populaire dans des sociétés aussi différentes que par exemple chez les communautés défavorisées urbaines ou rurales au Maroc, chez les Bédouins sédentarisés du désert occidental en Egypte, dont on parlera plus particulièrement ici en guise de comparaison, mais aussi chez les Pashtouns en Afghanistan. Sur les Pashtouns, voir entre autres Jon Anderson, « Social Structure and the Veil : Comportement and the Composition of Interaction in Afghanistan », *Anthropos* 77, 1982, pp. 397-420.

24 Lawrence Rosen, *Bargaining of Reality : The Construction of Social Relations in a Muslim Community*, Chicago, University of Chicago Press, 1984, p. 31.

C'est donc à partir de la dialectique entre le *nafs* et le *ʿaql*[25] que se développe l'individu. Ce dernier, en mûrissant, passe d'un état de non contrôlabilité à un état de contrôle de soi et de ses émotions. Une remarque importante qui peut être tirée de la description de Rosen est que le *ʿaql* serait, selon son informateur, déficitaire chez la femme. Dès lors, la nature de cette dernière serait incomplète. La quantité de *ʿaql* qu'elle peut espérer acquérir ne serait pas comparable à celle d'un homme, la femme ayant, en effet, un plus grand désir sexuel que l'homme.[26]

Ainsi, le rapport entre le *nafs* et le *ʿaql* portant à la maturation de l'individu, qui d'ailleurs dans la description de Rosen ne se distingue pas de l'apprentissage des matières religieuses demeure d'une importance essentielle pour qu'il puisse participer correctement au groupe social.

L'analyse de Dale F. Eickelman est aussi intéressante parce qu'elle se concentre sur des aspects plus proprement sociologiques de l'utilisation des compétences et des représentations en société. Ainsi, selon cet auteur,

> [r]eason (*ʿqal*) is the capacity to discern the meaning of social action and, on the basis of his perception, to engage in effective social action. It signifies adroitness or cleverness, without the pejorative English connotations of the latter word, more than a capacity for dealing with abstract rational phenomena. Its possession assumes an empirical knowledge of and capacity to manipulate the shared code of conduct called the *qaʾida*, "the way things are done". Reason enables a man to perceive what will pass as acceptable and approved conduct in the management of his various social obligations to kinsmen, neighbors, merchants, and clients, men of influence and men without, and how to weigh these various commitments in relation to one another.[27]

Selon Eickelman, la signification principale est donc une signification sociale. Ainsi, continue l'auteur, « [m]en acquire reason as they assume a greater *autonomy* in the social world ».[28] L'accent mis par l'auteur sur l'autonomie et la négociation constante de l'individu avec les normes de conduite rappelle

---

25 Nous avons choisi de garder la translittération de l'arabe utilisée par les auteurs respectifs. Le terme *ʿaqel* de Rosen, le *ʿqal* de Eickelman et le *ʿagl* (en arabe dialectal égyptien) d'Abu-Lughod se réfèrent ainsi au même concept de « raison ».

26 *Ibid.*, p. 32.

27 Dale F. Eickelman, *Moroccan Islam*, Austin, University of Texas Press, 1976, pp. 130-131.

28 *Ibid.*, p. 132. Mes italiques.

l'analyse ethnographique de Lila Abu-Lughod de l'honneur dans son ouvrage *Sentiments voilés*. Ainsi, selon cette auteure

> la maîtrise de ses attachements et de ses passions envers les autres – véritables sources de cette dépendance si contraire à l'honneur – semble être liée au développement du *ʿaql*, un concept complexe, fondamental dans la plupart des cultures musulmanes, du Maroc à l'Afghanistan, qui peut être compris comme une aptitude à la raison ou à une forme d'intelligence sociale. On dit que les anges ne disposent que de *ʿaql*, alors qu'Adam combinait le *ʿaql* et la passion, ou appétit charnel (*shahwa*). Les animaux, qui n'ont pas de *ʿaql*, occupent une place diamétralement opposée à celle des anges.[29]

Les Bédouins, étudiés par l'auteure, distinguent quatre phases de l'acquisition du *ʿaql* qui revient à conceptualiser, dans le même mouvement, quatre phases du développement de l'individu mâle. La première phase est donc l'enfance, « une période de non responsabilité où le jeune garçon satisfait juste ses besoins et ses jeux ».[30] La deuxième débute quand le jeune garçon commence à faire le jeûne pour le mois du Ramadan et à faire la prière. Il devient responsable des paiements de sang de la tribu, rentrant ainsi dans l'âge de la majorité. Cependant, explique Abu-Lughod,

> les Bédouins ont des sentiments partagés sur cette période, qui finit vers les quarante ans. Ce sont les bons ans de l'amour et de la vie ; pourtant parce qu'il est gouverné par ses passions, un homme est considéré imparfait sur le plan religieux et social.[31]

Ce n'est donc que passé la quarantaine qu'un homme commence à devenir attentif et raisonnable. Il devient pondéré dans la vie sociale et religieuse parce que le *ʿaql* qu'il a acquis lui permet de contrôler au mieux ses passions et ses appétits sexuels. La dernière phase de la vie d'un homme est ensuite la vieillesse (*shaykhûkha*) qui « est le plus souvent une simple continuation de la période de l'état de *ʿâgil*, sauf si la sénilité s'installe. Le *ʿagl* est par conséquent un des aspects de la maturité ».[32] Ce portrait du développement de l'homme n'est

---

29 Lila Abu-Lughod, *Veiled Sentiments : Honour and Poetry in a Bedouin Society*, Berkeley, University of California Press, 1986, p. 90.

30 *Ibid.*, p. 90-91.

31 *Ibid.*

32 *Ibid.*

cependant qu'un portrait idéal. En réalité, remarque l'auteure, si « avec l'âge, la maîtrise de soi et certaines formes de responsabilité tendent à s'accroître »,[33] d'un autre côté,

> si les individus se montrent incapables d'incarner les valeurs d'honneur, ils perdent le statut qui correspond à leur âge, à leur niveau de richesse, à leur genre ou même à leur préséance généalogique [...]. Ils perdent en particulier le respect qui fonde leur autorité.[34]

La construction d'une masculinité hégémonique se fait donc avec l'acquisition de valeurs et de capacités diverses. L'honneur d'un homme est une des composantes les plus importantes. Pourtant, l'honneur d'un homme n'est pas juste un sentiment ou une valeur fixe qui aurait ses règles immuables et qui serait en opposition foncière avec une prétendue pudeur/honte féminine. L'honneur est un sentiment complexe, dans sa genèse comme dans son actualisation. Loin des explications culturalistes ou méditerranéistes d'une certaine anthropologie anglo-saxonne des années 1980,[35] à partir de nos recherches ethnographiques au Maroc, nous proposons donc de considérer l'honneur et la pudeur/honte comme deux concepts liés à *al-aql*, la raison. Ceci parce que l'honneur, la pudeur et la honte caractérisent plutôt la capacité de reconnaître et de réagir correctement à une situation sociale donnée, ce qui est possible seulement si l'on possède un minimum de *ʿaql*, comme nous l'avons vu. De surcroît, ils ne sont pas uniquement liés à un sexe spécifique, mais plutôt à une relation hiérarchique. Ainsi la pudeur (*hchema* en arabe marocain) n'est pas une caractéristique féminine mais aussi une composante de la relation entre hommes nobles et subordonnés, entre aînés et cadets, ainsi qu'entre femmes mariées et filles. La honte ou *hchouma* est liée au sentiment de modestie et de pudeur (*hechma*), et elle est appelée à intervenir, pour les régler, dans toutes les situations où une relation de dépendance est avérée. Il résulte donc que les concepts d'honneur et de pudeur/honte ne

---

33 *Ibid.*, p. 92.

34 *Ibid.*

35 Voir en particulier John G. Peristiany, éd., *Honour and Shame. The Values of the Mediterranean*, London, Weidenfeld & Nicolson, 1965 et Julian Pitt-Rivers, *The Fate of Shechem or the Politics of Sex. Essay in the Anthropology of the Mediterranean*, London, Cambridge University Press, 1977, édition française : *Anthropologie de l'Honneur. La Mésaventure de Sichem*, Paris, Hachette, 1997. Pour la tradition française, Pierre Bourdieu, « Le Sens de l'Honneur », dans *Esquisse d'une théorie de la pratique. Précédé de Trois études d'ethnologie kabyle*, Paris, Éditions du Seuil, 2000, pp. 19-60.

sont pas toujours des termes opposés mais qu'ils interagissent dans un système complexe de relations sociales et de pouvoir. Indépendance, autonomie et respect sont alors des catégories qui expliquent mieux les aspects symboliques et pragmatiques du concept de l'honneur plutôt que des relations entre les sexes.

Or, c'est justement l'ensemble de ces vertus et de ces attributs moraux qui légitime une plus haute position sociale. Parmi les vertus qui participent au complexe du code d'honneur, on trouvera la générosité, l'honnêteté, la sincérité, la loyauté envers les amis et le maintien de la parole donnée. Mais plus importants encore seront l'esprit d'indépendance et d'autonomie. En outre, cette autonomie s'acquiert par la confiance en soi, le courage et la maîtrise de soi et de ses passions.

Au Maroc, l'honneur est ainsi plutôt lié à la convenance de ses actes qui peuvent être ou non liés à la sphère sexuelle. Hommes et femmes peuvent ainsi prétendre à la respectabilité selon qu'ils possèdent ou non certaines caractéristiques morales.

En conséquence, c'est la défaillance dans ces qualités, ou l'impossibilité matérielle et personnelle à assumer ce type d'autonomie qui peut exclure la personne, l'homme en l'occurrence, des positions de responsabilité et d'autorité et lui fait perdre la place et les privilèges qui lui sont accordés par la masculinité hégémonique. D'une position hégémonique, l'homme peut donc passer à une position subalterne ou marginalisée.

Pratiques homoérotiques entre « raison » et « honneur » de la masculinité

C'est à partir de ces dernières considérations que nous pensons pouvoir déterminer la place spécifique que les pratiques homoérotiques occupent dans la construction de la masculinité hégémonique au Maroc. La masculinité hégémonique se construit aussi avec les valeurs que sont le *'aql* et l'honneur, valeurs strictement liées au sentiment d'indépendance et de contrôle de soi. De surcroît, il semble bien que ces qualités morales et ces valeurs sociales soient strictement liées à une téléologie précise dans l'accomplissement d'une masculinité hégémonique. Ce type de masculinité trouve en effet son expression la plus complète dans la réalisation du mariage et dans la procréation. L'homme accompli (le *rajul* en arabe) sera donc celui qui, ayant bien assimilé les capacités du *'aql* et les règles et les valeurs de l'honneur, sera prêt à et digne de se marier. C'est seulement par le mariage et par la filiation, et en assumant les responsabilités et les comportements qui sont nécessaires à leur bon déroulement, qu'un homme pourra ensuite continuer à acquérir une plus grande valence de masculinité.

Au Maroc, le terme utilisé en arabe dialectal pour désigner un individu qui s'adonne aux pratiques homoérotiques et qui dans la relation assume une position réceptive, est *zamel*[36]. Le *zamel*, qui présente des attitudes corporelles « efféminées », est donc toujours censé socialement occuper une position réceptive. Pourtant, s'il existe un terme pour désigner, en quelque sorte, le sodomite réceptif, il manque un terme spécifique pour désigner le sodomite insertif. Cela veut dire que, dans le modèle marocain des genres/pratiques érotiques, un *rajul* (homme) ou un *châb* (garçon) ayant un rôle insertif dans le rapport de sodomie ne se voit pas du tout caractérisé avec un terme particulier. Pour eux, les pratiques sexuelles insertives homoérotiques n'affectent donc pas l'identité de genre. Cela est vrai dans un double sens. D'une part, il n'y a pas d'assignation possible à une identité sexuelle particulière parce que les termes et les assignations manquent, et d'autre part les individus ne se sentent ni se définissent différemment selon leur choix du genre du partenaire sexuel. Le *rajul* (marié et avec enfants) désigne ainsi une masculinité hégémonique inaliénable et dans le rapport homoérotique, il est censé toujours recouvrir une position insertive. Le *châb* (garçon non marié) est un homme non-hégémonique, mais il garde lui aussi une position socialement censée être insertive. *Rajul* et *shaabab* sont donc des termes généraux qui ne sont pas utilisés exclusivement ou particulièrement pour indiquer une position dans le rapport homoérotique. Le terme de *zamel*, par contre, indique un garçon ou un homme assigné à une position subalterne spécifiquement dans le rapport homoérotique. Ce sont donc les pratiques et les actes (érotiques) qui sont jugés à la lumière de la construction et du déploiement de la masculinité. Dans ce contexte, c'est, par exemple, le fait d'être reconnu comme le partenaire insertif ou réceptif qui est fondamental. À ce propos, il semble bien que ce soit la reconnaissance sociale plus que la réalité des actes qui importe. Les actes socialement reconnus sont en effet organisés par la dichotomie actif/ passif, où le côté actif est généralement, mais pas exclusivement, associé au masculin, et le passif généralement, mais pas exclusivement, associé au féminin. C'est donc en des termes de masculinité et féminité par gradation que l'on juge socialement les pratiques corporelles des hommes. La stigmatisation intervient, de ce fait, quand les actes corporels sont socialement reconnus comme en opposition au modèle de masculinité hégémonique censé régir le bon développement psychosocial des garçons et des hommes.

---

36 Notre définition de ce terme (fondée plutôt sur l'observation des usages sur le terrain) tend à mettre en évidence sa signification sociale, en opposition à une interprétation exclusivement basée sur les comportements sexuels.

Il nous paraît possible de concevoir la stigmatisation des pratiques homoérotiques à travers l'instrument de régulation sociale qu'est la honte (*hchouma*). La honte agit en effet comme un moyen de contrôle très puissant dans l'injonction à la norme sociale. Elle sert d'outil de réprobation des comportements jugés asociaux et dangereux. Si la stigmatisation par la honte frappe majoritairement les actes érotiques réceptifs dans les relations homoérotiques, elle ne s'applique pas de la même manière à tous les individus s'adonnant à ces pratiques. Nous pouvons, en effet, distinguer entre les individus qui ont un statut d'homme mûr (*rajul*) et qui devraient avoir un degré élevé de masculinité hégémonique, des individus qui ne sont pas censés être en position d'homme, les garçons non mariés par exemple (le *châb*). La honte et la stigmatisation agiront alors d'une façon différente dans les deux cas. Il est en effet beaucoup plus répréhensible pour un homme marié de s'adonner à ces pratiques (surtout si elles sont répétées et fréquentes) que pour un garçon non marié. Dans ce dernier cas, cela peut être considéré comme un plaisir divers que l'individu s'accorde en raison des privilèges que sa masculinité lui accorde. Comme les hommes sont censés avoir une charge érotique et une appétence corporelle très forte, l'assouvir avec des pratiques peu convenables n'est qu'un moindre mal et il est considéré plutôt comme un écart, une faiblesse, un manque dans le contrôle de ses passions. En ce sens, la pratique d'un érotisme intra-genré peut facilement être analytiquement rapprochée de la consommation d'alcool par exemple : elle est socialement stigmatisée, mais également tolérée comme une faiblesse individuelle.

Conclusion

Comme nous l'avons dit, les pratiques en elles-mêmes ne sont pas du tout considérées de la même façon. La position réceptive, celle du *zamel*, est largement plus stigmatisée socialement que celle insertive. Cela est dû au fait que le *zamel* se trouve, dans la relation, dans une position d'extrême dépendance sociale. C'est le partenaire réceptif et il est dans une position « féminisée » parce que dépendant de son partenaire insertif. Le *zamel*, qui est aussi utilisé pour désigner le prostitué, donne donc ses services en échange de quelque chose d'autre. C'est lui qui se retrouve dans cette position de dépendance économique et sociale, et non son partenaire insertif, qui, lui, est celui qui donne l'argent ou des dons. Généralement, en effet, le *zamel* est toujours considéré dans une position d'infériorité, économique, d'âge ou sociale. De surcroît, c'est le *zamel* qui est le plus souvent caractérisé par un manque de contrôle de ses passions sexuelles. Un *zamel* est aussi un « débauché » qui n'est pas capable de se contenir. Ses attitudes corporelles (souvent on désigne un *zamel* par ses attitudes « efféminées ») « démontrent » qu'il est « comme une femme », et donc qu'il est essentiellement soumis aux forces corporelles, au désir et, de là, qu'il n'arrive pas à se maîtriser. Fondamentalement, être *zamel*, c'est être dépendant, dépendant des autres mais aussi de ses propres passions, et donc se retrouver dans la situation de ne pas pouvoir prétendre à la condition de mâle hégémonique. Comme l'indépendance et la maîtrise de soi sont des caractéristiques fondamentales dans la construction de la masculinité hégémonique, il semble bien que la figure du *zamel* soit, en quelque sorte, un des contre-exemples de cette masculinité. Pourtant, la figure du *zamel* est toujours une figure provisoire. Comme nous l'avons dit pour la masculinité hégémonique, le *zamel* ne constitue pas une posture fixe et immuable. Parce que la définition de (et l'assignation à) cette figure dépend des relations sociales que l'individu, ainsi assigné, peut avoir à l'intérieur de sa société, le *zamel* peut toujours, et le plus souvent cela se produit, devenir un homme, un *rajul*. Si en effet le garçon qui, à une certaine période de son existence, a été désigné comme *zamel* arrive à se marier et à se construire une famille, il ne sera plus un *zamel* mais un homme (*rajul*) comme les autres. Et cela, même s'il continue à s'adonner à des pratiques homoérotiques.

C'est la question du mariage et celle de la reproduction qui, parce qu'elles sont censées être le résultat et la finalité de l'acquisition de la masculinité – en passant par les valeurs et les caractéristiques propres à la construction d'hommes accomplis que sont l'indépendance, le contrôle de soi, la générosité, le sens de l'honneur et la force de caractère – sont fondamentales pour les gens des classes populaires au Maroc. Les pratiques homoérotiques s'insèrent donc dans cette trajectoire téléologique mais elles ne l'entravent nullement dans sa force et dans son développement. Elles demeurent plutôt comme un avantage et un privilège supplémentaires que les hommes s'octroient, en ne renonçant à aucun autre privilège que leur condition d'homme peut leur apporter. Le système du genre dans ce cas ne peut qu'être renforcé. Les pratiques homoérotiques entre hommes au Maroc ne sont donc pas en opposition au système du genre, mais elles y participent selon un système plus large de genre/pratiques érotiques au sein duquel la question de la construction de la masculinité hégémonique demeure fondamentale.

Bibliographie

Abu-Lughod, Lila, *Veiled Sentiments : Honour and Poetry in a Bedouin Society*, Berkeley, University of California Press, 1986.

Anderson, Jon, « Social Structure and the Veil : Comportement and the Composition of Interaction in Afghanistan », *Anthropos* 77, 1982, pp. 397-420.

Bouhdiba, Abdelwahab, *La Sexualité en Islam*, Paris, PUF, 1975.

Bourdieu, Pierre, « Le Sens de l'Honneur », dans *Esquisse d'une théorie de la pratique. Précédé de Trois études d'ethnologie kabyle*, Paris, Éditions du Seuil, 2000.

Chebel, Malek, *L'Esprit du sérail. Perversions et marginalités sexuelles au Maghreb*, Paris, Lieu Commun, 1988.

Connell, Raewyn, *Masculinities*, Cambridge, Polity Press, 1995.

Eickelman, Dale F., *Moroccan Islam*, Austin, University of Texas Press, 1976.

Foucault, Michel, *La Volonté de savoir*, Paris, Gallimard, 1976.

Lagrange, Frédéric, *Islam d'interdits, Islam de jouissance*, Paris, Téraèdre, 2008.

Massad, Joseph A., *Desiring Arabs*, Chicago, Chicago University Press, 2007.

Peristiany, John G., éd., *Honour and Shame. The Values of the Mediterranean*, London, Weidenfeld & Nicolson, 1965.

Pitt-Rivers, Julian, *The Fate of Shechem or the Politics of Sex. Essay in the Anthropology of the Mediterranean*, London, Cambridge University Press, 1977.

Rebucini, Gianfranco, « Masculinités hégémoniques et 'sexualités' entre hommes au Maroc. Entre configurations locales et globalisation des catégories de genre et de sexualité », *Cahiers d'études africaines*, LIII, 1-2, 2013, n° 209-210, pp. 387-415.

Rebucini, Gianfranco, *Les Masculinités au Maroc. Pour une anthropologie des genres et des sexualités dans la Ville de Marrakech*, thèse de doctorat, EHESS-Paris, 2009.

Rosen, Lawrence, *Bargaining of Reality : The Construction of Social Relations in a Muslim Community*, Chicago, University of Chicago Press, 1984.

Said, Edward, *Orientalism*, New York, Pantheon Book, 1978.

Ze'evi, Dror, *Producing Desire. Changing Sexual Discourses in the Ottoman Middle East, 1500-1900*, Berkeley, University of California Press, 2006.

CHAPITRE 2

Les mésaventures du masculin postcolonial à travers le Texte maghrébin : de la *Redjla* aux *papiches* dans l'imaginaire algérien

Mourad Yelles

Ma bqâtchi r-redjla fi d-az-zmân
Ma bqât el-kelma
Ghîr katrat el-hadra b-el-lsân
W-el-f'âyel ma'dûma

(La *redjla* n'existe plus aujourd'hui
Ni le sens de la parole [donnée]
Il n'y a que profusion de discours en langues
Mais les actes font défaut)

KAMEL MESSAOUDI, *Ma bqâtchi r-redjla*

•••

L'homme viril est mort. L'Arabe avec un grand A, l'Arabe brun et mystérieux n'est plus.

KAOUTHER ADIMI, *Des ballerines de papicha*

Abstract

The article deals with the evolution of social and cultural representations of manhood (*redjla*) in Algeria from a traditional to a modern and postcolonial context. In the traditional society, values attached to *redjla* were strictly defined. They implied certain human and moral qualities, such as a sense of honour and pride, modesty, generosity and respect towards all members of the community. There is no doubt that the impact of colonization on this traditional way of living and thinking was tremendous. But on

 | DOI 10.1163/9789004342828_004

the other hand, independence obviously could not achieve all the goals determined by the political leaders of the Algerian Revolution.

The postcolonial period saw a worsening of social and ideological tensions as well as an aggravation of political disorders. The result was a general sense of loss and bitterness. It seemed as if the old *redjla* was no more relevant. Times had changed and, as it seemed, another character was gradually replacing the *radjel* of the traditional society. This character was named a *papiche* (or *papicha* according to his/her gender). His/her social practices and moral standards were perfectly in tune with the new set of social values imposed by the huge economic, political and ideological changes which had begun during the last decade of the second millennium. His/her greediness, lack of honour and materialistic obsessions were the exact opposite of the qualities that had once made of traditional *redjla* a splendid collective ideal.

How was that possible and in what sense was this situation significant for a dramatic shift in social and symbolic expectations in Algerian society? We will try to answer these crucial questions by re-reading the main phases in Algeria's modern history, taking into account exemplary traditional and contemporary works by Algerian poets, song writers, play writers, novelists and movie makers.

Contrairement à une image réductrice assez souvent répandue, la problématique du genre n'est pas historiquement absente du paysage culturel maghrébin. Loin s'en faut. Depuis des siècles, pour rigoureux qu'il puisse paraître (essentiellement du fait de la prégnance du paradigme religieux en terre d'Islam), le fonctionnement des normes et systèmes de catégorisation/hiérarchisation générique a toujours autorisé l'existence de diverses formes de passages et de transitions, voire d'« entre-deux » à travers lesquelles la palette des désignations et rôles socioculturels conventionnellement attribués aux acteurs sociaux se voyait (ré)aménagée de manière plus ou moins visible et importante.

A partir de ce constat, force est de d'observer que des processus complexes et de longue durée ont entrainé des phénomènes de crispations identitaires au sein des sociétés maghrébines. Ainsi, les évolutions socio-historiques, dont certaines concernaient directement les statuts génériques, se sont de fait trouvées drastiquement contrariées. Si le début de ces processus peut être localisé à partir des $14^{\text{ème}}$-$15^{\text{ème}}$ siècles, il est évident que le véritable traumatisme se produira à partir du $19^{\text{ème}}$ siècle avec l'imposition du système colonial.

S'agissant du cas algérien, la romancière Assia Djebar n'hésite pas à parler pour cette période de manifestations « paranoïaques »[1] et relevant de

1 Assia Djebar, « Postface. Regard interdit, son coupé », dans *Femmes d'Alger dans leur appartement*, Paris, Éditions des femmes, 1980, p. 176.

l'« autisme »[2] dans les relations hommes/femmes. A cet égard, la reprise historique incarnée par l'émergence du mouvement national dans l'entre-deux-guerres a constitué sans aucun doute un des temps forts de la réaffirmation des valeurs traditionnelles et de la réhabilitation de la figure du héros viril sous les traits du *moudjahid* (combattant armé).

De façon évidemment paradoxale, l'indépendance viendra confirmer, voire renforcer, le maintien des lignes de partage des rôles genrés héritées de la période coloniale. Ce qui n'empêchera évidemment pas la société algérienne de connaître dans le même temps des bouleversements socioculturels considérables.

D'une certaine manière, on peut considérer que l'insurrection d'octobre 1988 et l'ampleur de ses répercutions marquent un tournant symbolique. Avec ce qui apparaît comme l'échec spectaculaire du modèle révolutionnaire algérien de l'Etat-nation, l'idéal masculin de la *redjla*, conçu comme celui de l'autorité, du courage, de l'honneur et de la générosité est sérieusement mis à mal. C'est dans ce contexte qu'apparaissent de nouvelles représentations d'une virilité « carencée » que l'imaginaire collectif assimile de plus en plus à la figure du/de la *papiche* (enfant gâté et allégorie dévirilisée du pouvoir corrompu et antinational). C'est précisément cette transition complexe (souvent douloureuse et violente) d'une société gouvernée par la *redjla* à celle du règne du/de la *papiche* que nous souhaiterions pister à travers quelques exemples empruntés au Texte maghrébin, et plus particulièrement à la production littéraire mais aussi à la chanson et au cinéma algériens.

De la *redjla* comme modèle maghrébin traditionnel

Dans la tradition culturelle maghrébine, le modèle de la virilité (*redjla*, *fhûla*) s'est constitué depuis des siècles autour d'un certain nombre de valeurs. On peut spéculer sur l'origine de ses éléments constitutifs et sur le poids respectif de la culture amazigh et arabo-musulmane dans le composé historique traditionnel. Une chose est certaine, le modèle maghrébin partage de nombreux traits avec le reste des sociétés méditerranéennes. Comme l'indique Germaine Tillion :

> De Gibraltar à Constantinople, sur la rive nord de la mer et sur sa rive sud, chez le chrétien et chez le musulman, chez le citadin et chez le campagnard, chez le sédentaire et chez le nomade, c'est un fait qu'une susceptibilité collective et individuelle exacerbée accompagne partout,

2 *Ibid.*, p. 185.

> aujourd'hui encore, un certain idéal de brutalité virile, dont le complément est une dramatisation de la vertu féminine.[3]

L'essentiel du propos anthropologique demeure tout à fait d'actualité pour une large partie des sociétés maghrébines. Mais dans la mesure où, à partir de pratiques très anciennes, ces mêmes sociétés ont élaboré un ensemble complexe de représentations collectives par lesquelles elles se pensent et se projettent dans l'espace et le temps, il est bien entendu fondamental de les analyser.[4] C'est essentiellement dans les corpus poétiques que l'on peut retrouver les indicateurs et paramètres (souvent métaphoriques) du paradigme de la virilité. A ce propos, il convient de rappeler que le modèle de la *redjla* implique plusieurs niveaux de pertinence : *individuel, familial, collectif* (tribal ou autre). Ces différents niveaux s'articulent et se recoupent aussi bien dans la réalité que dans l'imaginaire.

Telle qu'elle trouve à s'exprimer dans la poésie populaire maghrébine, la poétique de la *redjla* combine, selon des proportions relativement stables d'une génération à une autre et d'un corpus à un autre, un certain nombre de traits essentiels : le *renom*, la *fierté*, la *bravoure*, l'*endurance*, la *générosité*, la *magnanimité*, la *sobriété*, la *finesse*. Depuis des siècles, les poètes et poétesses maghrébin(e)s ont su trouver les mots et les images pour exalter ce subtil mélange de qualités qui fonde la légitimité socioculturelle et la beauté esthétique de la *redjla* traditionnelle. Témoin ce poème anonyme du genre *'arûbî* (féminin marocain) dans lequel une jeune femme/fille s'adresse à son amoureux :

> *Viens que je te conseille : Sois spirituel, aimable, poli, humain, intelligent et fin.*
> *Avance entre les épées, le corps léger.*
> *Garde ton secret et ne le divulgue pas même à tes proches.*
> *Celui qui est intelligent, quand il blesse, sait guérir.*[5]

Autre exemple avec cet extrait d'un poème appartenant au genre *melhûn* et composé par Cheikh Mohamed Bentaïba (19ème-20ème s., Ouest algérien) : *Chûf yâ Ahmed* (« Conseils à un disciple »). Dans ce texte, en forme de leçon adressée à l'un de ses disciples prénommé Ahmed, le poète vante les qualités (viriles) du véritable amant :

3 Germaine Tillion, *Le Harem et les cousins*, Paris, Éditions du Seuil, « Points » [1966] 1982, p. 67.

4 Il est d'ailleurs intéressant d'observer que Germaine Tillion évoque spontanément le personnage historique mais surtout littéraire du *Cid* pour illustrer son analyse ...

5 Mohammed El Fasi, *Chants anciens des femmes de Fès*, Paris, Seghers, 1967, p. 40.

*Celui qui goûte à l'amour peut dire adieu au calme et à la sérénité * écoute ô Ahmed * l'amour des jolies filles subjugue littéralement l'esprit de l'amoureux * c'est un amour passionné pour une fille de la noblesse **

*Avec ton ennemi, prends l'initiative des bons procédés et garde ton calme * écoute ô Ahmed * car l'homme de bon sens ne tient jamais rigueur aux autres * c'est un amour passionné pour une fille de la noblesse **

*Sois maître de toi-même, tiens bien les rênes en main * écoute ô Ahmed * ne suis pas tes penchants et n'agis pas sous l'emprise de la colère * c'est un amour passionné pour une fille de la noblesse **

*Celui qui cherche à rencontrer des gens de qualité doit savoir à quelle porte frapper * écoute ô Ahmed * et l'homme de cœur sollicite l'avis des gens de savoir * c'est un amour passionné pour une fille de la noblesse **

*Les hommes fiers ne se rabaissent pas et ne rampent pas * écoute ô Ahmed * et les gens de noble origine ne peuvent être les seconds * c'est un amour passionné pour une fille de la noblesse **[6]

De fait, c'est souvent comme en négatif, dans la dénonciation douloureuse mais virulente des ennemis (faux amis) ou des coquins et autres malappris (*chmâyet*) proliférant dans les temps troublés, que se dégage avec le plus de netteté le paradigme viril d'une *redjla* cruellement mise à l'épreuve par les bouleversements socioculturels. Cette thématique est d'ailleurs si prisée qu'elle a donné lieu à un genre particulier – le *djafr* – consacré à la description des fléaux sociaux et à des évocations eschatologiques. C'est naturellement dans ce contexte de crise (politique, socioculturelle, idéologique) que les idéaux de la virilité traditionnelle trouvent le mieux à s'exposer et à être revendiqués par un poète qui ne trouve pas de mots assez durs pour critiquer ceux qui, profitant de la situation, tentent de s'imposer par la ruse et le mensonge. Témoin cet extrait d'un poème du Cheikh Sidi Lakhdar Benkhlouf (16ème-17ème s., Ouest algérien) intitulé *Qarn arbaʿtâch* (« Le quatorzième siècle ») :

Je dévoilerai aux croyants une partie de ce que je sais sur la fin des temps, au quatorzième siècle. La canaille sera bien considérée, et le savant, versé dans les « hadiths » sera mal vu. Il y aura beaucoup d'injustices et de crimes, et le muphti de la ville sera serré de près par les gardes. Le gouverneur ne pourra pas dire qu'il gouverne, et le chef de la tribu s'adonnera au pillage à son aise. Le caïd exige sa part de butin, et l'homme de noble ascendance sera chassé de sa patrie.[7]

6 Ahmed Amine Dellaï, *Chants bédouins de l'Oranie*, Alger, ENAG Editions, 2006, p. 200.

7 *Ibid.*, 26.

Il n'est pas étonnant que l'on retrouve ce sentiment de déchéance sociale et d'inversion des valeurs dans nombre de poèmes plus tardifs composés durant l'occupation coloniale. Mais le paradoxe veut que ce vécu poétique douloureux se prolonge après l'indépendance du pays. Alors que les conditions politiques et socio-culturelles semblent avoir changé du tout au tout, les différentes formes d'expressions culturelles (littéraires, musicales ou et cinématographiques) vont révéler l'existence d'un malaise de plus en plus profond et dont l'un des enjeux identitaires a trait précisément à l'imaginaire de la *redjla*.

« *La redjla le tue* » ou la virilité algérienne en crise

Même s'il est évidemment difficile de fixer une date avec précision, c'est sans doute dès la fin des années 1960, et surtout à partir du début des années 1970, que l'on peut dater les premiers signes des tensions idéologiques liées à toute une série de mesures politiques et économiques qui auront un impact durable sur l'évolution de la société algérienne. D'une certaine manière, on se trouve face à une situation que résume admirablement le poème-haïku de Kateb Yacine :

> *Une Algérie qui va mourir*
> *Une Algérie qui va naître*
> *Et celle qui doit mourir*
> *Veut tuer celle qui doit naître*

Dans ce contexte, on ne s'étonnera pas si les représentations identitaires connaissent de profondes mutations. Ainsi, l'ancienne *redjla* entre à son tour dans une phase de majeure. Pourtant, de manière symptomatique, l'un des plus célèbres poèmes de cette période s'inscrit encore dans cette rhétorique traditionnelle du genre *melḫûn* dont il a été précédemment question. Il s'agit du texte de Mustapha Toumi (interprété magistralement par l'icône du *chaâbî* algérois, Cheikh El-Hadj M'Hamed El-'Anqa), intitulé *Ez-zeghloûl* (« Le blanc-bec »). Le vieux maître y évoque ses déboires avec la jeune génération :

> *J'ai cru qu'il était un ami pour moi et qu'il ne m'oublierait jamais, mais, hélas, ce n'était, en son for intérieur, qu'un serpent malfaisant. C'est une honte, une infamie et un scandale, pour vous, ô mes concitoyens, d'être aussi cupides ! Vous avez fait de la convoitise une situation et un métier, méconnaissant avec ingratitude et les bienfaits des gens et leur rang social. Vous ne valez*

> *pas un clou au marché du samedi et des charognes. Cela ne ressemble ni à une relation d'amitié, ni à une connaissance, ni à une relation de parenté, ni à une alliance. Comment le cœur peut-il éprouver encore des sentiments sincères après que vous l'ayez déchiré en morceaux ? Vous suivre, c'est tomber dans la misère. Toi qui demandes l'hospitalité, entre pour te réchauffer ! Et réponds, sans crainte, à mon salut ! N'avons pas été élevés dans la noblesse d'âme ? Jamais, ô grand Dieu, nous ne pourrons éconduire notre hôte !*[8]

Il n'est évidemment pas indifférent d'observer que ce poème a été écrit en 1970, c'est-à-dire à une période-charnière de ce que l'on appelle parfois l'« ère Boumediène », période marquée par l'intensification des transformations dans les domaines politiques, économiques, sociales et culturelles. A commencer par la perception que se font les Algériens et les Algériennes de leur propre devenir. En effet, il est clair que confrontées à des décisions politiques qui visent à les faire sortir, souvent à marche forcée, du sous-développement et de la dépendance – et même si elles ne les remettent pas globalement en cause –, les populations ont du mal à suivre la dynamique imposée. Du coup, un réel désarroi commence à s'installer, à mesure que les dysfonctionnements se multiplient et que de nouvelles formes d'inégalités et d'injustices apparaissent peu à peu.[9] Même les épisodes les plus glorieux de la guerre d'indépendance (avec le culte du *moudjahid* comme figure emblématique de la *redjla* « révolutionnaire ») commencent à susciter des lectures critiques, voire des contestations plus ou moins directes.[10]

Autre exemple significatif, dans le domaine de la production cinématographique cette fois, avec *Omar Gatlato* de Merzak Allouache (1976). Dès les premiers mois de sa distribution dans les salles de cinéma du pays, ce film va rapidement connaître un énorme succès populaire. On peut s'étonner des raisons d'un tel phénomène. Surtout quand on réalise que le film de Merzak Allouache, souvent décrit comme une critique des dérives du système algérien,

---

8 Mustapha Toumi, « *Ez-zeghloûl* », dans Ahmed Amine Dellaï, *Chansons de la Casbah*, Alger, ENAG Editions, 2003, p. 145.

9 Entre autres modes d'expression artistique et musicale témoignant de cette situation, on ne manquera pas de mentionner le *raï* urbain.

10 Comme c'est le cas dans le film de Lakhdar Hamina, *Hassan Terro* (avec l'inoubliable Rouiched) sorti en 1968. Il faudrait également citer un beau roman de Mohammed Dib *La Danse du roi* (Paris, Éditions du Seuil, 1968), dans lequel l'héroïne, Arfia, une ancienne maquisarde, incarne une sorte de *Aïcha-râdjel* (littéralement « Aïcha-l'homme ») en révolte contre les dérives du modèle patriarcal et d'une certaine *redjla*.

est avant tout une satire – certes pleine de tendresseet d'humour – du culte national de la virilité et un questionnement parfois sévère sur ses ravages.

Car, à l'évidence, la *redjla* algérienne des années 1970 n'est plus ce qu'elle était. Là où les grands poètes du *melhûn* ne cessaient de célébrer leurs conquêtes féminines dans un environnement chevaleresque, le héros de Merzak Allouache s'épuise dans l'exhibition dérisoire (quasi-compulsionnelle et obsessionnelle) des signes codés d'une virilité urbaine délabrée alors même qu'il est en pleine panique sentimentale et qu'il ne parvient pas à affronter la réalité de la féminité. La dernière séquence habilement dédoublée confronte le fantasme et le réel pour finalement entériner l'échec du héros. Un échec qui, par-delà le constat de l'impossibilité du dialogue amoureux s'apparente étrangement à un syndrome d'impuissance sexuelle (voire politique).

Cette difficulté pour l'homme algérien post-colonisé à assumer une virilité historiquement mise en échec est bien entendu largement liée à l'émergence d'un double processus très bien décrit par Naget Khadda :

> [...] A un bout de la chaîne, l'implantation de la société coloniale révéla aux hommes [...] la femme étrangère et ses comportements inusités, ce qui allait imposer une image de femme qui, par-delà la séduction du radicalement différent, revêtait une importante dimension symbolique à composante libidinale avant d'acquérir une portée intellectuelle toute nouvelle. [...] A l'autre bout de la chaîne, la secousse de la guerre et les nécessités de la libération devaient arracher la femme – ou plutôt des femmes – à la fonction génitrices et à leur révéler un nouveau rapport au monde. [...].[11]

De fait, telle qu'elle apparaît dans le roman algérien de la période coloniale (mais pas seulement), le prestige de l'« Etrangère » induit souvent un comportement quasi-infantile chez le héros algérien de la *redjla* dans la mesure où cette présence féminine, de par son histoire et son ancrage culturel, semble présenter des qualités « viriles » qui perturbent radicalement la représentation du rapport homme-femme tel qu'il est vécu habituellement dans l'espace de la Tradition maghrébine. Idem pour la femme algérienne dans le contexte postcolonial :

---

11 Naget Khadda, *Représentation de la féminité dans le roman algérien de langue française*, Alger, OPU, 1991, p. 110.

> Après le jalon de la date d'indépendance, l'héroïne de la modernité poursuit le bouleversement des identités établies en marchant sur les plates-bandes des hommes à la fois par le travail et par la prise de parole sur la scène sociale. Emergence de féminismes qui prennent place dans le phénomène de mondialisation des mouvements sociaux et culturels et surgissement d'une image « androgynisée » de la femme [...].[12]

Certes, l'impact des discours et des représentations véhiculés par les courants féministes à l'échelle mondiale ne doit pas être sous-estimé dans le contexte algérien. Mais il semble non moins probable que l'évolution du contexte politique a joué un rôle-moteur dans les processus socioculturels et idéologiques mettant en jeu la question de la gestion des rapports de genres. A cet égard, dans quelle mesure le passage de la domination coloniale à celle d'un pouvoir autoritaire n'a-t-il pas joué pour maintenir symboliquement le mâle algérien – et malgré qu'il en ait – dans une situation de dévirilisation chronique (au moment même où la femme algérienne commençait timidement à investir les espaces traditionnellement réservés à la *redjla*) ? La question mérite d'être posée.

En tout état de cause, ainsi que nous l'avons souligné à plusieurs reprises, le contexte politique (avec ses avancées et ses contradictions) explique en grande partie les évolutions des imaginaires de la *redjla* algérienne. Dernier exemple avec le théâtre de Abdelkader Alloula et plus spécialement avec l'une de ses œuvres parmi les plus abouties, *El-Adjouâd* (« Les nobles, les généreux »). Dans cette pièce montée pour la première fois en 1985, Alloula choisit de mettre en scène les héros anonymes qui œuvrent au quotidien pour rendre possibles les utopies nées de la guerre d'indépendance et de l'indépendance. Ce faisant, ils se heurtent à l'inertie des mentalités, à la mauvaise foi des tenants du pouvoir, à la virulence des ennemis de la Révolution. La pièce est une succession de portraits d'hommes (mais leurs épouses ne sont jamais bien loin) « sans qualités » apparentes mais qui vont rapidement révéler au spectateur toute la palette de leurs mérites. Celui de Djelloul *El-fhâymî* (« le Raisonneur ») figure sans doute parmi les plus attachants.[13]

Les vertus dont témoignent Djelloul *El-fhâymî* et les autres « justes » de la pièce sont celles-là mêmes que revendiquaient déjà leurs ancêtres et qui fondent, comme nous l'avons vu, la *redjla* au sens traditionnel. Mais, à l'évidence, quand Alloula décide de reprendre un concept socio-historiquement connoté (*El-Adjouâd* comme héros de la société féodale pré-coloniale) pour

12 *Ibid.*

13 Abdelkader Alloula, *Les Généreux*, trad. Messaoud Benyoucef, Paris, Actes Sud-Papiers, 1995, pp. 64-82.

l'appliquer à des situations contemporaines, on ne peut s'empêcher de voir dans cette option une volonté de dénoncer un ordre néo-féodal dans lequel les vrais « nobles » ne sont pas ceux auxquels on pense. Cette inversion des rôles symboliques témoignent ainsi de la crise des valeurs identitaires et morales de l'Algérie post-Boumediene, et en particulier celles de la *redjla*.

L'Algérie mondialisée : le temps des *papiches*

Depuis les années 1990, les évolutions constatées et sur lesquelles nous avons tenté d'apporter quelques éclairages se sont considérablement renforcées et, d'une certaine manière, diversifiées. Face aux contradictions idéologiques du pouvoir, à ses incohérences en matière économique et à ses dérives sur le plan politique, confrontée à la montée sans précédent des inégalités et à la frustration d'une jeunesse de plus en plus consciente de sa force, de plus en plus travaillée par les dynamiques d'une mondialisation subie ou assumée, en l'absence de toute perspective d'avenir, la société se débat comme elle peut pour assumer un quotidien souvent amer et dur.

On observe d'abord que les représentations de la *redjla* et la mythologie qui lui était historiquement attachée n'ont pas disparu. Au contraire, on peut dire que, pour une partie importante de la population (y compris pour les jeunes), elles demeurent d'une brûlante actualité – même (et peut-être surtout) sur le mode du fantasme. Témoin cet échange entre deux internautes sur le site « Les Algériens et la 'Redjla' » :

> shadok = Les algériens sont réputés par leur « Redjla ». C'est cette « Redjla » qui nous a poussées à prendre les armes contre l'occupant. Les algériens sont par nature un peuple fier. C'est des gens qui ne se laissent pas faire. [...] La « Redjla » ou « Nif » attribué à l'homme caractérise aussi la femme algérienne.
>
> Que reste-il de la « Redjla » et du « Nif » légendaire des algériens. Est-il vrai que les algériens qui vivent à l'étranger sont plus « Redjla » que ceux d'Algérie ? Croyez vous que d'autres nations arabes ne nous aiment pas à cause de notre « Redjla » ? La « Redjla » n'est elle pas la source de nos problèmes ?
>
> absent = Non. Redjla et nif, c'est pas la même chose, à la base quand ça a été crée, c'est parce que ça décrivait des comportements comme la parole tenue (lors d'une transaction par exemple), enfin bref c'était des choses réservées aux Hommes. Mais pour une femme, ce mot a une double

signification, soit c'est la même chose que pour l'homme, soit on dit de wehda redjlawiya, qui se la joue homme, c'est à dire garçon manqué.

Mais nif, c'est autre chose, c'est encore plus lié à l'honneur.[14]

Dans le même temps, un autre modèle s'est développé qui rend compte des nouvelles pratiques et des nouveaux imaginaires algériens. Il s'incarne dans la figure du *papiche* (avec son alter ego féminin, la *papicha*).[15] Comment définir cet « OVNI » socioculturel apparu en quelques années dans le paysage algérien ? Si l'origine étymologique du terme demeure assez obscure,[16] les traits distinctifs sont par contre clairement établis par l'usage. Entre autres exemples, la définition que propose l'administrateur d'un blog explicitement consacré à la « papichologie » :

> Pour les non initiés, ceux qui ne comprennent pas ce terme qui est utilisé essentiellement au Maghreb et spécialement en Algérie, cela veut dire ; une belle jeune demoiselle, une mignonne, une fraiche, une belle gosse, une douce, une bastos, etc ...
>
> Le terme papiche, papicha, papichettes, etc ... peut avoir plusieurs sens. Tout dépend du contexte dans lequel on l'utilise. Cela peut être péjoratif parfois. Exemple : dire d'un garçon ou d'un homme que c'est une papicha ou un papiche voudra dire que c'est un fils à papa, un douillet, un tchitchi (dialecte algérien voulant dire un bobo), qu'il manque de courage ou de virilité. Dire d'un garçon que c'est un papiche veut aussi dire que c'est un gamin, un petit etc.

---

14 Forum ALGERIE > Divertissement, Rencontres et Voyages > Café du village, http://www.algerie-dz.com/forums/showthread.php?t=144074, (12/10/2009).

A contrario, il y aurait toute une étude à entreprendre sur la figure métaphorisée du <u>ch</u>ikûr et sur la curieuse évolution sociolinguistique qui a fait d'un vulgaire « maquereau » l'une des figures (carnavalesques) de la *re<u>dj</u>la* algérienne du 3ème millénaire – jusque dans la perception collective des grands évènements internationaux. Dernier exemple en date, cette inscription lue récemment sur un mur d'Alger : *Ben Laden chikour marikène* (« Ben Laden est le Mac des Américains ») !

15 A noter l'existence d'une autre dénomination collective, relativement plus ancienne, et qui désigne, à peu de choses près, le même type de population, cette « jeunesse dorée » des grandes villes algériennes : la *Tchi-tchi* (*Cf.* Leila Tounsi, « Aspects des parlers jeunes en Algérie », *Langue française*, 114, 1997, p. 110).

16 Une des étymologies possibles : « De l'argot algérois *papicha* 'mère maquerelle, puis qui est trop bien habillée, puis belle jeune fille' ». (*Cf. Le blog de dico franco-arabe*, http://dico.franco-arabe.over-blog.com/article-dictionnaire-corrige-au-5-mai-2012-104703101.html, 06 mai 2012).

> Autre exemple : dire d'une fille : 'non, elle c'est une petite papicha!' cela peut vouloir dire que c'est une jeune fille, sous entendu qu'elle ne fait pas son âge …[17]

A défaut d'avoir acquis une véritable légitimité idéologique, ce contre-modèle a au moins pour lui son efficacité sociale avérée. Car, à l'évidence, le *papiche* apparaît comme un avatar dégradé du *radjel* de la tradition. Son contraire, en quelque manière. Son portrait est alors relativement facile à dresser. Dans la pratique, le *papiche* est un jeune homme issu d'une famille fortunée, gâté par les siens mais peu enclin à assumer son rôle masculin dans le respect des codes traditionnels. Il exhibe volontiers et de manière ostentatoire les signes extérieurs d'une richesse récente (et d'origine généralement douteuse).[18] Ce faisant, il contrevient à trois des règles d'or de la *redjla* : le sens de l'honneur viril, de l'honnêteté et de la pudeur. Pour autant, de façon paradoxale, dans l'esprit de nombre de ses jeunes concitoyens, le *papiche* n'est que partiellement responsable de ses agissements. Après tout, il est d'abord le fils de ses parents, ces Algériens dont l'ascension sociale ne doit rien au hasard et qui incarnent de la pire des manières la grande trahison des utopies de la révolution algérienne. Ils représentent cette nouvelle classe de parvenus qui n'éprouvent aucun complexe à afficher leur penchant pour le luxe tapageur et leur admiration pour les aspects les plus clinquants de la culture occidentale. Ils habitent les beaux quartiers d'Alger, d'Oran ou d'ailleurs, roulent dans de belles voitures, fréquentent les clubs et restaurants huppés, organisent des fêtes où ils invitent les puissants du moment et éprouvent un souverain mépris pour la populace et ses mœurs de « sauvages ». Ils n'ont donc aucune moralité et leur seul credo est la *mâdda* (la « matière », le « matériel »), comme ne cessent de le répéter les jeunes qui les observent avec autant de mépris que d'envie. Car cette classe est souvent perçue comme le résultat de l'échec d'un système qui a trop longtemps et indument fait prendre à tout un peuple d'affreuses vessies pour de splendides lanternes. Dans ce contexte, les jeunes générations auraient volontiers tendance à substituer aux anciennes valeurs « périmées » (comme elles les qualifient) les nouvelles pratiques frappées du sceau du réalisme – voire du cynisme – le plus expert. Mais à quelles évolutions idéologiques et socioculturelles de l'Algérie du 3ème millénaire ce tableau nous renvoie-t-il ?

---

17 « Introduction à la papichologie » (papichologie.blogspot.fr/2011/04/introduction-la-papichologie.html, Avril 2011).

18 On en avait déjà un échantillon significatif dès la fin des années 1970 dans le film de Merzak Allouache (*Omar Gatlato*). Il s'agit de la séquence qui met aux prises Omar et un jeune dandin qui ose venir se pavaner devant les jeunes filles du quartier.

Premier constat, si l'on en croit la *doxa* algérienne, la *redjla* postcoloniale se délite comparativement plus dans les villes que dans les campagnes ou dans les cités encore marquées par une forte ruralité. C'est le cas pour Oran et Mascara. A ce propos, à travers la sempiternelle rivalité entre le grand port de l'ouest algérien et la capitale historique de l'émir Abdelkader, le répertoire des « blagues de Mascara » nous fournit de nombreuses illustrations de la compétition souvent farouche entre deux styles de virilité. Exemple avec cette blague particulièrement savoureuse :

> *On raconte qu'un Mascaréen et sa femme entrent à Oran. L'épouse remet son voile. Il* [*son mari*] *lui demande : « Pourquoi as-tu remis ton voile ? ». Elle lui répond : « Tu ne vois pas qu'il y a des hommes ! ». Il lui répond : « Où vois-tu des hommes ? Enlève ! Enlève ! Les* [*vrais*] *hommes sont partis à Mascara ».*[19]

Inutile de gloser sur cette évidence qui s'impose au lecteur/auditeur – comme elle s'impose à notre visiteur mascaréen : la *redjla* a bien déserté Oran !

Dans le domaine de la chanson, et comme il fallait s'y attendre, le thème de la perte des valeurs de la *redjla* traditionnelle est volontiers traité dans le cadre du *chaâbî* algérois. Si le regret des temps anciens, avec ses grandeurs et ses fastes, fait partie des thématiques « classiques » de ce genre poético-musical, la rhétorique de la « décadence » y prend désormais des formes plus sévères, voire tragiques. A travers le portrait au vitriol d'un goujat de quartier, *Ma bqâtchi r-redjla* (« Il ne reste plus de *redjla* »), l'une des plus célèbres chansons du regretté Kamel Messaoudi,[20] décrit un ensemble de comportements révoltants mais dont la cause n'est jamais clairement énoncée :

> (Refrain) *La* redjla *n'existe plus aujourd'hui*
> *Ni le sens de la parole* (*donnée*)
> *Il n'y a que profusion de discours en langues*
> *Mais les actes font défaut.*
>
> *Il sort de chez lui : à le voir tu es effrayé*
> *Il montre ses canines et rugit comme un lion*

---

19 Mourad Yelles, « Jeux de langues, création littéraire et représentations identitaires en Algérie : l'exemple de la 'blague de Mascara' », dans Philippe Blanchet, Malika Kebbas et Attika Yasmine Kara-Abbès, éds., *Influences et enjeux des contextes plurilingues sur les textes et les discours*, Limoges, Editions Lambert-Lucas, 2010, p. 34.

20 Chanteur populaire algérien né en 1961 à Alger et décédé en 1998. Il est considéré comme l'un des meilleurs représentants de la nouvelle génération de chanteurs *chaâbî* post-indépendance.

Il déclare : « Avant moi et après moi, c'est le vide »
Il n'est jamais satisfait de sa vie et il n'est jamais rassasié.

Chez toi il débarque et se présente quand tu es à l'aise
Et le jour où tu te retrouves dans la gêne, on dirait qu'il n'est pas au courant
Il te tient un discours et aujourd'hui il revient sur sa parole
Dans le quartier, il a perdu son honneur.[21]

A l'inverse du poème de Kamel Messaoudi, le texte de la chanson (plus récente) de Baaziz[22], *Atika*[23], établit quant à elle explicitement le lien entre la situation politique du pays et le déficit collectif en matière de *redjla*. Mais pour le chanteur-compositeur, le mal vient d'« en haut ». Ainsi, il n'hésite pas à comparer les gouvernants algériens à des *papiches* (ici clairement pris dans le sens de « femmelettes »). Le premier couplet et son refrain suffiront sans doute à se faire une idée de la virulence du propos :

Cette chanson, je l'ai écrite pour rigoler/me moquer : j'y parle des gens d'« en-haut »
Leur histoire est une sacrée histoire ! Ils ont exagéré : ils ont mis des jupes et ont enlevé leurs moustaches.

(Refrain) *Qui a dit que le pouvoir était aux mains des hommes ?*
Laisse aller ! Ce n'est pas grave. On est aux mains des papiches.[24]

L'usage inapproprié – à plus forte raison gratuit - ou déséquilibré de la violence (dans tous les contextes) est aussi l'un des signes patents de la fausse *redjla*. Si l'homme viril et sûr de lui sait se faire respecter en tout en se contrôlant, le propre du *papiche* tel que le décrivent Kamel Messaoudi et Baaziz, c'est d'user de subterfuges pour impressionner l'adversaire (sans avoir à l'affronter) ou, pire, de le réprimer (s'il en a les moyens).[25] Car, faut-il le rappeler, la vraie

---

21 Traduction Y.M., www.dailymotion.com/video/x87dkm_ma-bqat-redjla-kamel-messaoudi_music (visité le 30 novembre 2012).

22 Chanteur populaire algérien né en 1963 à Cherchell. Il écrit des ballades aux textes « engagés » et au style musical volontiers « country ».

23 *Atika* est un prénom féminin d'origine arabe. C'est aussi l'un des surnoms populaires (irrévérencieux) du président Bouteflika.

24 Traduction Y.M., www.youtube.com/watch?v=ghItAbfPB1I (visité le 30 novembre 2012).

25 Dans le domaine de la production cinématographique, à la suite de Rouiched, plusieurs comédiens se sont illustrés ces dernières années dans le genre comique en incarnant, surtout au petit écran, des personnages de faux « machos », fanfarons hâbleurs et pusillanimes, à l'exemple de Mustapha « *ghîr hâk* », littéralement Mustapha « tu vas voir

redjla exclue tout comportement pouvant déboucher sur une situation de *ḫugra* (mépris, injustice). De manière symptomatique, dans l'imaginaire algérien, cette dernière rime souvent avec *ḫukuma* (pouvoir) et est ressentie comme l'humiliation suprême, celle qui porte atteinte à l'honneur (personnelle ou collective) dans ce qu'elle a de plus sacré.

Pour ce qui est à présent de la littérature romanesque, un certain nombre de textes d'auteurs plus ou moins confirmés ont traduit, à différentes époques, de diverses manières et aussi bien en français qu'en arabe (littéral) les évolutions complexes du modèle de la *redjla* traditionnelle. Il faudrait ici évoquer les œuvres de Mohammed Dib, Mourad Bourboune, Rachid Mimouni, Assia Djebar, Rachid Boudjedra[26] ou, plus récemment, Feriel Assima.[27] Dans ce type de textes, des personnages aux identités sexuelles pour le moins problématiques se retrouvent prisonniers de situations parfois extrêmes dans lesquelles on retrouve la plupart des éléments de la crise identitaire que vivent de nombreu(ses)x jeunes algérien(ne)s : perte des repères moraux et des références idéologiques de leurs parents, défiance, voire rejet des mythologies nationales/nationalistes sur lesquelles persiste à vouloir se fonder le discours officiel, dégoût et révolte face à la violence (physique, économique, politique) exercée par les tenants du Pouvoir et leurs acolytes.

Compte tenu de son originalité et de sa nouveauté, le roman de Kaouther Adimi, *Des ballerines de papicha*, est peut-être l'exemple le plus intéressant pour ce qui concerne notre problématique. Paru en 2010, ce texte fort et attachant nous raconte des histoires croisées qui ont pour cadre l'intérieur d'une famille algéroise mais aussi l'univers minimaliste et souvent cruel d'un quartier populaire d'Alger. Chacun des personnages est à lui seul un monde de rêves, de souffrances, d'espérances. Ces imaginaires balancent sans cesse entre le sordide et le poétique. La question centrale de l'identité se pose, entre autres, à travers le politique (la situation du pays) et le sexe (la fascination pour l'inceste, l'homosexualité, l'impuissance). Ainsi, Hamza est un homme déchu (dans sa virilité), que la folie a transformé en une véritable loque et que sa femme ne supporte plus qu'avec beaucoup de difficulté. Adel, quant à lui, est un jeune homme sensible, à la personnalité complexe et qui cache un secret douloureux. Il souffre du fait que sa « différence » le condamne à subir les sarcasmes, voire les violences

---

ça » – la gestuelle d'intimidation étant sous-entendue, www.dailymotion.com/video/xn9he_bila-houdoud-redjla-datha-el-hedjla_fun ou encore Hadj Lakhdar, www.dailymotion.com/video/x6nz67_hadj-lakhdar-redjla-1_people (visités le 30 novembre 2012).

26 *Cf.* en particulier sa production romanesque à partir des années 1990 à l'exemple de *Timimoun*, Paris, Denoël, Folio, [1994] 1995.

27 Feriel Assima, *Rhoulem ou le sexe des anges*, Paris, Editions Arlea, 1996.

des jeunes du quartier, mais aussi la « condamnation » de sa propre mère. C'est à l'occasion d'une séance de passage à tabac dont il est victime de la part par ses jeunes voisins que nous est finalement dévoilée la raison de sa marginalisation/ stigmatisation : « *Chakib me crache au visage un unique mot censé résumer son dégoût, résumer mon être, mon cœur, mon corps, ma vie : femmelette* ».[28]

La mise en scène du destin tragique de ce personnage antithèse de la *redjla* traditionnelle – est l'occasion pour l'instance narrative de dénoncer non seulement les ravages d'une certaine conception dévoyée de la virilité mais, au-delà, la responsabilité d'un système qui semble avoir intérêt à l'aggravation du mal-être des jeunes Algérien(ne)s, et donc à l'exacerbation d'une violence ordinaire comme dérivatif (stérile) aux frustrations sociales, économiques et politiques. Les discussions entre les tortionnaires de Adel sont, à cet égard, on ne peut plus significatives. Il n'y est question que de drogue, de fuite (hors d'Algérie), de trafic. C'est Yasmine, l'étudiante, qui porte le regard le plus critique sur les jeunes mâles de sa génération. Elle les côtoie à l'université et a tout le loisir de les étudier :

> [...] *Il y a* itihad el ikhwa, *l'union des frères. Gandourah blanche, été comme hiver. Forcément elle devient grise. Barbe noire, pas trop longue pour ne pas avoir de problèmes. Juste ce qu'il faut pour montrer qu'eux ont la foi totale, qu'ils ne sont pas des impies, que la pause de midi est faite pour prier et rien d'autre. Ils ont le savoir suprême. Les autres sont des êtres insignifiants voués aux gémonies. Ils se tiennent très loin des filles maquillées et rieuses.* [...] *Ensuite viennent les* fashion victims *qui se nomment eux-mêmes ainsi. Papa travaille dans la communication et maman est décoratrice d'intérieur. Le nouveau métier à la mode. Ils portent des baskets rouges, des pulls orange, des jeans verts, une écharpe multicolore et pour faire bonne mesure, un sac à dos noir.*[29]

Comme on peut le constater, qu'il s'agisse des tenants de la tradition (islamique) ou de la modernité (occidentale), l'université n'est pas épargnée par les ravages conjugués de la « crise identitaire » et de la mondialisation : on a ainsi affaire à une *redjla* quasi-pathologique et dont la virilité s'est dissoute dans de vains artifices vestimentaires et idéologiques. Yasmine aboutit à une conclusion particulièrement sévère (et finalement assez paradoxale quand on pense à ses positions critiques relativement « féministes ») :

28 Kaouther Adimi, *Des ballerines de papicha*, Alger, Barzakh, 2010, p. 104.

29 *Ibid.*, pp. 69-70.

> *L'homme viril est mort. L'Arabe avec un grand A, l'Arabe brun et mystérieux n'est plus. Flingué par les séries américaines qui mettent en scène des petits blonds sensibles. La* redjla *a été enterrée quelque part entre « Friends » et « Dawson », gommée par les stéréotypes occidentaux qui s'agitent sur nos petits écrans. Rien. Nada.*[30]

Mais ce diagnostic impitoyable vaut-il pour la nouvelle génération qui arrive après celle de Yasmine ? L'Algérie des prochaines décennies verra-t-elle le triomphe des *papiches* ou celui des *chikûr*[31] ? La question mérite d'être posée et le titre même du roman de Kaouther Adimi est sans doute une indication sur l'un des scenarios possibles. Celui que revendique déjà la petite Mouna qui affiche sans complexe ses ballerines de *papicha* comme l'expression d'un rêve (précoce) d'ascension social, de liberté du corps et d'assomption du désir féminin :

> *J'ai des ballerines de papicha*
> *Des ballerines de toutes les couleurs*
> *Des vertes, des rouges, des magenta*
> *J'ai des ballerines de papicha,*
> *Et quand je dégringole la pente de Didouche,*
> *Les papiches crient : papicha, papicha !*
> *Et moi je cours, les cheveux au vent,*
> *Le sourire aux lèvres, les ballerines par devant.*[32]

Si les cent trente-deux années de colonisation ont profondément perturbé les évolutions historiques des sociétés maghrébines, l'avènement des indépendances, loin de débloquer les contraintes idéologiques et institutionnelles, aura eu pour conséquence paradoxale de renforcer les systèmes de représentations et les assignations identitaires en termes de genres. Mais les dernières décennies ont apporté un vent de changement important, compte tenu de l'ouverture plus ou moins brutale mais inévitable des sociétés maghrébines, et ce dans un contexte de mondialisation économique et culturelle.

A l'heure actuelle, et pour ce qui concerne l'Algérie, alors que les modèles traditionnels de la virilité semblent de plus en plus obsolètes, la situation demeure complexe et l'on voit coexister différents types de pratiques (et donc d'imaginaires) – « traditionnalistes » et « moderniste », pour user de raccourcis – qui, sur le mode fantasmatique, tentent de concilier les anciens

---

30 *Ibid.*, p. 125.

31 *Cf. supra*, note 14.

32 *Ibid.*, 84-85.

repères culturels avec les exigences de la société de consommation. La société algérienne hésite ainsi bien souvent entre les prestiges révolus de la *redjla* et les charmes équivoques du/de la *papiche*.[33] De fait, les impasses du modèle post-indépendance de l'Etat-Nation et leurs conséquences ont ouvert la voie à de nouvelles combinaisons inter/trans-génériques dont on ne peut encore définir clairement les contours et les significations mais qui semblent d'ores et déjà d'une passionnante richesse.

Références bibliographiques

Adimi, Kaouther, *Des ballerines de papicha*, Alger, Barzakh, 2010.

Alloula, Abdelkader, *Les Généreux*, trad. Messaoud Benyoucef, Paris, Actes Sud-Papiers, 1995.

Assima, Feriel, *Rhoulem ou le sexe des anges*, Paris, Éditions Arlea, 1996.

Boudjedra, Rachid, *Timimoun*, Paris, Denoël, Folio, [1994] 1995.

Dellaï, Ahmed Amine, *Chansons de la Casbah*, Alger, ENAG Éditions, 2003.

Dellaï, Ahmed Amine, *Chants bédouins de l'Oranie*, Alger, ENAG Éditions, 2006.

Djebar, Assia, *Femmes d'Alger dans leur appartement*, Paris, Éditions des femmes, 1980.

Dib, Mohammed, *La Danse du roi*, Paris, Éditions du Seuil, 1968.

El Fasi, Mohammed, *Chants anciens des femmes de Fès*, Paris, Seghers, 1967.

Khadda, Naget, *Représentation de la féminité dans le roman algérien de langue française*, Alger, OPU, 1991.

Tillion, Germaine, *Le Harem et les cousins*, Paris, Éditions du Seuil, Points, [1966] 1982.

Tounsi, Leila, « Aspects des parlers jeunes en Algérie », *Langue française* 114, 1997, pp. 104-113.

Yelles, Mourad, « Jeux de langues, création littéraire et représentations identitaires en Algérie : l'exemple de la 'blague de Mascara' », dans Philippe Blanchet, Malika Kebbas et Attika Yasmine Kara-Abbès, éds, *Influences et enjeux des contextes plurilingues sur les textes et les discours*, Limoges, Éditions Lambert-Lucas, 2010, pp. 23-35.

33 Comme en témoignent les nombreuses références de toutes natures disponibles sur Internet. On notera en particulier le recours fréquent à l'humour, voire l'auto-dérision dès lors qu'il est question de définir les statuts sociaux dans lesquels se retrouve aujourd'hui confinée une grande partie de la jeunesse algérienne. Dans un contexte de fort ressentiment idéologique et de frustration socio-culturelle, la figure du « papiche » (renvoyant à la fois au masculin et au féminin) fait alors office de contre-modèle « carnavalesque » (au sens de Bakhtine). (*cf.* Entrée « papiche » sur Recherche Google).

CHAPITRE 3

Masculinité (*vs* féminité) et parole littéraire en berbère de Kabylie[1]

Mohand-Akli Salhi

Abstract

This study first deals with the role of masculinity (*tirugza* in Berber) in structuring and legitimating literary practices in the Berber language of Kabylia (Algeria). It aims at identifying the duality of masculine and feminine within linguistic representations in oral literature. Then, analyzing the novel *Nnig usennan* ('Beyond the thorn'), it tries to shed light on some facets of the challenge of these representations and the influence of masculinity on the definition and legitimation of literature.

La dimension socio-sexuelle masculin/féminin formait l'une des bases importantes de la configuration des pratiques littéraires dans l'oralité traditionnelle en Kabylie ; elle y était également structurante des textualités littéraires. Toutefois, plus l'oral cède la place à l'écrit, plus cet aspect structurant semble diminuer.

Nous nous proposons dans notre étude de rendre compte du rôle de la masculinité (*tirugza* en berbère de Kabylie) dans la configuration et la légitimation de la parole littéraire dans l'oralité traditionnelle, tout en situant les représentations de la dualité masculin/féminin dans la littérature orale et dans son évolution suivant la dynamique de passage de l'oralité à l'écriture. L'attention se focalisera dans un premier temps sur l'emprise de la masculinité dans la définition de la parole littéraire et dans la distribution et la stratification sociales de cette parole, notamment dans la poésie orale traditionnelle kabyle. Dans un second temps, nous nous pencherons sur la remise en question de cette emprise dans la littérature romanesque en prenant l'exemple de Boualem Rabia, auteur de *Nnig usennan*.[2]

---

1 La première partie de cette étude est extraite d'une recherche sur la structuration et les transformations du champ littéraire kabyle, réalisée à l'Institut d'Etudes Avancées (IEA) de Paris entre le premier mars et le 31 août 2011.

2 Roman publié en 2009 par les Éditions l'Odyssée. On peut traduire le titre de ce texte par *Au-delà de l'Épine*. Une première version de ce texte date de 1983 ; il a été réécrit à plusieurs

 | DOI 10.1163/9789004342828_005

De la notion de *tirugza*

L'homme est désigné en kabyle par le terme *argaz. Tirugza* est culturellement la qualité qui fait d'une personne masculine un homme. Cette notion est parfois traduite par le mot « virilité ». La virilité n'en est en fait qu'un élément, certes important. *Tirugza* est à la fois une aptitude physique et une attitude comportementale socialement et culturellement bien définies. Elle est le « moyen » culturel intériorisé (et exigé) de l'homme qui permet d'assurer le fonctionnement et la pérennité du système de valeurs reposant sur le sens de l'art d'être kabyle, appelé en kabyle *taqbaylit* et traduit en français par le mot *kabylité*. De la même racine dérive le verbe *rruggez* qui signifie « agir d'une manière digne d'un homme ». *Aruggez* signifie agissement en homme digne. *Tirugza* recouvre donc l'ensemble des comportements qu'un homme doit observer dans sa vie (sociale et/ou individuelle) ; elle touche aussi bien à la virilité, à l'honneur, *nnif* (son propre honneur, celui de sa famille et celui de son village, voire même au-delà) et au code de l'honneur (*lewqam* et *taqbaylit*). *Tirugza* est aussi intimement liée à l'exercice de la parole (littéraire ou autre). L'homme (kabyle) s'accomplit dans et par la parole.

La parole chez les Kabyles

Il n'est pas exagéré de considérer la parole comme élément capital dans le système des valeurs dans la société traditionnelle kabyle. Tout se fait par la parole : mariage et divorce, contrat et négociation, guerre et paix.

> On se bat pour des mots. Dans les assemblées, la parole est maîtresse. Le proverbe dit 'Qui a l'éloquence a tout le monde à lui [*Bu yiles medden akk ines*].' Le maître du dire (*bab n wawal*) est souvent aussi le maître du pouvoir et de la décision (*bab n ṛṛay*). On peut payer d'un poème une dette. On aime donner à un beau geste la consécration d'un beau dit, et à vrai dire c'est usage courant et presque obligé.[3]

Cette citation de Mammeri traduit parfaitement la valeur de la parole chez les Kabyles. Cette dernière se dit en kabyle *awal*. Par métonymie, on

---

reprises. Pour le travail d'écriture de ce texte et de sa genèse, voir la préface du roman signée Mohand-Akli Salhi, *ibid.*, pp. 9-12.

3 Mammeri Mouloud, *Poèmes kabyles anciens*, Alger, Laphomique, 1988, p. 44.

désigne également la parole par l'organe biologique, la langue, *iles* en kabyle.[4] Beaucoup d'expressions, de proverbes et de poèmes traitant de la parole circulent dans la société. C'est dire tout l'intérêt qu'on lui accorde. Dans ces énoncés canonisés ou consacrés socialement, on peut lire toute la charge, symbolique ou réelle, qu'on attribue au pouvoir de la parole. En fait, à croire les Kabyles, elle est le pouvoir même. Des expressions comme celles qui suivent le laissent entendre :

1. *At wawal d at wuzzal*
   Les gens de parole sont des gens qui ont de la force (du pouvoir)[5]
2. *Iles aziḍan iteṭṭeḍ tasedda*
   La langue courtoise tète la lionne
3. *Bu-yiles medden akk ines*
   Celui qui a la parole éloquente a tout le monde de son côté

Si l'éloquence et la courtoisie fondent le pouvoir de la parole, il n'en demeure pas moins que cette dernière est également source de danger et de souci. En effet, la parole, *awal*, est comparée à une balle, elle tue. Comme la balle, une fois tirée, on perd son contrôle :

4. *Awal am tersast ma yeffeɣ, ur d-yettuɣal*
   La parole est comme la balle, qui une fois émise, ne revient pas (on ne la maîtrise plus)

C'est pour cela qu'il faut « mesurer » ou « peser » sa parole, en kabyle : *qqis* ou *wzen awal*. Nul n'est censé ignorer la gravité de la mauvaise parole (provocation, insulte, diffamation, etc.). Les kabyles considèrent la mauvaise parole plus douloureuse que la blessure physique, aussi grave soit-elle. L'homme

---

4 Les mots *awal* et *iles* sont connus dans la plupart des variétés berbères. La pan-berbérité et les qualifications dans les représentations linguistiques de ces mots peuvent être une base de départ pour l'étude de la « littérarité berbère ».

5 Il y a lieu de noter toute la charge symbolique, liée aussi bien au pouvoir de la parole qu'au pouvoir physique, qui entoure certains rites sociaux comme celui du tir à la cible dans le mariage tel qu'il se réalisait traditionnellement en relation avec les types poétiques dits *asbuɣer* (ou *tibuɣarin*) et *acekkeṛ*. Une étude intéressante de Dehbia Abrous met en lumière la symbolique de la jonction de pouvoir de la parole et du pouvoir physique. *Cf.* Dehbia Abrous, « Les Joutes poétiques du henné : compétition d'honneur et rapt symbolique », *Études et Documents Berbères* 9, 1992, pp. 147-164.

kabyle est apprécié pour sa parole ; il doit la tenir et la respecter. En fait, c'est sa parole qui lui garantit respectabilité et égard car :

5. *Argaz yettwaṭṭaf seg yiles*
   L'homme est tenu par sa parole
6. *Argaz d awal maččči d aserwal*
   C'est la parole qui fait l'homme et non son habit

Dans la société kabyle, on n'apprécie pas l'homme qui parle beaucoup (*win issuguten awal*) ;[6] de lui on dit qu'il mâche la parole (*itteffeẓ awal*).[7] Il faut comprendre cette expression dans le sens : il rumine la parole comme un animal ruminant. On considère qu'il faut parler peu (mais efficacement) afin d'éviter tout malentendu, comme l'atteste cette expression.

Toutes ces expressions[8] montrent quelle valeur on accorde à la parole dans la société kabyle traditionnelle. Aujourd'hui encore, elles sont utilisées et n'ont rien perdu de leur actualité. On en repère plusieurs références, allusions et/ou reprises dans les corpus littéraires. De ces expressions on retient également que cette parole est intimement liée à l'homme et participe grandement à définir son *tirugza*.

La question de la littérarité de la parole

C'est en se basant sur cette importance de la parole, dont le poids est comparable à celui des actes, que Mammeri analyse le système ancien des valeurs opérant dans la société. Il en dégage trois paliers qui ont leurs correspondants en matière de connaissance et maîtrise de la parole poétique. Le tableau suivant tente de les synthétiser :

6 Une variante de cette expression est *istuqqut awal*.

7 Cette expression est parfois augmentée par la comparaison avec un animal ruminant : *itteffeẓ awal am tfunast* (*am uzger, am yizimer, am texsi, am taγadt*), il rumine la parole comme une vache (un bœuf, un mouton, une brebis ou une chèvre).

8 Il existe d'autres expressions désignant les caractéristiques de la parole en kabyle comme : *Yella wawal gar-asen* (littéralement : il y a de la parole entre eux : ils se disputent), *Ixser* ou *yecmet wawal* (la parole est mauvaise : vulgaire), *ixser-ak-d wawal* (tu as dit ou proféré de mauvaises paroles).

TABLE 3.1 *Valeur sociale de la parole poétique*

Palier	Catégorie sociale	Niveau social, obligations et comportement	Connaissance – maîtrise de la parole poétique
Tamusni	*Amusnaw*	• Vocation universelle • Tentative d'accès à la vérité générale • Ordre de la science et de l'action en même temps	• Possession indispensable • Obligation de transmission à un successeur (afin d'assurer la chaîne de la *tamusni*, pérennité et perpétuation)
Taqbaylit	*Argaz*	• Participation exigée et plus active dans l'observation du code de l'honneur • Observation de la règle de l'hospitalité (même en situation économique diminuée) • Faire face à l'ami et à l'ennemi • Participation à la concrétisation de l'idéal social • Ordre de l'action	• Possession circonstancielle et sélective
Lewqam	*Argaz n lɛali*	• Vie quotidienne • Un idéal plus social qu'individuel • Observation des règles et conventions du groupe	• Possession du verbe (poétique) éventuellement nulle

La lecture que propose Mammeri est intéressante à plus d'un titre. D'abord parce qu'elle est construite suivant un point de vue qui s'appuie sur la pratique de la poésie, conçue non comme un embellissement gratuit du langage mais comme un art qui participe de la convention sociale et qui s'acquiert mais exige abnégation et sacrifice. Par ailleurs, l'analyse de Mammeri a également le mérite d'être déduite et raisonnée à partir de la relation entre la pratique réelle de cette convention et la réflexion portée sur la fonction de la poésie dans la société concernée. Une forme implicite de cette lecture est véhiculée et inscrite dans les productions poétiques kabyles présentées dans *Poèmes kabyles anciens* et dans d'autres ouvrages.

En établissant ce système de valeurs auquel chaque homme participe selon la catégorie à laquelle il appartient, Mammeri a également mis en lumière aussi bien la circulation de la parole (poétique) dans le groupe, à travers la relation qu'entretient avec elle chaque catégorie, que son caractère capital dans la constitution même de ce système. Ce faisant, il pose la parole poétique, plus généralement l'éloquence, comme un critère important dans la stratification des paliers *lewqam, taqbaylit* et *tamusni.* C'est ainsi que ces paliers correspondent à plusieurs formes de paroles, différentes les unes des autres à la fois par leur contenu et leur forme. Ce qui nous renvoie à la question intéressante de la littérarité de cette parole. Cette dernière sera toutefois réduite ici, pour respecter le cadre de notre problématique qui se focalise sur la relation entre le genre et la parole. Dans son approche, Mammeri ne fait nullement mention d'agents poétiques féminins, non pas par négligence ou méprise mais tout simplement parce que le système littéraire traditionnel repose, entre autres, sur la légitimité de la parole littéraire masculine. La masculinité est un trait structurant de ce système.

Le genre de la parole littéraire

Dans les expressions proverbiales précédentes, la mention de l'homme, qu'elle soit grammaticale ou lexicale, est explicite. À croire ces exemples, la parole n'est valorisée et légitimée que si elle est masculine. La description que propose Mammeri repose justement sur l'interrogation du corpus masculin ; autrement dit sur la poésie reconnue socialement. L'homme, quel que soit son rang, doit tenir « son rôle » aussi bien dans son comportement que dans sa parole (littéraire ou autre). Parce que sa production littéraire, notamment poétique, est de cachet individuel et cathartique, la femme est tenue éloignée du centre de légitimation sociale de la parole et de la littérature, aussi bien comme productrice que comme instance de parole.

D'autres indices permettent de soutenir que ce système littéraire traditionnel est basé entre autres sur la notion de *tirugza.* Parmi ces indices, nous attirons l'attention notamment sur :

a. La dénomination des agents poétiques masculins et l'absence totale de dénomination des agents féminins. Si les premiers sont dotés de dénominations (ils sont, suivant leurs positions dans la hiérarchie littéraire, des *imusnawen* (sing.: *amusnaw*), *imeddaḥen* (*ameddaḥ*), *iḍebbalen* (*aḍebbal*) ou *iferraḥen* (*aferraḥ*), les seconds ne sont pas désignés lexicalement. L'absence de dénomination est dans ce cas synonyme de non reconnaissance et, inversement, la stratification des agents masculins est significative de l'importance accordée socialement à la notion de *tirugza* (en relation avec la maîtrise de la parole poétique) dans la reconnaissance de la parole littéraire.

b. La limitation des espaces de performance littéraire du corpus féminin et l'ouverture et l'étendue des espaces du corpus masculin. En effet, la maison et la fontaine sont les deux espaces réservés aux pratiques littéraires féminines. Par ailleurs, l'occupation littéraire de ces mêmes espaces est soumise à des contraintes temporelles et généralement ritualisée. Par contre, les pratiques littéraires masculines sont plus libres à la fois d'un point de vue spatial et temporel.

À ces indices on pourra adjoindre des éléments de nature textuelle qui permettent de mieux définir et de distinguer les textualités littéraires du corpus masculin de celui des femmes. La dichotomie thématique plus sociale *vs* lyrisme, que l'on observe au niveau de la poésie et, concernant le conte, la dichotomie ancrage plus réel *vs* merveilleux sont à mettre en relation avec les conventions socio-littéraires régissant les pratiques textuelles et plus généralement esthétiques.

En somme, la structuration du système littéraire traditionnel et la légitimation du discours littéraire reposent en grande partie sur la valorisation de la parole masculine. Cette dernière est estimée garant de la cohésion, de l'identité et de la mémoire.

Remise en question de la masculinité traditionnelle

Plus la littérature kabyle passe de l'oralité traditionnelle à l'écriture et à l'oralité médiatisée, plus cette légitimité masculine est remise en question. La dualité masculinité/féminité structurante autrefois de/dans la littérature orale n'est plus opérante dans la littérature contemporaine. De nouveaux genres littéraires apparaissent et avec eux émergent de nouvelles textualités et de nouveaux discours abolissant ainsi cette dualité. Il arrive même que les nouvelles productions contredisent complètement la représentation traditionnelle. C'est le cas, entre autres, du roman *Nnig usennan* de Boualem Rabia.

Ce texte raconte l'histoire d'un retour aux sources. Les angoisses du personnage Yidir sont entre autres accentuées par la dominance du discours masculin dans l'usage de la parole et de la poésie. Tantôt c'est le narrateur tantôt c'est Yidir lui-même qui critique la conception sociale qui sublime la parole masculine et stigmatise la parole féminine. Ce personnage n'arrive pas, par exemple, à admettre la distinction faite socialement entre le langage féminin et le langage masculin :

> Deg uɣerbaz urğin yesli i ccix n tefrensist, neɣ win n teɛrabt, yenna-d llan akka deg tɣerma-nsen. Iɛqel-itt d meḥyaf. Mi ara ttdekkiren yirgazen, yettak tameẓẓuɣt … ifyar-nni mi isell ɣur-sen bezzaf i ttraḥen d lmut. Iḥulfa belli deg ddin-nneɣ maččči d leḥmala i nḥemmel Ṛebbi, d tugdi i t-nettagad. Ay nessen tugdi n Ṛebbi ? Deg wallaɣ-is, tuttra, tettawi-d ta. Maca isefra n ttedkir i isell ɣer Tekfa … xas d adekker, ifyar n yemma-s cennun ɣef tudert, tserru deg-sen kra n tala akken ideg ibeqqu ad d-isew, acku aman-is ur ttraḥen ara d lmut … sḥissifen ammus.
>
> Traduction française[9] :
> À l'école, il n'a jamais entendu son enseignant de français ou d'arabe dire que cette distinction langagière existe dans la culture française ou arabe. Il s'est rendu compte que c'est de la discrimination. Quand les hommes psalmodient les poèmes religieux, il leur prête l'oreille ; les vers qu'il entend puent la mort. Il a senti que dans notre religion, on n'aime pas Dieu, on le craint. Mais les poèmes religieux qu'il entend chez Tekfa … même s'ils sont des oraisons funèbres, les vers de sa mère chantent la vie ; de ces vers coule une fontaine dont il souhaite toujours y boire de son eau car cette dernière ne pue pas la mort ; elle enlève la saleté.

La critique est acerbe et va jusqu'à qualifier, comme dans le passage précédent, l'*adekker*[10] masculin de réceptacle de la mort tandis que l'*adekker* féminin serait plein de vie. Ce faisant, l'auteur, par l'intermédiaire de l'un de ses narrateurs, remet en question la suprématie accordée traditionnellement à la poésie masculine dans sa partie la plus légitimée.

Par ailleurs, la perpétuation de la mémoire collective est confiée dans ce texte à des personnages féminins à l'image de Tekfa, la mère de Yidir, et à Sedda. C'est auprès de Tekfa que Mayas collecte et transcrit les poèmes anciens, les proverbes et la sagesse populaire. Ce patrimoine est valorisé aussi bien que son énonciateur. C'est également grâce au chant de la mère (Tekfa) que le fils (Yidir) reprend l'écriture de son roman. Ce chant joue le rôle de déclencheur face à la feuille blanche. Très proche de Ba-Zemni, personnage mi-saint mi-mythique ayant le savoir ancestral qui permet aux habitants de

---

9 Les traductions sont du romancier et poète d'expression kabyle Salem Zenia. Je lui renouvelle ici mes remerciements et ma gratitude.

10 Type poétique traditionnel à thématique religieuse.

Lewḍa-Izewwaden de regagner la terre originelle, Tekfa assure, elle aussi, la transmission de la mémoire par le chant et le proverbe :

> Seg wass-nni ikkes-d asɣar-is seg tmes. Aḥbib am teɛkemt, mi teɛyiḍ sers-it. Wama wid-nni maččči d iḥbiben, am yiqerman izegzawen : duxxunen ur sseḥmuyen. Yemmekti-d inzan-agi, yura-ten yiwen yiḍ ɣer yiri n lkanun. Tekfa, teqqar-ed, netta yettaru. Tura iwala ula d tira d adebbuz. Win yewwet s wawal, yerreẓ-as iɣes, aglim ur ijerreḥ ara.
>
> Traduction française :
> Depuis ce jour, il tira ses marrons du feu. Un ami est comme une charge, quand tu es fatigué, dépose-la. Quant à ceux-là, ce ne sont pas de vrais amis, ils sont comme les bûches vertes, elles donnent plus de fumée que de chaleur. Il se rappela ces dictons, il les a transcrits une nuit au bord du foyer. Tekfa récitait et lui transcrivait. Maintenant, il se rend compte que l'écriture est comme une massue. Celui qu'il frappe avec une parole, il lui casse les os sans blesser la chair.

Sedda est choisie par Ba-Zemni pour devenir le porte flambeau de la communauté ; elle est appelée à remplacer la Princesse de la lumière, *tagellidt n tafat* :

> – I tgellidt n tafat ? Werğin sliɣ yes-s.
> – Anda ara tesleḍ yes-s di taddart yusaṛen aktayen-is, yettun asgen deg i as-teɣli tmiḍt ? Maca, xas ur tesliḍ ara yes-s, akka d afella ilaq ad teṭṭfeḍ amḍiq-is ama deg tebɣest, ama deg tmussni … Agad as-id-yecfan fukken. Seg wasmi fukken, ttuɣ amek i iga yiḍes, ur ḍsiɣ taḍsa ard tiɣzif. Maca, xas ur tettnuḥ deg wawal abelɛinan, tetteddu deg unamek n yal taɣawsa-nneɣ. Yal aẓru deg udrar-agi icfa fell-as. Maca iẓra d inigan igugamen. Nuɣal ur nettmeslay ara ɣef tudert-nneɣ, nettmeslay ɣef tudert n wiyiḍ. Yeffeɣ ula d lexyal n wudem-is seg tirga-nneɣ. Ggugment teḥtettuyin ɣer yiri n lkanun, wezzil, yeqmeḍ maḍi wustu gar ufeggag d wayeḍ, gar yemma-s d yelli-s. Dɣa teqqel d tiziri, tettifrir ɣef yidurar, tettmeslay kan d tqucac-nsen akk d wayen wessren deg tmurt-a. Acku nutenti mazal-itent ttmeslayent am nettat, ttargun ayen tettargu.
>
> Traduction française :
> – La reine de la lumière ? Je n'ai jamais entendu parler d'elle.
> – Où vas-tu entendre parler d'elle dans une cité sans mémoire et qui a même oublié le lieu de sa naissance ? Mais, même si tu n'as pas entendu

> parler d'elle, dorénavant tu dois prendre sa place, tu dois avoir son courage et sa sagesse … Ceux qui se souvenaient d'elle ne sont plus de ce monde. Depuis leur disparition, je ne sais plus ce que c'est d'avoir sommeil, ni ce que c'est de rire. Mais, même si elle n'est pas présente dans nos discussions, elle est présente dans le sens de chacune de nos choses. Chaque pierre de cette montagne se souvient d'elle. Mais les pierres sont des témoins muets. On ne parle plus de nos vies sinon de celles des autres. Même les traits de son visage ont quitté nos rêves. Il n'y a plus cette relation entre mère et fille comme l'espace rétréci des deux bords du métier à tisser. Depuis, elle est devenue la lune qui surpasse les montagnes, qui ne parle qu'avec les cimes et ce qui est ancien sur cette terre. Parce qu'elles parlent encore comme elle, elles rêvent comme elle rêve.

À la mort de Ba-Zemni, Sedda reprend la voie tracée par ce dernier. Cette voie est symbolisée par le médaillon laissé par Ba-Zemni accroché à une branche. Celui qui trouvera ce médaillon le possèdera et prendra le rôle de guide (le rôle assuré par Ba-Zemni avant sa mort) :

> Ḍelqen-t deg txelwit-is, imger deg tekḍift n taduṭ i ɣef zeybent tecraḍ lesḍur n ṛṛqem. Udem-is am win n win yesteɛfan, iruḥ amzun akken izmumeg. Sedda teqqim ɣer yixef-is, Taklit s iḍarren, timɣarin-nni ɣer yidis ayeffus. Sedda tekkes akk sdaq i teqqen, ɣas azrar n Ba-Zemni i teǧǧa. Iɛelleq ɣer yidmaren-is s tbaxset d-yetwen d akerzi.
> – A yemma Tekfa, i uzrar-agi ad as-t-qqneɣ ?
> – Anef-as ɣur-m. Iɛelleq-it deg ubrid ɣer teskert akken win t-yufan ad yeḍfer tisirit-is … Anef-as. Tufiḍ-t, ḥerz-it kemm.
>
> Traduction française :
> Ils l'ont posé à l'intérieur de son ermitage, enroulé dans un tapis de laine tatoué avec des lignes et des motifs. Son visage paraissait reposé, presque souriant. *Sedda* est assise en-dessous du corps au niveau de la tête, tandis que *Taklit* est assise en bas de ses pieds. Quant aux vieilles femmes, elles se sont mises à son côté droit. *Sedda* enlève tous les bijoux qu'elle portait, sauf le collier de *Ba-Zemni* qu'elle a enfilé dans un bandeau de soie et qui pendait sur sa poitrine.
> – Mère *Tekfa* dois-je lui mettre ce collier ?
> – Laisse-le sur toi. Il l'a auparavant suspendu à une branche, pour permettre à celui qui le rencontrerait de trouver le chemin … Garde-le sur toi. Tu l'as trouvé, prends-en soin.

Conclusion

La remise en question de la valeur sociale de la parole masculine est rendue possible, entre autres, par la valorisation de la femme. D'un côté, cette dernière accède à d'autres domaines de création littéraire (poésie écrite, nouvelle et plus timidement le roman). C'est un fait intéressant d'autant plus que l'accès au statut d'auteur se fait désormais en dehors des considérations conventionnelles et sexuelles traditionnelles. D'un autre côté, des auteurs masculins contemporains, à l'image entre autres de Ben Mohamed,[11] de Salem Zenia[12] et de Boualem Rabia inscrivent de différentes manières l'image de la femme et du personnage féminin dans de nouvelles perspectives. La dernière section de cette étude est une illustration de la parodie de la légitimité sociale de la parole masculine dans le roman de Boualem Rabia. Dans ce texte, la parole des personnages féminins (*Tekfa* et *Sedda*) est aussi valorisée que celle de l'homme (notamment *Ba-Zemni*). Cette parodie a fait des personnages féminins des agents appelés à perpétuer la mémoire et l'identité du groupe. Ce qui bouleverse totalement les représentations de la parole (littéraire) telles que exprimées au niveau traditionnel. Désormais, la masculinité n'est plus une condition de la légitimité littéraire.

Bibliographie

Abrous, Dehbia, « Les joutes poétiques du henné : compétition d'honneur et rapt symbolique », *Études et Documents Berbères* n° 9, 1992, pp. 147-164.

Bouamara, Kamal, *Si Lbachir Amellah (1861-1930) : un poète-chanteur célèbre de Kabylie*, Béjaïa, Talantikit, 2005.

Bounfour, Abdellah, *Introduction à la Littérature Berbère. I La Poésie*, Paris, Louvain, Peeters, 1999.

Bounfour, Abdellah, *Introduction à la Littérature Berbère. II Le Récit Hagiologique*, Paris, Louvain, Peeters, 2005.

Dallet, Jean-Marie, *Dictionnaire kabyle-français*, Paris, Selaf, 1982.

Dallet, Jean-Marie, *Dictionnaire français-kabyle*, Paris, Selaf, 1985.

---

11 L'un des poètes kabyles engagés et les moins conformistes. Sur ce poète, voir : Mohand-Akli Salhi, « Ben Mohamed. Poète-Parolier de la Rupture », dans *De la Zaouïa à l'Olympia. Recherches sur la Chanson Kabyle*, Béjaïa, Publications du FCLMCK, 2008, pp. 118-128.

12 Voir notamment son deuxième roman *Iyil d wefru*, Paris, L'Harmattan, 2002, et ses deux recueils de poésie, *Tifeswin*, Paris, L'Harmattan, 2004, et *Iṭij aderɣal*, Barcelone, Accent editorial & PEN català, 2008.

Hanoteau, Adolphe, *Poésies populaires de la Kabylie du Jurjura*, Alger, Imprimerie Joudan, 1867.

Galand-Pernet, Paulette, *Littératures berbères. Des voix. Des lettres*, Paris, PUF, 1998.

Huyghe, Gustave, *Dictionnaire kabyle-français*, Alger, Imprimerie Nationale, 1901.

Mammeri, Mouloud, *Les Isefra de Si Mohand Ou Mhand*, Paris, Maspero, 1971.

Mammeri, Mouloud, *Poèmes kabyle anciens*, Alger, Laphomic, Awal, 1988.

Mammeri, Mouloud, *Culture savante culture vécue*, Alger, Tala, 1991.

Merolla, Daniela, *Gender and Community in the Kabyle Literary Space. Cultural Strategies in the Oral and in the Written*, Leiden, Research school CNWS, 1996.

Rabia, Boualem, *Recueil de poèmes kabyles des Aït Ziki : Le Viatique du barde*, Paris, L'Harmattan, Awal, 1993.

Rabia, Boualem, *Nnig usennan*, Tizi-Ouzou, Éditions l'Odyssée, 2009.

Salhi, Mohand-Akli, *Poésie traditionnelle féminine de Kabylie. Types et textes*, Alger, Enag, 2011.

Salhi, Mohand-Akli, *Etudes de littérature kabyle*, Alger, Enag, 2011.

Yacine, Tassadit, *L'Izli ou l'Amour chanté en kabyle*, Alger, Bouchène, Awal, 1990.

Yacine, Tassadit, « Femmes et espace poétique dans le Monde Berbère », http://clio.revue.org/287.html (visité le 20 mai 2012).

CHAPITRE 4

Basculement, renversement et révolution dans les relations entre genres et les comportements sexuels maghrébins

Denise Brahimi

Abstract

Since 1970, Maghrebi culture has undergone a process of subversion that has even reached the most modest surroundings. This development has become subject of various movies and literary works. In his movie *Le Charbonnier* (1972), the Algerian director Mohamed Bouamari thematizes the elimination of patriarchal structures. Additional attempts to make male homosexuality socially acceptable, as in the case of the French-Algerian poet Jean Sénac who was assassinated in August 1973, were obviously doomed to fail. In addition to that, also women have started to imagine and present men's devirilization. In her documentary *Quand les Hommes pleurent …* (2001), Yasmine Kassari presents devirilization as an ambiguous process, being perceived as flawed and humiliating by men, whereas in fact eliminating the burden of patriarchal order. In his last book *Le Dernier Combat du captain Ni'mat* (2011), the Moroccan author Mohamed Leftah also broaches the issue of homosexuality and "behavioral revolution". However, in this case, in contrast to Sénac, it is not the author but the protagonist who is doomed to fail. When it comes to recent developments, *Sur la Planche* (2011), a movie by the Moroccan director Leïla Kilani, should also be mentioned. In her movie, Kilani presents the destructive effects of virilization, using the example of two young women working in a shrimp-packaging factory. All in all, works by Maghrebi documentarists play an important role, tracing current developments in Maghrebi culture.

J'examinerai, dans une première partie de ma réflexion, le « basculement » qui s'opère au Maghreb dans les deux domaines évoqués par mon titre à partir de l'année 1970 et ce, conformément au programme proposé pour le colloque organisé par l'Université de Mannheim en juin 2012 : « les diverses manifestations alternatives du masculin produites à partir des années 1970 »[1]. Pour traiter

1 Voir le projet rédigé par les organisateurs Claudia Gronemann et Michael Gebhard sous le titre *Masculinités maghrébines à négocier : Conceptions littéraires et cinématographiques du masculin.*

 | DOI 10.1163/9789004342828_006

des deux grands domaines dans lesquels ces manifestations peuvent être observées, j'envisagerai à la fois :

1) La fin effective du patriarcat non seulement dans une élite intellectuelle et sociale mais aussi dans certaines parties de la population beaucoup plus modestes intellectuellement : il s'agira du film *Le Charbonnier* (1972) de l'Algérien Mohamed Bouamari.[2]
2) Les tentatives pour faire place à l'homosexualité masculine dans un contexte post-colonial et indépendantiste : ce sera une brève étude du « cas Sénac », épisode historique qui s'achève par l'assassinat du poète homosexuel franco-algérien Jean Sénac en août 1973.

Dans une deuxième partie de cet article, il sera question de la manière dont les créatrices maghrébines prennent en main la dévirilisation des hommes de leur pays, de manière à expliciter le titre « Le renversement du regard » qui fait précisément allusion au regard cinématographique. Les quelques œuvres cinématographiques évoquées illustrent l'attitude de femmes réalisatrices. Il s'agit notamment du documentaire *Quand les Hommes pleurent ...* (2001) de Yasmine Kassari. Les documentaristes, en tant que femmes, se révèlent particulièrement aptes à sentir par empathie ce que peuvent ressentir des hommes qui, par suite des circonstances, sont en voie de dévirilisation. C'est un processus dont elles ne peuvent manquer de ressentir toute l'ambiguïté. Car s'il ne peut manquer d'être vécu par les hommes comme un manque, voire une humiliation, il ouvre aussi des issues pour sortir du carcan imposé par le patriarcat.

Pour tenir compte du double domaine annoncé comme terrain de recherche pour cette réflexion sur les nouvelles masculinités maghrébines (dévirilisation et homosexualité), la troisième et dernière partie de cet article sera consacrée à une certaine affirmation de l'homosexualité, qui va bien au-delà de la question du droit (indispensable évidemment). Cette partie intitulée « La révolution dans les comportements » s'appuie principalement sur une étude du dernier livre de l'écrivain marocain Mohamed Leftah, *Le Dernier Combat du captain Ni'mat* (2011). Elle permet de réunir le thème postcolonial à une tentative de révolution sociale, au moins dans les mentalités. L'échec du personnage ne retire évidemment rien à l'importance du livre que l'auteur lui a consacré.

2 Je ne reviendrai pas ici sur l'analyse de la dévirilisation du héros dans le film *Omar Gatlato* (1977) de Merzak Allouache malgré son intérêt évident pour le sujet, l'ayant déjà longuement traité auparavant (*cf.* Denise Brahimi, « Déconstruction d'un mythe : la Virilité au Maghreb », dans Claudia Gronemann et Wilfried Pasquier, éds., *Scènes des genres au Maghreb. Masculinités, critique queer et espaces du féminin/masculin*, Amsterdam, New York, Rodopi, 2013, pp. 207-219.

Au chapitre des mutations très récentes et encore en cours, il faut joindre une évocation originale et intéressante de certains comportements féminins, dans le sens d'une virilisation montrée comme dommageable pour les jeunes femmes qui font ce choix (mais le mot « choix » implique une liberté qu'elles n'ont pas vraiment). En témoigne le film de la Marocaine Leïla Kilani *Sur la Planche* (2011).

Le corpus sur lequel s'appuie cette communication, dans la mesure où il est représentatif, permet peut-être une conclusion : deux œuvres de deux écrivains hommes : Jean Sénac et Mohamed Leftah ; trois films ou documentaires dont un seul est le fait d'un homme, Mohamed Bouamari, et les deux autres le fait de deux femmes réalisatrices marocaines. Ces conclusions, si elles sont acceptables malgré le caractère évidemment limité du corpus sur lequel elles s'appuient, pourraient être, pour le dire sommairement :

A) Les femmes se sont emparées du genre cinématographique où elles trouvent un moyen d'expression direct, à leur convenance. Il est remarquable qu'elles aient une prédilection pour le genre ou la dimension documentaire, alors que, en France du moins, on continue à penser que le domaine des femmes est plus souvent celui de la fiction sentimentale. Les femmes maghrébines témoignent d'un souci de coller aux réalités qui caractérisent la société contemporaine de leur pays.

B) Le Maroc est des trois pays du Maghreb à la pointe de la réflexion sur le genre, au sens sexué du mot. Il l'est également dans le domaine de la production cinématographique, notamment depuis que les urgences politiques mobilisent les Tunisiens pour des tâches immédiates. Pour ce qui est de l'Algérie, la notion de pudeur y paraît essentielle et toute incursion dans le domaine de la sexualité est ressentie très vite comme une provocation.[3]

Pour finir, cette intervention voudrait rendre un hommage particulier à deux des créateurs cités, une femme et un homme, pour l'importance et la qualité de leur œuvre : la réalisatrice marocaine Leïla Kilani et le romancier marocain Mohamed Leftah.

---

3 D'autant plus que 2012 y est l'année du Cinquantenaire, celui de l'indépendance acquise en 1962, de ce fait principalement consacrée au rappel de la lutte armée et des actions menées par le parti nationalist contre le pouvoir colonial.

À partir de 1970, le basculement

Les créateurs algériens, dans la génération qui suit l'indépendance, sont souvent très fidèles à l'enseignement marxiste, sans doute parce que la colonisation leur a permis de percevoir très concrètement l'importance des déterminismes économiques.

Dans l'ébranlement du patriarcat à l'ancienne, qui commence autour des années 1970, ceux-ci ont certainement un grand rôle et c'est l'intérêt du film *Le Charbonnier* (1972) de Mohamed Bouamari[4] que de les montrer, avec une sorte d'évidence simple, que pourtant il fallait savoir mettre en valeur comme il l'a fait. Ce film a produit en son temps l'effet d'une grande nouveauté, sans continuité avec les films de guerre et dans un rapport très critique au pouvoir politique qui est supposé gérer la première décennie de l'indépendance[5]. Le ton du film est sévèrement dénonciateur, certes sur un mode humoristique mais qui continue à faire mouche quarante ans après. Il y a chez le réalisateur un sens de la caricature dont l'effet est comme on sait « plus vrai que le vrai ». Chacun savait à l'époque à quel point il était devenu vain d'évoquer les anciens compagnonnages du temps de la guerre. Le naïf et malheureux charbonnier est victime de cette évolution lorsqu'il essaie d'aller trouver un de ses anciens compagnons de guerre désormais bien placé pour lui demander du travail. Inutile de dire que cette demande est vaine et que le charbonnier devra chercher les moyens de sa survie autrement. Il fait partie de cette nombreuse population masculine qui se trouve ainsi mise au rencart après avoir cru aux lendemains qui chantent, et qui passe du stade de héros potentiel, parfois même de héros véritable, à celui d'humble solliciteur qu'on n'a aucun scrupule à refouler. Nombre d'hommes subissent alors cette cruelle situation historique – forcément dévirilisante – d'autant qu'on voit mal quels moyens ils pourraient trouver pour y faire face.

Pour le charbonnier, l'étape suivante est encore plus dévirilisante, si l'on s'en tient aux valeurs traditionnelles du patriarcat. Dans son cas, qu'il faut certainement considérer comme exemplaire, c'est en effet de sa femme que vient la solution et c'est elle qui sauve la famille tout entière de la misère à laquelle

4 Cette présentation reprend celle du même film dans mon essai « *Émergences et mutations. Mohamed Bouamari : Le Charbonnier, 1972*, dans *50 ans de cinéma maghrébin*, Paris, Minerve, 2009, pp. 27-28.

5 Alors qu'on assiste principalement aux luttes entre factions pour se maintenir au pouvoir ou s'en emparer. Ce qui n'empêche pas la société civile d'évoluer, c'est du moins ce qu'entend montrer le film de Mohamed Bouamari.

elle était vouée par la disparition du métier de charbonnier qui les faisait vivre. Elle se révèle apte à prendre les initiatives les plus audacieuses, alors que le charbonnier lui-même s'y refuse d'abord, en proie qu'il est à un désarroi pathétique. Car il est encore coincé, en dépit des évidences, par les usages traditionnels qui sont son seul héritage (femme et enfants à la maison, c'est le père et mari qui sort pour assurer la survie de la famille). Et il est aussi tenu en laisse par le chef du village, farouchement hostile à tout changement : celui-ci n'est-il pas l'autre nom de la révolution agraire voulue par le gouvernement et qui lui ferait perdre une partie de ses terres ?

Le rôle de la femme du charbonnier est joué par la magnifique actrice Fettouma Ousliha qui deviendra l'épouse du réalisateur et qu'on reverra sous le nom de Fettouma Bouamari notamment dans un film de Djamila Sahraoui, *Barakat !* (2006).[6] Confrontée à la situation exposée par le film, cette jeune femme, créature d'une énergie incroyable, aussi intelligente que belle, comprend sans l'accepter qu'elle est vouée à servir de souffre-douleur si elle ne relaie pas son mari qui est en train de perdre pied. Il en est ainsi d'abord pour des raisons économiques. Le charbon de bois qui était le gagne-pain de toute la famille ne se vend plus, étant remplacé par des bouteilles de gaz, désormais livrées jusqu'au fond de la montagne kabyle par camions entiers. Que faire ? Une occasion se présente, du fait qu'une usine textile vient de s'ouvrir et qu'on cherche des femmes pour y travailler. Là est le débat, et finalement la solution. Car la femme du charbonnier brave les interdits pour gagner à l'usine de quoi nourrir ses deux enfants. L'intérêt du film est notamment de montrer qu'elle le fait sans hésiter, tandis que pour son mari, cela implique une évolution mentale considérable et bouleversante. Les deux enfants pris dans les débats du couple, une grande fille et un petit garçon, perçoivent intuitivement et douloureusement la détresse du père et le déclin de sa puissance coutumière (certes dérisoire) au sein de la famille. Le petit garçon y est particulièrement sensible (en tant que futur homme lui aussi ?) et c'est une des beautés du film que de montrer l'amour par lequel il tente de compenser cet incontestable déclin : chaque soir l'enfant s'endort enveloppé dans le burnous de son père et dans sa chaleur, jusqu'à ce que le père le porte dans son lit.

La beauté de cette relation entre le père et l'enfant (malade de la douleur du père) évoque irrésistiblement *Le Voleur de bicyclette* de Vittorio de Sica ; c'est dire la qualité du film de Mohamed Bouamari. Toutefois, la différence est que

---

6 *Barakat !* est un film de fiction mais Djamila Sahraoui est l'exemple d'une réalisatrice qui s'est emparée du documentaire pour faire connaître, à la fin des années 90, les tares les plus criantes de la société algérienne. On verra l'importance des documentaristes femmes dans la deuxième partie de cet article.

Le Charbonnier est un film plein d'espoir et qui croit au progrès. Celui-ci se fera notamment par l'émancipation des femmes, à laquelle les hommes devront s'habituer, car eux-mêmes et le pays tout entier n'ont que du profit à en tirer. Dans *Le Charbonnier*, ce n'est pas seulement le personnage féminin qui est en voie d'émancipation, mais l'Algérie tout entière qui émerge vers un meilleur avenir. En fait, ce n'est pas du déclin des hommes qu'il s'agit mais de celui du patriarcat, ce qui est une toute autre histoire.

À peu près au même moment on voit apparaître, quoique timidement et sans succès, une tentative pour affirmer le droit des hommes, de certains hommes en tout cas, à l'homosexualité. Ou plus exactement il faudrait dire : le droit des hommes à faire reconnaître leur homosexualité. Tel est le cas du poète Jean Sénac, né en 1929, d'origine pied-noir (de père inconnu, il a été élevé par sa mère dans la communauté espagnole d'Oran) mais qui fut toujours un ardent défenseur de l'indépendance de l'Algérie. Il désigne la conquête de celle-ci et sa mise en acte par le mot de « Révolution », signifiant par là qu'il s'agit d'un changement radical et allant bien au-delà du politique. Pour cela, il compte beaucoup sur la jeunesse de son pays, l'Algérie, à laquelle il s'adresse principalement, notamment par des émissions radiophoniques qui ont en effet un grand succès. Il s'adonne à ce travail d'éveilleur sitôt après l'indépendance, revenant en Algérie dès 1962 après avoir séjourné en France pendant toute la période de la guerre. Une part seulement de sa production poétique est érotique mais sa pratique quotidienne est à peu près ouvertement homosexuelle, et nul ne l'ignore parmi les dirigeants du pays. Il est à la fois nécessaire et difficile de nuancer ces affirmations, tant certaines sociétés comme celle-ci préfèrent ne pas savoir ce que pourtant tout le monde sait. Il s'agit, pour un homosexuel comme Sénac, d'une situation qui pourrait être plus ou moins vivable, s'il faisait preuve de bonne volonté pour la rendre telle, mais qui de toute façon resterait toujours extrêmement précaire et soumise à la bonne volonté des gens au pouvoir. Homosexuel pris en otage, homosexualité comme moyen de pression et de rétorsion, telle est la situation connue par Sénac dans une société qu'il voudrait continuer à appeler révolutionnaire et qui le devient de moins en moins jusqu'au jour proche où elle ne l'est plus du tout.

De 1962 jusqu'à son assassinat en 1973, sa situation, d'abord brillante et officiellement reconnue, ne cesse de se dégrader, jusqu'au moment où, en 1973, il et victime d'un assassinat qui ne sera jamais élucidé – ce qui évoque évidemment le sort d'autres poètes homosexuels comme Lorca dans l'Espagne franquiste (mort en 1936) ou Pasolini en Italie (mort en novembre 1975, c'est-à-dire après Sénac, qui apparaît ainsi comme un maillon dans la chaîne des poètes assassinés). Le pouvoir post-colonial, quelles que soient les personnalités qui vont l'incarner en Algérie, comporte la nécessité d'un ordre moral (avant qu'il ne devienne surtout religieux) affirmée par les dirigeants en termes parfois brutaux, comme le prouve le dialogue authentique rapporté par l'écrivain Rabah Belamri,[7] qui en tant qu'étudiant a consacré son travail de thèse à Sénac. Voici ce qu'il écrit à ce propos dans son roman *L'Asile de pierre* (1989). C'est un interrogatoire qui se passe juste après la mort de Sénac. Hamel est le double du jeune Belamri :

> – C'est toi qui l'as tué ? [demande le policier]
>
> Hamel ne répond rien, hébété devant ce qu'il lui arrive. Il regarde le policier, debout à ses côtés, un chiffon humide à la main, une règle métallique dans l'autre.
>
> – Parle au lieu de me regarder comme un idiot ! Au fait, tu le montais ou il te montait ?[8] Vous les intellectuels, vous nous faites honte ! Tous des pédérastes ! Et moi, les pédérastes, je les écrase comme des poux ! Et comme si vos saletés ne vous suffisaient pas, vous vous donnez des coups de poignard, la nuit sur la plage !
>
> Le policier intercale le chiffon entre les cuisses de Hamel et commence à marcher autour de la table en donnant des coups sur le bois avec sa règle. Il n'arrête pas de discourir sur les intellectuels, les homosexuels, les dépravations importées d'Occident.[9]

Il valait la peine d'entendre le langage de ce policier, évidemment rude et grossier, car il nous renseigne beaucoup mieux qu'un beau poème érotique de Sénac, sur ce qu'il en est des réactions du pouvoir post-colonial à l'égard de ce qu'il ressent comme la menace de l'homosexualité (allant jusqu'à justifier ici l'usage d'une torture modérée, si toutefois une telle expression est acceptable !).

Au moment même où le patriarcat, comme le prouve le film précédemment évoqué, a des raisons objectives d'être ébranlé, le pouvoir étatique s'enferme dans une position de déni à cet égard et entend s'appuyer sur l'affirmation d'une inaltérable virilité. Une situation ainsi déséquilibrée ne peut être que provisoire, mais il arrive que le provisoire dure longtemps, ce que prouve actuellement le cas algérien. On ne peut enlever une pierre à un édifice officiel

---

7 Témoignage oral de l'auteur.

8 On voit ici apparaître cette question qui semble essentielle de la position respective occupée par chacun des deux partenaires dans le couple homosexuel. Voir dans la troisième partie de cet article ce qui est dit à ce propos dans le roman de Mohamed Leftah. Et voir aussi les entretiens rapportés dans le livre de Vincenzo Patanè, *Arabi e noi*, Rome, Derive Approdi, 2002.

9 Rabah Belamri, *L'Asile de pierre*, Paris, Gallimard, 1989, p. 71.

sans qu'il soit menacé d'écroulement. Le patriarcat est justement cette pierre à laquelle les tenants du pouvoir croient ne pas pouvoir toucher impunément. À quoi s'ajoute un étonnant désir de maintenir l'unité, toutes les formes d'unité, contre toutes les pluralités, y compris celles des pratiques sexuelles.

Le renversement

Au Maghreb, l'un des faits cinématographiques très remarqués, surtout depuis une douzaine d'années, est le talent des réalisatrices de documentaires et l'abondance de leur production. C'est d'autant plus remarquable que le documentaire implique un rapport précis et soutenu au monde réel ainsi qu'un important travail d'enquête, alors qu'on aurait tendance à croire les femmes plus portées sur l'analyse psychologique et l'expression personnelle ; idée reçue qui pourrait venir d'un certain XIXe siècle européen, ce qui a de fortes chances d'être inadéquat dans le Maghreb du XXIe siècle, et qui l'est en effet. Pour ne citer de ces réalisatrices qu'un nom par pays, cela pourrait être pour l'Algérie, Djamila Sahraoui, déjà évoquée, pour la Tunisie Nadia el Fani, pour le Maroc, Dalila Ennadre. Ce qui veut dire, au nombre des films qu'on a pu voir au hasard des festivals, une bonne vingtaine de documentaires féminins tout à fait dignes d'intérêt. Le fait intéressant à noter est que ces femmes sont loin de traiter principalement de problèmes d'émancipation féminine, comme on pourrait croire, mais donnent au contraire à voir des problèmes ou des faits de société d'un intérêt beaucoup plus général. Et de manière plus remarquable encore, elles n'hésitent pas à aborder des problèmes résolument masculins, avec beaucoup d'empathie. En sorte qu'on assiste à un véritable renversement par rapport à ce qui a été le cas pendant plusieurs décennies : des cinéastes hommes exposant avec autant de courage que de justesse les difficultés de la condition féminine dans leur pays ; que l'on pense à Mohamed Chouikh pour l'Algérie (*La Citadelle*, 1988) ou à Nouri Bouzid pour la Tunisie (*Tunisiennes*, 1997).

Comme exemple d'un documentaire de femme, ici une Marocaine, consacré à la misère physique et morale subie par des hommes de son pays, on présentera ici le très beau travail de Yasmine Kassari, *Quand les Hommes pleurent*... (2001). Depuis 2001, on a vu beaucoup de films sur l'immigration clandestine, et pourtant celui-là, en 2012, n'a rien perdu de sa force. Dire sans autre précision que c'est « un grand film » n'est certainement pas dévaloriser le documentaire par rapport au film de fiction. Le film de fiction de Yasmine Kassari, *L'Enfant endormi*, est de 2004, c'est-à-dire qu'il a été fait après *Quand les Hommes pleurent*.... Mais en fait, le documentaire a déjà toutes les qualités et toute la force qu'on attend d'un film de fiction, c'est une évidence qu'on ressent très fortement à voir *Quand les Hommes pleurent…* : les Marocains interrogés par Yasmine Kassari, Kacem, Mziane, Abderrahmane ou Hassan, ne sont pas seulement les porteurs ou les émetteurs d'une parole qu'elle voulait faire entendre, mais des personnages à part entière qui se mettent à vivre sous nos yeux alors même que tout devrait les écraser, c'est-à-dire amoindrir leur personnalité. On voit en effet l'exploitation sauvage qu'ils subissent dans les champs d'Andalousie où ils ont échoué après leur voyage clandestin, et on dirait qu'ils en sortent étonnement grandis, au point qu'on a évoqué à leur propos le film que John Ford a tiré en 1940 du roman de Steinbeck, *Les Raisins de la colère*; mais on pourrait aussi, pour rester dans le domaine de la pauvreté méditerranéenne, parler d'un certain cinéma-vérité à l'italienne, celui de Pasolini ou de Rossellini. Seule la fin du documentaire rejoint un film maghrébin actuel comme *Harragas* de l'Algérien Merzak Allouache (2010).

Et pourtant, à divers égards, ces hommes, du fait de leur situation inédite, subissent une dévirilisation. Le talent de la réalisatrice fait que celle-ci apparaît à la fois comme cruelle mais aussi, à plus ou moins long terme, comme la possibilité d'une avancée par rapport à la tradition patriarcale et d'un assouplissement par rapport au carcan qu'elle impose aux rôles sociaux.

On peut retenir deux ou trois aspects de ce qui est l'invention propre à Yasmine Kassari. D'abord le contrepoint bouleversant qu'elle fait voir et entendre entre le quotidien misérable de ces travailleurs marocains, dans les baraquements où ils sont parqués, et la splendeur des poèmes de Mahmoud Darwich[10] lus en voix *off*: poésie évocatrice d'une autre misère et d'un autre enfermement. D'autre part, l'écoute attentive qu'elle consacre aux complexités psychologiques qui angoissent ces hommes encore plus que les brimades ou la maladie physique.[11] La grande question, à laquelle il n'y a pas de réponse simple et unique, est de savoir pourquoi, au vu des conditions où ils vivent, ils n'envisagent pas de rentrer au pays. Ici aussi, la réalisatrice prend du temps, pour que la parole émerge, autour de cette impossibilité ressentie. D'ailleurs, elle ne cherche pas du tout à faire oublier à ces hommes qu'elle est en train de les filmer – ce qui apparaît comme une sorte de probité, ou un respect pour des

10 Ce grand poète palestinien, mort le 9 août 2008, a souvent exprimé dans ses très nombreux recueils de poésie la nostalgie de la patrie perdue, un sentiment que les travailleurs marocains émigrés ne peuvent manquer de partager, en sorte que le choix de la réalisatrice est aussi beau que judicieux.

11 La découverte des problèmes psychologiques et de leur importance vitale dans les difficultés à vivre au quotidien fait partie des assouplissements apportés à la vision patriarcale du monde.

gens qui en reçoivent si peu. Ils sont conscients de faire avec elle un travail qui concerne leur dignité perdue et qui compte autant que la description réaliste de leurs conditions de vie.

On voit d'ailleurs que dans un fait aussi banal apparemment que celui de manger, autre chose est en jeu, qui va bien au-delà du corps et de ses besoins. L'un des hommes, le plus âgé, s'astreint à faire lui-même le pain à sa façon, par fidélité à la nourriture du pays qui du moins était faite à la maison, et pour retrouver les gestes traditionnels qui, dans l'absolu, sont un antidote contre l'humiliation. Cependant, on sait à quel point le patriarcat maghrébin, comme tout autre d'ailleurs, impliquait un partage rigoureux des rôles au sein du groupe familial. La préparation des aliments y incombait totalement aux femmes, d'autant qu'elle se pratiquait à l'intérieur de la maison, et de ce fait elle était jugée, hiérarchiquement, comme une tâche inférieure à celles exercées au dehors par les hommes. Dans l'immigration, ces structures archaïques perdent leur sens, ce qu'on peut considérer comme un effet positif – il y en aurait au moins un – de cette situation par ailleurs négative et dommageable pour la dignité des individus. Mais on se rend compte que pour ces hommes marocains, la perte de leur dignité se situe bien ailleurs et qu'assumer des tâches traditionnellement réservées aux femmes fait plutôt partie de leurs modestes joies. Il est de fait que l'ancien idéal viril a perdu son sens dans les circonstances où ils vivent.

Finalement, on retrouve le commentaire qui venait à l'esprit à propos du *Charbonnier* de Mohamed Bouamari. Qu'ils le veuillent ou non, les pays du Maghreb sont soumis à des pressions économiques qui mettent en cause l'ancien patriarcat, lui-même lié à des conjonctures désormais révolues (même si elles ont duré des siècles voire des millénaires). C'est désormais la situation des hommes qui se trouve placée sous tous les regards, et notamment sous celui des femmes, qui s'attachent à montrer la vulnérabilité nouvelle du monde masculin.

On dirait d'ailleurs que les réalisatrices, en tant que femmes, sont particulièrement aptes à entrer dans la psychologie de la dévirilisation, du fait qu'elles connaissent elles-mêmes depuis longtemps la situation que les hommes ignoraient auparavant et sont maintenant amenés à découvrir. On aboutirait en effet aux mêmes conclusions en analysant le documentaire d'une autre Marocaine, Leïla Kilani, qu'elle a intitulé *Tanger, le Rêve des brûleurs* (2003). Il s'agit ici de *harragas* ou du moins aspirant à l'être qui, venus de toute l'Afrique, se retrouvent à Tanger pour tenter une hypothétique traversée clandestine vers l'Europe. Seuls leurs rêves, comme dit si bien la réalisatrice, leur permettent de survivre à la ruine absolue de toutes les structures dans lesquelles ils vivaient auparavant. C'est un nouvel être mental et affectif qui émerge pour eux de cette destruction. Et l'on voit mal comment ils pourraient maintenir, dans ce nouvel état ou absence d'état, leur prétention ancienne à la virilité.

Pour s'en tenir à la notion de renversement, elle a ici sa raison d'être dans la mesure où ce sont des femmes qui entreprennent de montrer les difficultés vécues par les hommes, ces difficultés matérielles et sociales où l'on est incité à voir l'une des causes incontestables de leur dévirilisation.

Virilisation/Dévirilisation : l'homosexualité, au-delà du droit

Parmi les documentaristes-femmes du Maghreb, il y encore une raison, toute récente, d'évoquer à nouveau le nom de la Marocaine Leïla Kilani, et cette fois à propos d'un film de fiction, *Sur la Planche*, paru au début de l'année 2012. La fiction d'ailleurs, comme on le verra, s'appuie beaucoup sur la recherche documentaire, qui est plus souvent le type de travail de cette réalisatrice.

Leïla Kilani est remarquable en ceci qu'elle ne manque jamais de rattacher les cas individuels voire singuliers, qu'elle montre très soigneusement, à des questions beaucoup plus générales mettant en cause tout un fonctionnement collectif, politique et social. Dans *Sur la Planche*, elle s'intéresse aux ouvrières de Tanger, qu'elle a eu l'occasion de voir d'assez près au moment où elle tournait dans cette même ville *Le Rêve des brûleurs*. La catégorie considérée comme la plus basse d'entre elles socialement est celle qui travaille à l'usine de crevettes,[12] par rapport à laquelle l'usine de textiles, où il est beaucoup plus difficile d'entrer, fait figure d'endroit respectable et désirable ; on pourrait presque réduire le film à l'histoire de Badia, une fille qui travaille avec dégoût et rage dans l'usine de crevettes et qui fait tout pour accéder au statut d'ouvrière du textile. Cet effort considérable entraîne chez elle une violence qui se manifeste de diverses manières, à la fois dans ses relations avec ses compagnes, notamment l'une d'entre elles qu'elle traite comme une inférieure et méprise, mais surtout par une forme de délinquance, volontaire et systématique, qui consiste à dépouiller les hommes le plus possible. Badia s'appuie sur un cynisme qui l'enferme toujours davantage dans la solitude morale, jusqu'au stade de l'autodestruction. Leïla Kilani lui met dans la bouche des formules telles que : « Je ne vole pas, je me rembourse. Je ne cambriole pas, je récupère, je ne trafique pas, je commerce, je ne me prostitue pas, je m'invite ». De ces déclarations arrogantes, il se peut qu'elle soit convaincue mais il s'agit surtout

12 À la fois pour une question de localisation dans la ville et parce que les ouvrières de l'usine de crevettes sont imprégnées d'une mauvaise odeur qui les stigmatise.

de provocations comme on en trouve plus souvent dans la bouche de jeunes voyous (au masculin).

On voit bien que la réalisatrice a été sensible à la nouveauté de ce type de femme, et aussi aux dangers de tous ordres que représente pour elles une forme d'affirmation de soi qui est peut-être la seule à leur disposition mais qui ne peut les mener à rien. Il y a peut-être (ou il y a eu) d'autres circonstances, des moments et des lieux où elle pourrait avoir des effets positifs puisqu'il s'agit d'individualisme et de liberté qui ont parfois permis au « peuple » de s'élever, si vaste que soit ce mot. Malheureusement dans le cas présent, elle ne peut conduire qu'au désastre, Badia n'ayant rigoureusement aucun autre atout que son arrogance pour tenter de s'élever à un niveau supérieur de la société marocaine telle qu'elle est, non seulement fondée sur une inégalité parmi les plus graves au monde mais aussi extrêmement cloisonnée.

Leïla Kilani, s'agissant d'une fiction, fait une part importante au caractère et au comportement individuels. Des quatre filles qui sont les personnages principaux du film, Badia, Imane, Asma et Nawal, seule la première donne le sentiment de se perdre, peut-être parce qu'elle est issue d'un milieu particulièrement pauvre et démuni à tous égards, mais aussi parce que, consciemment ou non, sa volonté de s'en sortir prend la forme d'une volonté de pouvoir où l'on peut reconnaître, sous des traits exacerbés, les caractéristiques de la virilité telle qu'elle est conçue en milieu patriarcal. Alors même qu'elle ne songe qu'à prendre, impitoyablement, des revanches sur les hommes (la plupart de ceux qu'on voit ne méritent d'ailleurs guère de pitié), elle semble aspirer, peut-être inconsciemment, à reproduire les pires des attitudes machistes. C'est pourquoi l'on peut parler de virilisation à propos de jeunes femmes comme elle. Dans un article du journal *Le Monde*, le critique Jacques Mandelbaum parle de « [c]es amazones au petit pied »,[13] ce qui ne dénote guère de sympathie pour elles, ou encore de « quatre pétroleuses maghrébines de vingt printemps lancées [...] dans une stratégie de survie »,[14] ce qui a au moins le mérite d'insister sur une certaine virilisation encore à la recherche d'elle-même, mais en tout cas en rupture totale avec ce qu'on nous dit être les modèles féminins du Maghreb. D'ailleurs dans une interview, Leïla Kilani dit que « il y avait aussi l'envie de briser les clichés autour de la femme arabe »[15]. On ne saurait négliger

13 Jacques Mandelbaum, « *Sur la Planche* : à Tanger, le *A bout de souffle* de quatre rebelles », *Le Monde* du 1er février 2012, www.lemonde.fr/cinema/ article/2012/01/31/sur-la-planche-a-tanger-le-a-bout-de-souffle-de-quatre-rebelles_1636875_3476. html (visité le 9 janvier 2014).

14 *Ibid.*

15 Leïla Kilani, dans *Télé Obs* du 4 au 10 février 2012.

son témoignage sur les risques de virilisation, au sens le plus rétrograde du mot, qu'entraîne le désir légitime d'émancipation chez quelques jeunes Maghrébines.

Virilisation des jeunes femmes, dévirilisation des hommes même à un âge beaucoup plus avancé, c'est en fait de la même rupture avec les conceptions traditionnelles du genre qu'il s'agit. La seconde de ces deux formes apparaît dans le dernier roman du Marocain Mohamed Leftah,[16] *Le Dernier Combat du captain Ni'mat*,[17] à propos de l'homosexualité que découvre en lui-même le héros éponyme du roman, alors qu'il n'a rien, depuis longtemps, d'un adolescent. L'action du livre se passe en Égypte mais l'auteur est un Maghrébin,[18] et d'ailleurs la ou les découvertes dont il fait état ont certainement une portée bien plus large, mais comme le dit justement Leïla Kilani à propos du film précédent, il faut être le plus local possible pour ouvrir à l'universel.[19]

L'intérêt du roman de Mohamed Leftah est de comporter beaucoup plus qu'une revendication en faveur du droit à l'homosexualité, ce qui de toute manière au Maghreb n'est pas une cause officiellement reconnue – le Maroc étant des trois pays celui où on essaie davantage de la faire avancer.[20] Il y a dans le livre de Leftah la volonté de faire comprendre, avec précision et clarté, les causes et les formes de ce refus, et c'est en cela que la situation historico-politique de l'Égypte apporte d'utiles éléments d'explication, bien qu'elle soit très loin d'épuiser le sujet. Dans le roman de Leftah, il est à la fois question, très explicitement, de dévirilisation et d'homosexualité, ce qui n'est pas forcément la même chose mais permet de rejoindre les deux thèmes ici abordés.[21]

Les qualités littéraires hors du commun que présente le livre ne sont pas un ajout sans rapport avec son sujet. On serait plutôt tenté de dire que grâce à elles, l'auteur parvient à faire sentir ce que la littérature seule peut exprimer. Son problème était de concilier deux aspects très différents de l'histoire qu'il entreprend de raconter, sans donner l'impression de les rejoindre artificiellement. Il

---

16 Cet écrivain marocain né en 1946 a vécu en Egypte à partir de 2000. L'Égypte est le lieu de son dernier roman, dont il est ici question. *Le Dernier Combat du captain Ni'Mat* est paru en France en 2011 à titre posthume. Il n'est pas disponible au Maroc.

17 Mohamed Leftah, *Le Dernier Combat du captain Ni'Mat*, Paris, Éditions de la Différence, 2011. L'attribution à ce roman du prix de la Mamounia 2011 n'a pas empêché de nombreux remous dans l'opinion marocaine.

18 Le Marocain Mohamed Leftah est mort au Caire en juillet 2008.

19 Voir note 4.

20 On peut évoquer le travail de l'ONG marocaine *Kifkif*, illégale au Maroc mais enregistrée en Espagne depuis 2008.

21 Voir l'introduction à cet article, où est annoncé son double sujet, la dévirilisation toujours en cours au Maghreb et le rapport de ces trois pays à l'homosexualité.

s'y dit en effet d'une part l'autonomie extraordinaire de la jouissance sexuelle, qui se substitue à tout et fait fi de tout, dans une expérience érotique entendue au sens le plus complet du mot « éros » ; et d'autre part le caractère rigoureusement inacceptable de cette expérience pour la mentalité collective de l'Égypte tout entière, après la cuisante défaite de la Guerre des six jours (évoquée discrètement mais sûrement par la date de 1967) et la pseudo-victoire compensatoire de 1973.

Globalement et malgré les tentatives pour la dénier, la défaite militaire ne fait qu'aggraver la situation traditionnellement défavorable à l'homosexualité, le *captain*, lui-même ancien aviateur dans l'armée, est entouré de collègues et de supposés amis qui étaient tous comme lui des militaires assez hauts gradés, et qui à ce titre ont pu épouser des femmes de la bonne bourgeoisie. Toutes ces circonstances agissent dans le même sens, qui est l'impossibilité absolue de faire émerger et *a fortiori* de faire comprendre une passion amoureuse transgressive socialement et sexuellement, comme celle que le *captain* se découvre pour son domestique nubien. Le romancier mêle intimement les réactions et les choix d'un individu, le *captain*, avec l'évocation d'une société dont la survie passe par le conformisme et la consensualité. Le déni de la défaite ne peut s'accommoder d'un renoncement à la virilité, au sens traditionnel du mot. Et pourtant cette attitude est bien celle qui s'est imposée au héros du roman.

Il faut expliquer en quelques mots en quoi consiste la dévirilisation qui accompagne la grande découverte érotique et homosexuelle du captain. Grâce au très grand talent d'écrivain de Mohamed Leftah, ce sujet scabreux, qui pourrait paraître réservé à des lecteurs avertis, devient au contraire d'une sorte d'évidence et de transparence qui confère à la situation une sorte de naturel sans équivoque. Dans les très nombreuses relations sexuelles qui l'unissent à son jeune amant nubien, à la fois puissant et doux, le *captain* est toujours le partenaire passif, stigmatisé par un mot arabe extrêmement infamant, tandis que le jeune garçon est au contraire d'une activité dite et reconnue comme virile par le sens commun ; il est le partenaire actif par une sorte de commun accord entre les deux, qui n'a d'ailleurs pas besoin d'être précisé par un débat ou une discussion. Et l'une des découvertes merveilleuses de la vie qu'ils ont ainsi pu mener pendant quelque temps est que ni l'un ni l'autre ne s'inquiète ni peu ni prou de ce renversement de la hiérarchie sociale, dont on croit comprendre qu'en revanche, elle subsiste quelquefois (ou habituellement ?) dans les rapports homosexuels. Leftah est suffisamment clair pour qu'il ne soit pas question de perversion sado-masochiste,[22] on comprend très bien au contraire

22 On est ici à l'inverse des relations homosexuelles du Baron de Charlus telles que décrites par Proust, notamment dans *Sodome et Gomorrhe* (1921/1922).

que le rapport soumission/domination est ici totalement exclu, ainsi que l'idée traditionnelle d'une virilité qui appartiendrait au seul partenaire actif, tandis que l'autre, ici le *captain*, en serait honteusement dépourvu. Et c'est évidemment cet aspect de leur relation qui produit, pour le *captain* lui-même comme pour les lecteurs du roman, un effet euphorisant, voire une intuition du caractère sublime de la relation érotique.

Ce qui va évidemment à l'inverse du sentiment et de l'opinion profondément ancrés dans la mentalité collective. Ceux-ci expliquent au moins en partie l'effroyable désarroi qui s'empare de l'épouse du *captain*, alors qu'elle ne semblait pas souffrir particulièrement de l'absence de relations sexuelles (pourtant dûment confirmée), entre elle et son mari. Cette absence ne dévirilisait-elle pas le *captain* ? Apparemment pas, ce qui prouve à quel point la notion de virilité est soumise aux stéréotypes qui la définissent dans une société donnée. Dans celle-ci en tout cas, le fait qu'un homme mûr n'ait plus de relations sexuelles avec sa femme fait partie de la normalité.

Il est certain que l'islamisme régnant est une des circonstances qui vont avoir des effets ravageurs puisque la passion du *captain*, qui ne manque pas d'être connue, entraîne une persécution à laquelle il lui est impossible de résister. Privé de cet amour qui donnait sens à sa vie, il sombre dans la clochardisation et l'alcoolisme suicidaire. À cette conception dégénérée et défigurée de l'islam qui s'est imposée en Égypte, le *captain* (et son amant nubien) substituent la dimension mythique de l'Égypte ancienne et pharaonique, se vivant eux-mêmes comme des réincarnations des anciens Dieux. Mais Leftah, qui est un auteur subtilement ironique, voit plutôt ce retour comme une sorte de jeu, une porte ouverte à l'imaginaire et à la poésie. Ce sont là des composantes de la relation érotique qui s'est établie entre eux et qui a tous les aspects à la fois, aussi charnelle que ludique. L'homosexualité et la dévirilisation sont montrées comme des expériences d'une grande plénitude (sans équivalent peut-être), permettant l'appréhension d'un monde autre qui échappe à toutes les formes d'enfermement.

Si l'on se place d'un point de vue chronologique par rapport aux œuvres ici convoquées, il semble bien que ce sont les femmes qui de plus en plus choisissent de s'exprimer par le cinéma. Il serait évidemment absurde d'y voir une forme de virilisation, en revanche on peut sûrement parler d'une évolution et d'un changement. Aujourd'hui les femmes parlent davantage du monde extérieur, alors que les hommes, peut-être, choisissent le repli sur soi. Ou bien faut-il dire qu'ils ne le choisissent pas vraiment, mais qu'ils ont plutôt l'impression que cette attitude leur est imposée ? En tous cas, les hommes maghrébins n'ont plus l'apanage des relations avec le monde extérieur et les femmes maghrébines ne sont plus confinées dans l'espace du dedans. Mais la constitution des États-nations dans cette partie du monde et les valeurs sur lesquelles ils entendent s'appuyer constituent un frein voire un blocage tout à fait évident à l'égard de pratiques sexuelles différentes, certes très présentes mais qu'il n'est pas question de reconnaître officiellement.

Bibliographie et filmographie

Bouamari, Mohamed, *Le Charbonnier*, Algérie, 1972.

Brahimi, Denise, « Déconstruction d'un mythe : la Virilité au Maghreb », dans Claudia Gronemann et Wilfried Pasquier, éds., *Scènes des genres au Maghreb. Masculinités, critique queer et espaces du féminin/masculin*, Amsterdam, New York, Rodopi, 2013, pp. 207-220.

Kassari, Yasmina, *Quand les Hommes pleurent…*, Belgique, 2001.

Kilani, Leïla, *Sur la Planche*, France, Maroc, Allemagne, 2011.

Leftah, Mohamed, *Le Dernier Combat du captain Ni'Mat*, Paris, Éditions de la Différence, 2011.

Les Amis des Archives de Marseille, éd., *Le Soleil fraternel, Jean Sénac et la Nouvelle Poésie algérienne d'expression française*, Marseille, Éditions du Quai, Jeanne Laffitte, 1985.

PARTIE 2

Études cinématographiques

CHAPITRE 5

Circularité sans issue ? *La Citadelle* (*El-Kalaa*) de Mohamed Chouikh

Michael Gebhard

Abstract

In a first comparison to *Rachida*, the following text approaches the question of masculinities in *La Citadelle* by broadly analyzing various cycles on different levels as, for instance, the Algerian Cinema and its history. Therefore, the transition is imposed upon Abdelkébir Khatibi's analysis of sexuality according to the Islam. His conclusion is a circularity which links the metaphysical and societal sphere and which structures any Islamic society. *La Citadelle* shows a conflict based on the encounter of the rigid requirements of this circular system on the one hand, and the social reality and diversity on the other. The movie's protagonist incorporates a concept of masculinity that differs from the prevailing (hegemonic) model. His fervent will to become entirely integrated makes him violate certain rules and codes. Instead of reinforcing the cyclical structure his actions are considered as dishonorable and to be punished but reveal in the same time the performative nature of any masculinity.

> Pourtant ces images qui ne vous lâchent pas,
> rares moments de vérité.
> Tant de résistances pour quelques secondes de lucidité.
> Juste le temps d'apercevoir un autre horizon à travers une fenêtre.
> Les damnés de la terre ne sont pas forcément les meilleurs agents de leur bonheur.[1]

1 Dans son documentaire *Le Profit, et rien d'autre* (2001), Raoul Peck, réalisateur d'origine haïtienne, utilise quelques extraits du film *La Citadelle* de Mohamed Chouikh. Il s'agit plus particulièrement des images de la séquence finale – ces « images du film, les plus bouleversantes » – où le protagoniste Kaddour « marche vers le gouffre où il va se jeter en tenant le mannequin dérisoire dans le bras » tandis qu'une petite fille « hurle avec fureur et désespoir 'Lâchez-moi, lâchez-moi' » (Denise Brahimi, « Images, symboles et paraboles dans le Cinéma de Mohamed Chouikh », dans Michel Serceau, éd., *Cinémas du Maghreb*, Paris, Corlet, 2004,

 | DOI 10.1163/9789004342828_007

Presque 25 ans après la sortie en salle de *La Citadelle* (1988), long-métrage du cinéaste algérien Mohamed Chouikh, les *Cahiers du cinéma* publient un article intitulé « Algérie, citadelle de la douleur ».[2] Cette critique se consacre à *Rachida* (2002), premier film de Yamina Bachir-Chouikh. Ainsi, cette métaphore reprise crée un lien entre ces deux films et évoque implicitement l'image d'un certain cercle, cycle ou bien d'une certaine circularité.

En partant de ce constat et en comparant ces deux films, nous allons retrouver des structures « circulaires » différentes comme par ex. dans l'histoire du cinéma algérien. Notre intérêt pour cette « circularité » est notamment dû au texte « La sexualité selon le Coran » qui y voit le principe de base de la société musulmane. Dans notre analyse du film *La Citadelle* nous allons montrer comment le protagoniste Kaddour ne respecte pas la structure circulaire sociétale. Kaddour est un fils adoptif, non-marié, qui – malgré une forte volonté de sa part – n'arrive pas à s'intégrer « proprement » dans le système circulaire de règles et de conventions communautaires. En s'opposant au modèle dominant d'une masculinité hégémonique, il démasque l'acte performatif de toute masculinité. Ainsi, il interroge puis finit par briser le système circulaire de l'ordre social, ce qui provoque sa punition publique et sa ruine.

Différents volets circulaires autour de *La Citadelle* et *Rachida*

Avant de nous pencher sur l'analyse de *La Citadelle*, examinons la palette de parallèles qui s'imposent en évoquant *Rachida*. En dehors du fait que les cinéastes de ces films sont mariés, qu'ils ont depuis longtemps et à plusieurs reprises travaillé ensemble, leurs deux films décrivent une réalité algérienne. Le plus récent, *Rachida*, compte parmi les premiers films algériens à donner un visage – dans les deux sens du terme[3] – à cette décennie communément qualifiée « noire », et pose un regard rétrospectif sur une période qui vient juste de

p. 158.) Raoul Peck montre ces scènes en alternant les prises de vues avec des enfants haïtiens qui les regardent. Le montage parallèle et la voix *off* qui correspond à la citation ci-dessus lient les images des films et, ainsi, leurs messages socio-critiques.

2 Charles Tesson, « Algérie, citadelle de la douleur », *Cahiers du cinéma* 575, janvier 2003, pp. 80-81.

3 Un visage 'féminin' de surcroît à ce que Jacques Derrida nomme « a virile war » (Jacques Derrida, « Taking a Stand for Algeria », *Parallanx* 4, n° 2, 1998, p. 22. Rappelons que l'image de Rachida est devenue une sorte d'emblème du cinéma algérien voire maghrébin. *Cf.* l'image de couverture de Denise Brahimi, *50 ans de cinéma maghrébin*, Paris, Minerve, 2009).

se terminer.[4] En revanche, l'histoire de *La Citadelle* est ancrée dans un temps et un lieu indéfinis et se focalise sur une structure du pouvoir, patriarcale en l'occurrence, qui « usa l'inganno, il raggiro, per conservarlo e infliggerlo ai più deboli ».[5] Ces deux films, l'un tourné par une femme, l'autre par un homme, se consacrent à la situation et au sort des femmes dans une société au caractère oppressant ou menaçant. Et dans les deux films, la menace (terroriste) ou l'oppression (patriarcale) ont une forte connotation masculine.

Mais alors que les deux générations féminines dont parle *Rachida* n'ont pas de réel contrepoids masculin,[6] le film *La Citadelle*, si « féministe qu'il soit »,[7] choisit un protagoniste masculin « atypique »[8] afin de montrer les fractures douloureuses en germe dans une telle société. Le concept de la masculinité hégémonique[9] constituera un premier modèle d'analyse de cette structure du pouvoir patriarcal. La masculinité hégémonique définit une marge normative qui est « assumptive, widely held, and has the quality of appearing to be 'natural' », sans que cela signifie qu'il y ait un « consensus among all men and women in any national setting about the ideal man ».[10] Mais elle répond à la

> question of how particular groups of men inhabit positions of power and wealth, and how they legitimate and reproduce the social relationships that generate their dominance. Through hegemonic masculinity most men benefit from the control of women.[11]

---

4 S'y ajoutent *L'Autre Monde* (2001) de Merzak Allouache, *El Manara* (2004) de Belkacem Hadjadj, *Douar de femmes* (2005) de Mohamed Chouikh ou *Barakat !* (2006) de Djamila Sahraoui (liste non-exhaustive). Parmi les rares films tournés pendant la période du terrorisme et qui s'inscrivent dans une « veine de dénonciation de l'intégrisme religieux » (Benjamin Stora, *La Guerre invisible. Algérie, années 90*, Paris, Presses de Sciences Po, 2011, p. 89) figurent particulièrement *Bab el Oued City* (1994) de Merzak Allouache (réalisé de façon presque clandestine en Algérie), *Démon au féminin* de Hafsa Zinaï Koudil (tourné entre 1992 et 1993 mais sans aucune sortie officielle) et, moins apparent car sous forme d'une parabole, *L'Arche du désert* (1997) de Mohamed Chouikh.

5 Nike Morganti, « L'esilio degli innocenti », *Nigrizia* 3, 116, 1998, p. 49.

6 Le fiancé de la protagoniste ne joue qu'un rôle de second plan et Aïcha, sa mère, est divorcée comme elle l'avoue à sa fille dans une scène-clé.

7 Brahimi, *50 ans de cinéma maghrébin, op. cit.*, p. 116.

8 *Ibid.*, p. 117.

9 *Cf.* Raewyn Connell, *Masculinities*, Cambridge, Polity Press, 1995.

10 Joane Nagel, « Masculinity and Nationalism : Gender and Sexuality in the Making of Nations », *Ethnic and Radial Studies* 21, n° 2, 1998, p. 247.

11 Mike Donaldson, « What Is Hegemonic Masculinity ? », *Theory and Society* 22, n° 5, 1993, 655.

Ainsi, les rares analyses de *La Citadelle* se concentrent essentiellement sur la « question féminine ».[12] Tandis qu'Ahmed Bedjaoui constate que dans le cinéma algérien dit masculin « le rôle de la femme [a] été trop souvent gommé ou relégué à une fonction d'appoint »,[13] le point de vue féminin dans *La Citadelle* s'articule à travers un regard masculin.[14] Mais en même temps, cette médiation est faussée dans la mesure où elle n'aboutit pas : le protagoniste – perdu « entre-les-genres »[15] – ne désire qu'une chose : assumer sa virilité. Ce conflit, à l'intérieur même du « masculin », nous offre de nouvelles perspectives : le protagoniste ne renvoie pas seulement à la situation des femmes opprimées mais aussi à sa propre situation et à sa confusion sur son appartenance. La nature performative de la masculinité devient ainsi clairement visible. À défaut d'exercer cet acte performatif conformément aux règles de la communauté, Kaddour est puni publiquement et choisit de se jeter dans le vide.

Ainsi, il est évident que l'ordre structurant exige la séparation stricte des sexes ce qui implique bien qu'il n'y ait que deux genres et conditionne, par la suite, l'incommunicabilité (*cf.* note 14) entre hommes et femmes.[16] En d'autres termes le choix d'un protagoniste masculin pour remettre en question le modèle prévalant ne réduit pas *La Citadelle* à un film « féministe ». Si Kaddour a des traits dits féminins et si on le considère comme un homme émasculé,

---

12 Cf. par exemple Brahimi, *50 ans de cinéma maghrébin, op. cit.* ou Nike Morganti, « L'esilio degli innocenti », *Nigrizia* 3, n° 116, 1998, pp. 47-49.

13 Ahmed Bedjaoui, « Approche féministe d'un cinéma masculin : le cinéma algérien », *Cinémaction* 43, 1987, p. 146.

14 Dans son bref aperçu du cinéma algérien, Ahmed Bedjaoui ne tire qu'une conclusion mitigée avec un « seul cas tangible d'un amour partagé et non avorté » ; sinon « on assiste à une accentuation de la représentation de l'acte manqué et de l'incommunicabilité entre les deux sexes » (*ibid.*, p. 151). Michel Serceau reprend cet argumentaire vingt ans plus tard et constate que « le reproche [... de] Bedjaoui ne tient [...] plus. Le cinéma maghrébin [...] est effectivement devenu à certains égards un cinéma féministe. » (Michel Serceau, « Questions de genre, question de sexe : les femmes dans le cinéma maghrébin », dans Françoise Puaux, éd., *Le Machisme à l'écran*, CinémAction 99, Condé-sur-Noireau, Corlet-Télérama, 2001, p. 116.).

15 Ce trouble dans le genre rappelle l'œuvre *Gender Trouble* de Judith Butler (New York, Routledge, 1990).

16 Selon Denise Brahimi, la scène-clé de *La Citadelle*, qui représente métaphoriquement l'impossibilité de toute rencontre entre homme et femme, est celle où une femme, soi-disant malade voire folle (d'amour ?), plonge dans une transe et tourne en rond à l'intérieur d'une sorte de mausolée alors qu'à l'extérieur le protagoniste – lui aussi vainement à la recherche d'un remède à ses languissements amoureux – tourne en rond dans l'autre sens : en plus d'être séparés par un mur, ils se déplacent en sens contraire (*cf.* Brahimi, *50 ans de cinéma maghrébin, op. cit.*, p. 73 et 117-118).

il reste cependant un concurrent : non seulement un concurrent « normal » parmi tous les hommes mais avant tout un concurrent au niveau d'un concept de masculinité, connu uniquement au singulier et, en cela, irrévocable. Sa mort après la punition infligée par son père adoptif – le patriarche par excellence – illustre alors la thèse selon laquelle « the crucial difference between hegemonic masculinity and other masculinities is not the control of women, but the control of men ».[17]

Le système circulaire ...

L'évocation d'une circularité nous sert ici de transition à l'essai intitulé « La sexualité selon le Coran » d'Abdelkébir Khatibi.[18] Ce texte aide à comprendre les fondements de la structure sociale, dite « arabo-musulmane », telle que nous la présente *La Citadelle*. C'est une analyse très précise du texte coranique qui met « entre parenthèses toute l'immense archive des gloses et exégèses sur et à partir du Coran ».[19] Car les

> théologies de l'islam, ses savoirs et ses mystiques sont [...] des lectures particulières du Coran, situées historiquement, politiquement, culturellement par rapport à la loi du texte qu'elles interprètent, commentant en l'encadrant selon leur cadre idéologique et leur mode de déchiffrement.[20]

Mais l'acte de parler et/ou d'écrire sur la sexualité *en* Islam reste, comme toute mention *de* l'Islam, un acte de traduction « d'une langue à l'autre, d'une civilisation à l'autre ».[21] Celle-ci doit impérativement recourir à « cette indissociabilité principielle de l'Un et de l'unité absolue ».[22] Comme le constate Christopher Gibbins,

17 Donaldson, « What Is Hegemonic Masculinity ? », *op. cit.*, p. 655.

18 Abdelkébir Khatibi, « La sexualité selon le Coran », dans *Maghreb pluriel*, Paris, Denoël, 1983, p. 175. (Je remercie Claudia Gronemann d'avoir attiré mon attention sur le texte d'Abdelkébir Khatibi.).

19 *Ibid.*, p. 154. Notons en plus que Khatibi exclut explicitement la considération des *hadîths*.

20 *Ibid.*, p. 153.

21 *Ibid.*, p. 150.

22 *Ibid.*, p. 155.

> a discussion of sexuality within an Islamic context has to involve an engagement with the Qur'an ; and, logically enough, one is then necessarily confronted with the question of language and of translation.[23]

Ainsi, et à partir du texte coranique, Khatibi 'traduit' et explique la logique inhérente d'une circularité structurelle en tant que principe de base de la société musulmane et, dérivant du thème spécifique de son approche, de la relation entre homme et femme et de « leur » (!) sexualité[24] – selon les préceptes du Coran.

En partant du constat d'une « extrême pudeur [...] des chercheurs maghrébins (et arabes) quant à ce qu'on appelle 'sexualité' »,[25] Khatibi la qualifie de notion fort récente pour s'opposer au discours foucauldien d'une *scienta sexualis*.[26] Inscrite dans un « ensemble discursif déterminé »[27] sa signification vaut *a priori* pour le monde occidental. Or, la sexualité ne connaît pas d'équivalent dans la langue arabe qui est le discours primordial. C'est la raison pour laquelle il constate qu'« il n'y a pas de concept ou de notion unique qui porte ce nom et qui soit la formulation d'un domaine réservé au sexe ».[28] Il y a cependant ce que Khatibi décrit comme « trame de notion [...] autour de la notion de *nikah* »[29] par référence à l'acte sexuel. Mais, ce dernier s'intègre dans le cycle de la double vie et de la double mort – métaphore du lien entre le divin et l'humain :

> Allah crée l'enfant dans le corps de la femme, le livrant à son destin qui est le cycle de la double vie et de la double mort. Ainsi naît l'enfant selon ce cycle : il est mort, puis il vit, puis il meurt, puis il ressuscite, revenant à Allah.[30]

---

23 Christopher Gibbins, « Calligraphy and Dialogics : Moroccan Writings' Islamic Intertextualities » (1997), http://courses.nus.edu.sg/course/ellibst/poco/paper4.html (visité le 23 novembre 2012).

24 Une sexualité qui, dans cette lignée, ne se laisse pas penser en dehors du métaphysique d'un côté et de la procréation de l'autre, étroitement rattachés dans un lien circulaire. Ce « qui importe, ce n'est pas le concept d'homme ou de femme en tant que tels, mais le principe d'une classification circulaire » (Khatibi, « La sexualité selon le Coran », *op. cit.*, p. 146).

25 *Ibid.*, p. 149.

26 *Cf.* Michel Foucault, *Histoire de la Sexualité,* tome 1, Paris, Gallimard, 1976.

27 Khatibi, « La sexualité selon le Coran », *op. cit.*, pp. 149-150.

28 *Ibid.*, p. 150.

29 *Ibid.* La notion de *nikah* est « marquée par un certain flottement : tantot coït, fornication, tantôt toute relation sexuelle maritale », *ibid.*, p. 174.

30 Khatibi, « La sexualité selon le Coran », *op. cit.*, p. 162.

Au sein d'un tel cycle, la fonction procréatrice est forcément l'un des piliers principaux de tout discours sur et autour de la sexualité, comme c'est le cas dans le christianisme. Tout se réfère au seul Dieu, à l'instance métaphysique absolue, et tout lui est subordonné. Cela vaut aussi pour la différence sexuelle considérée comme secondaire. La relation homme-femme doit suivre les règles sociales strictes d'un ordre de type économique[31] et fixées par le Coran. Peu importe qu'on « l'appelle tribale, patriarcale, polygame, ségréguée, la société islamique [...] est d'abord d'ordre métaphysique »[32] et s'inscrit dans la logique d'une circularité infinie. Son caractère absolu exige une rigueur et un enfermement sur lui-même. Par conséquent, elle dénonce comme une menace et finit par exclure tout ce qui perturbe ou rompt le cercle.

Or, cet argumentaire se veut ni instruction ni jugement moral.[33] Khatibi désire plutôt éclairer et décrire la logique « de la loi (*charia*) sur et autour du sexe »[34] qui demande cette « circularité structurelle entre le plan métaphysique et le plan sociétal ».[35] C'est une logique qui, il faut l'ajouter car cela est essentiel, reste un idéal car « sa réalité [...] est, de tous temps, polymorphe, multiple dans ses effets de manifestation et de simulation ».[36]

... et sa réalisation cinématographique dans *La Citadelle*

La Citadelle nous montre exactement le croisement troublant entre l'exigence de cette logique du circulaire d'un côté et la réalité sociale déviante (si l'on peut utiliser cette expression) de l'autre. Déjà, par sa structure narrative, le film renvoie à l'image d'un cercle. La séquence d'ouverture est l'orchestration

31 D'où le champ lexical : « échange » et « comptabilité » ; « loi », « licite » et « illicite », *ibid.*, p. 170. Pierre Bourdieu reprend et développe cet argumentaire « économique » de Claude Lévi-Strauss. Il dit que c'est « dans la logique de l'*économie* des *échanges* symboliques, et, plus précisément, dans la construction sociale des relations de parenté et du mariage qui assigne aux femmes leur statut social *d'objets d'échange* définis conformément aux intérêts masculins et voués à contribuer ainsi à la reproduction du *capital* symbolique des hommes, que réside l'explication du primat accordé à la masculinité dans les taxinomies culturelles » (Pierre Bourdieu, *La Domination masculine*, Paris, Éditions du Seuil, 1998, p. 49 ; c'est nous qui soulignons).

32 *Ibid.*

33 *Cf.* Khatibi, « La sexualité selon le Coran », *op. cit.*, p. 176.

34 *Ibid.*, p. 150.

35 *Ibid.*, p. 175.

36 *Ibid.*, p. 150. À ce propos *cf.* Gianfranco Rebucini, « Masculinités et production érotiques au Maroc », dans ce volume.

impressionnante d'un mariage collectif qui se répète, à la fin du film, selon une constellation quelque peu différente. Ainsi, le rituel collectif matrimonial encadre le film. De plus, notons que le mariage est au cœur même de cette « loi d'échange »[37] qui régit le système circulaire. La rigueur et l'enfermement structurels qui découlent de ce système se traduisent dans les premières images. Ce sont des murs « durs, taillés dans la roche même », « que rien ne semble pouvoir [...] ébranler »[38] et dont la hauteur se perd dans la noirceur nocturne.

Ce noir profond accentue l'impression de blocage, de piège et provoque encore plus le sentiment d'enfermement.[39] Par contre, *La Citadelle* évoque comme possible « escapade » la fuite réelle au-delà de ses murs citadins – un destin incertain car hors des murs, hors de la généalogie des citadins et surtout hors de l'histoire du film. C'est le personnage de Youcef, dont le spectateur ignore tout, qui incarne cette possibilité. Celui-ci est d'abord emprisonné dans une maison, puis libéré par des enfants pour ensuite s'enfuir sans que les spectateurs ne connaissent jamais la suite de son évasion. Au cours de sa fuite, il rencontre Kaddour, auquel il dit quelques mots sur les conditions inacceptables au sein de la « cité maudite ». Par une parabole, il démasque et critique les mécanismes du pouvoir dans « la citadelle », lieu de son enfermement aussi réel que littéraire. Ses mécanismes fonctionnent en éliminant tout être qui ose mettre à nu ses structures fondamentales. D'après cette parabole, même un simple miroitement est inacceptable si le 'miroir' n'arrive pas à transformer des déficits apparents en atouts. Dans ce sens, Kaddour ne reflète pas ce mode de fonctionnement puisqu'il y oppose un modèle alternatif. Comme il choisit de rester enfermé, il doit par la suite être éliminé – c'est la logique de cette fable.

Le plan sur le village, peu après la séquence d'ouverture, est le symbole de cet enfermement. En effet, il montre le village non seulement à distance et entouré de falaises mais en plus caché derrière une immense roche qui bouche la vue et occupe presque la totalité de l'image (voir fig. 5.1).[40] Notons que, circularité oblige, la même plongée introduit la séquence finale du mariage 'forcé' de Kaddour – la seule différence est l'intensité de la lumière (voir fig. 5.2).

La métaphore de l'enfermement de « la citadelle » s'étend d'emblée à toute la communauté villageoise et devient ainsi le symbole de son endogamie. C'est

37 *Ibid.*, p. 170.

38 Brahimi, *50 ans de cinéma maghrébin, op. cit.*, p. 116.

39 *Cf.* également le sous-chapitre « Images d'enfermement » dans *ibid.*, pp. 72-76.

40 Je remercie Klaus Gerke, directeur de K Films, de m'avoir accordé le droit d'utiliser les images.

FIGURE 5.1 *Le village à l'aube.*

FIGURE 5.2 *Le village ensoleillé.*

tout d'abord le fait du son *off* des chants, youyous[41] et tambours lors de la cérémonie matrimoniale. Dans un plan d'ensemble, qui suit les images murales, la musique rituelle sort littéralement du noir nocturne. C'est un défilé festif qui entre dans l'image du hors-cadre et qui descend, du coin du cadre vers le devant, en traversant l'image dans une sorte de zigzag. Quelques instants après avoir examiné les ruelles désertées, le cadre se remplit de gens qui assistent tous aux festivités.

La Citadelle s'ouvre sur ces images d'un collectif excerçant un rite en commun. La dimension religieuse n'apparaît pas au premier plan, qui montre des actes rituels inscrits dans la conscience collective des habitants. De cette manière, les images accentuent le poids d'une tradition immuable – que le film lie explicitement, nous le verrons par la suite, à la sphère du religieux. Ainsi, l'ensemble de cette chorégraphie est une introduction à la thématique-clé : le rapport entre hommes et/ou femmes, qui entre à travers les murs (aussi réels que littéraires). Tout cela dans un cadre prescrit de traditions et de religion ou bien d'un système (circulaire) régi par la « loi d'échange »[42] déjà mentionnée.

La séquence montre l'arrivée de cinq époux, vêtus d'une robe blanche dont la capuche couvre le visage. Leur entrée à cheval est notamment accompagnée par d'immenses lampions qui illuminent ces festivités nocturnes. Chacun d'eux court vers une maison désignée où attend l'épouse voilée. À l'extérieur de chaque porte, un homme veille à ce que le public puisse voir le drap du lit, maculé de sang. Les rencontres des mariés se déroulent différemment et vont d'un accord silencieux à l'expression d'une déception (soit par gestes, soit

41 « Ces 'youlements' [ou bien youyous] ne font souvent que ponctuer des épithalames inspirés qui se chantent durant les grandes occasions, notamment lors des mariages » (Malek Chebel, *L'Esprit de sérail. Mythes et pratiques sexuels au Maghreb*, Paris, Payot & Rivages, 2003, p. 192.

42 Khatibi, « La sexualité selon le Coran », *op. cit.*, p. 170.

verbalement mais provenant des deux partis) jusqu'à des coups et des combats sanglants. Par le montage, qui mêle ces scènes intérieures à celles de la foule en attente à l'extérieur, le langage cinématographique provoque une tension croissante « between the inside and outside, so that the private is also public, the personal also communal, and the wedding night not a romantic encounter but a social performance ».[43] Ce changement entre les prises de vue des habitants du village d'un côté et les couples mariés de l'autre est accompagné par une réduction de la durée des plans respectifs. Par conséquent, la fréquence des coupes augmente et semble s'adapter au rythme déterminant du chant de la foule. En tant que « bande sonore », ce rythme reste temporellement constant alors que la narration filmique s'accélère, à cause du montage elliptique.[44] En outre, la force et l'insistance de l'extérieur pénètrent à l'intérieur non seulement par le chant masculin toujours audible mais aussi par le son des portes frappées par les gardes : on entend un premier battement dans une scène de rapprochement des mariés qui précède une succession de plans montrant les actions des hommes qui frappent à la porte avant qu'un nouveau plan ramène les spectateurs dans l'une des chambres matrimoniales. Notons, par ailleurs, que le son des battements diffère selon la position de la caméra, ce qui renforce, du côté des spectateurs, « l'effet de réel » et le sentiment d'observer de près l'évènement qui reste invisible pour les citadins à l'extérieur. Cette complicité est essentielle pour la dimension critique du film et c'est l'examen des espaces des deux côtés des murs qui la permet. Ainsi, on l'observe à maintes reprises un montage parallèle au cours de l'œuvre cinématographique.

Suit le gros plan de l'un des mariés, déjà connu parce qu'on l'a vu battre son épouse quelques instants auparavant. Ce plan est suivi par l'enlèvement saccadé d'un objet indéfini du pied féminin et puis par celui d'un versement du thé. Ce même acte de versement terminera la séquence d'ouverture, devenant ainsi en quelque sorte la métaphore d'une certaine détente solennelle après la consommation réussie des mariages.[45] L'impression de relaxation s'installe

43 *Ibid.*, p. 85.

44 Ainsi, le moment crucial du « rite de passage » se réalise dans un hors-temps du temps filmique. Dans son analyse des rituels algériens, Marie Virolle constate que les « moments dits de 'passage' [...] ouvrent une brèche dans le temps ordinaire, instituant un temps hors du temps » (Marie Virolle, *Rituels algériens*, Paris, Karthala, 2001, p. 9).

45 La démonstration du drap de lit maculé de sang est le point culminant de cette séquence d'ouverture. Elle est accompagnée par des applaudissements et surtout des salves de coups de fusils : « Dans la logique du système rituel, le fusil et le coup de fusil [...] sont associés à la sexualité virile. » (Pierre Bourdieu, *Esquisse d'une théorie de la pratique précédé de trois études d'ethnologie kabyle*, Genève, Librairie Droz, 1972, p. 60, note 10).

d'autant plus que le chant, persistant et à caractère de transe, s'arrête.[46] Seul reste audible le clapotis du thé.

Mais, ce plan est tourné en ridicule par le montage suivant qui remplace le jet de thé (voir fig. 5.3a) par celui d'un cheval urinant (voir fig. 5.3b). La mise en scène des deux jets est la même, leurs sons se répondent dans leur tonalité alors que la lueur de l'aube qui entoure le cheval annonce le lever du jour.

C'est dans ce cadre que le film introduit, d'abord en arrière-plan puis en gros plan, le protagoniste Kaddour (voir fig. 5.3b et 5.3c). Celui-ci s'éveille après avoir passé la nuit à l'extérieur du village. Son hébergement ressemble plus à une étable entourée de falaises un peu plus spacieuses que les murs étouffants. Les chants « naturels » des oiseaux et des coqs ainsi que l'aboiement lointain des chiens remplacent les rythmes rituels matrimoniaux tandis que la lumière matinale illumine la scène – contrairement à la noirceur des images précédentes.

La caméra et le montage prolongent et renforcent ces contrastes. Premièrement, la fréquence des coupes est très réduite comparé à la fin de la séquence d'ouverture. Deuxièmement, la caméra se focalise sur une personne seulement, s'en rapproche et adopte son point de vue. Ainsi, la scène s'ouvre sur le plan d'une caméra statique, suivi par un second plan rapproché. Puis, une image subjective suit le regard de Kaddour, ce que confirme le cadre suivant où l'on aperçoit la rotation de la tête lors de ce dernier regard. Après cela, la caméra suit activement les mouvements du protagoniste au moyen d'un léger zoom et d'un travelling panoramique par lesquels l'image s'élargit sur l'environnement rocheux.

La restriction sur un individu au lieu d'un collectif dans un environnement plutôt « naturel » par opposition au village caractérise dès le début le statut marginal du protagoniste selon une esthétique du contraste raffinée. Il se

46 Guy Austin parle du cérémoniel comme un « index of virility » dans lequel l'acte sexuel est un « sexual test set » (Guy Austin, *Algerian National Cinema*, *op. cit.*, p. 84). La notion de « test » pose la question de son évaluation exercée ici par un groupe extérieur. En conséquence, cela renvoie à la notion d'honneur qui dépend, selon Bourdieu, d'un groupe. La volonté absolue de réussir ce « test » est donc « above all *amour propre*, that is to say, in a society in which the individual exists only through the group, the respect and the love of the group » (Pierre Bourdieu, « The Sentiment of Honour in Kabyle Society », trad. Philip Sherrad, dans J. G. Peristiany, éd., *Honour and Shame. The Values of Mediterranean Society*, London, Weidenfeld & Nicolson, 1965, p. 220). Par contre, la fonction du commentaire bruyant de la part du collectif est aussi d'anéantir le silence (féminin) dans la chambre matrimoniale – lieu prescrit et indispensable de « la première rencontre des sexes […]. D'où le chœur suraigu des longs cris […], d'où le fracas aussi de la poudre pour mieux envelopper ce silence-là » (Assia Djebar, *Femmes d'Alger dans leur appartement*, Paris, Éditions des Femmes, 1995, p. 154).

FIGURE 5.3 *Ce montage recueille six images qui illustrent l'introduction du protagoniste Kaddour. Depuis le haut à gauche vers le bas à droite on voit tout d'abord le jet de thé (fig. 5.3a), puis celui d'un cheval urinant avec Kaddour en arrière-plan (fig. 5.3b), ensuite Kaddour en gros plan (fig. 5.3c) suivi du cheval (fig. 5.3d), puis encore une fois Kaddour en gros plan (fig. 5.3e) et finalement Kaddour qui s'en va en direction du village (fig. 5.3f).*

trouve hors du village, hors-cadre lors des événements festifs, c'est-à-dire hors de la communauté en général. Selon les propos de Claude Lévi-Strauss « le rituel est *conjonctif*, car il institue une union [… voire] communion ».[47] Le fait que Kaddour ne soit présent dans aucune des scènes du rite matrimonial, en plus des contrastes au niveau du langage filmique, confirme la thèse selon laquelle il n'est pas un membre intégral de cette union communautaire. En outre, son introduction est suivie par une coupe du village aperçu à distance. Cette plongée est illuminée de la même lueur matinale qu'aux plans précédents, ce qui suppose un continuum temporel et spatial et renforce le sentiment de son exclusion et, paradoxalement, de son enfermement. En effet, son introduction est encadrée d'un côté par la séquence du rite du mariage et de l'autre côté par l'image plongeante sur le village. Cette dernière image est dominée, au niveau sonore, par l'appel à la prière qui retentit dans ce « village-citadelle ». Cette domination est d'autant plus frappante que son volume assez fort ne correspond pas à l'éloignement du village en tant que lieu d'origine soupçonné. C'est pourquoi l'ensemble de cette séquence suggère une assimilation de la communauté citadine et religieuse ; deux communautés qui ne font qu'une et qui fonctionnent, selon nous, suivant le système circulaire dominé par la dimension religieuse sous-jacente.

47 Claude Lévi-Strauss, « La Pensée sauvage », dans Vincent Debaene, éd., *Œuvres*, Paris, Gallimard, 2008, p. 595.

Au cours du film, une multitude de signes renforce l'ordre structurant de la tradition islamique. Que ce soit des images d'enfants qui attendent la *médersa*, ou celles des hommes en train de prier à la mosquée[48] ou interrompant leur travail pour la prière ; celles encore de la mosquée et de l'imam ou bien de son appel à la prière en tant que « bande sonore », comme au début du film. S'y ajoutent diverses citations répétées de versets coraniques pour justifier la subordination des femmes et/ou la supériorité des hommes.

Tous ces éléments sont des traces et des expressions des fondements métaphysiques qui fondent cette société et induisent une structure circulaire entre la dimension métaphysique (ou bien religieuse) et la dimension sociale.

Briser le cercle – mise en question de la masculinité hégémonique

Sidi, marié à quatre femmes et père adoptif du protagoniste, incarne le prototype du masculin ... hégémonique. Le premier rapprochement des deux antagonistes masculins commence par un plan-séquence : Kaddour entre dans la cour de la maison et distribue du lait à chacune des quatre épouses qui logent côte-à-côte derrière une porte différente. Le renoncement aux coupes dans cette scène fait sentir l'étroitesse de l'espace. D'autant plus que la distribution se déroule sous la garde de la « maîtresse » dont le regard vérificateur suit le partage sous forme d'un insert (plan de coupe). Puis la dernière des femmes qui a reçu un bidon de lait rentre dans la chambre où se trouve le « maître ». Ce montage est emblématique parce qu'il ne nous présente pas seulement (et pour la première fois) le patriarche. C'est plutôt le statut marginal de Kaddour – de nouveau hors-cadre – qui est accentué à l'intérieur même de « sa » famille.[49] La relation (adoptive) père-fils semble à première vue quasi inexistante, le fils apparaissant seulement comme un domestique apportant de la nourriture.

Pourtant, Kaddour est encore sous la protection de Sidi. En tant que fils adoptif, il est certes « toujours un autre [mais] il est sexuellement [son] égal ».[50] Cette protection s'exprime dans une séquence qui débute par un panoramique vertical. Celui-ci part de la paroi rocheuse qui limite la cour intérieure de la maison de Sidi : c'est, de nouveau, le sentiment d'enfermement qui règne

48 En revanche, les femmes et Kaddour prient dans la cour de la maison. Dans cette scène qui précède de peu son « mariage », Kaddour est attaché comme un chien pour qu'il ne puisse pas échapper à un mariage qu'il appelle lui-même de ses vœux, ce qui est un peu paradoxal.

49 Seule la « maîtresse » le salue chaleureusement et *vice versa*.

50 Khatibi, « La sexualité selon le Coran », *op. cit.*, p. 172.

même au cœur des maisons familiales. Peu après, les spectateurs entendent les battements à la porte et les cris furieux du cordonnier à l'encontre de Sidi. Ce premier vient porter plainte contre la mauvaise éducation de Kaddour qui, chaque matin, « vient se clouer devant [sa] maison et fait la cour à [sa] femme ». Tandis que les spectateurs entendent les cris et battements, la caméra montre d'abord Kaddour qui va se cacher à l'intérieur.[51] Puis elle suit Sidi lors d'un *travelling* latéral avant de s'arrêter sur un plan encadrant les quatre épouses. Puis la caméra rattrape Sidi, vu de dos pour, enfin, se libérer par un mouvement de grue en franchissant la frontière de la maison non par la porte (comme Sidi) mais à travers le mur. Ainsi, la caméra crée de l'espace et montre les frontières décisives entre l'intérieur et l'extérieur. Par ailleurs, la plongée qui suit sur le groupe d'hommes devant l'entrée accentue l'instance observatrice de la caméra. Son regard se mêle à celui de Kaddour à travers le montage du gros plan suivant. Celui-ci le montre en train d'observer de l'intérieur ce qui se passe en dehors et ce que les spectateurs viennent de regarder en plongée. Ainsi, la caméra crée, de nouveau, une certaine complicité.

Les mots éperdus du « maître » à son « fils » qui suivent la plainte du cordonnier expriment ce qui devient, par la suite, le déclencheur du sort tragique de Kaddour. C'est le sentiment d'honneur grièvement blessé qui mène Sidi au cours du film à promettre le mariage de son fils adoptif – sous la condition qu'il répudierait même ses femmes en cas d'échec. Par l'exécution de la « loi d'échange »,[52] les hommes espèrent pouvoir contraindre Kaddour à se soumettre aux règles sociales en vigueur. Un mariage signifierait l'intégration et la prolongation du système circulaire et, en même temps, la fin de toute responsabilité pour Sidi.

> À l'enfant adoptif, [il] ne [peut] qu'accorder une protection, une aide, un secours [...]. L'enfant adoptif n'a plus de père, il est orphelin de père et il ne peut que devenir à son tour père. [...] Il doit toujours se séparer, rompre avec ses parents adoptifs, étant déjà séparé de ses parents réels. C'est cette double séparation qui fait le destin de l'adoption.[53]

C'est dans cette perspective que Kaddour explique dans une scène-clé la raison pour laquelle il veut absolument se marier : il espère par l'union matrimoniale

51 Si les spectateurs ne connaissent pas encore les raisons de cette visite, Kaddour semble en être déjà bien conscient. Ceci prouve que cette sorte de plainte n'est pas la première et confirme également la thèse que Kaddour connaît très bien les règles et codes qu'il viole – nous y reviendrons.

52 Khatibi, « La sexualité selon le Coran », *op. cit.*, p. 180.

53 *Ibid.*, p. 172.

trouver les repères identitaires qui lui manquent. Cet espoir et ce désir se lisent dans le zoom combiné à un léger travelling sur le héros. Dans un gros plan de son visage, un jeu de violons languissants accompagne ses paroles alors que son regard, ne croisant ni celui de la femme à côté, ni la caméra,[54] se perd au loin, ce qui renforce son caractère de rêveur.

Par ailleurs, Guy Austin voit dans l'absence de consanguinité l'explication du comportement déviant et ainsi la condition même de la marginalisation de Kaddour. Néanmoins, le défaut de « blood-ties with the community » n'est pas en soi un aspect qui détermine le « breaking [of] the unwritten rules within the strictly codified spaces of the citadel ».[55] D'autant plus que Kaddour désire ardemment compenser son statut en tant que non-consanguin par une intégration forcée dans le système circulaire, c'est-à-dire en se mariant. Ceci laisserait supposer qu'il est bien conscient des règles et codes en vigueur.[56] Leurs violations sont, dans ce sens, provoquées par les exigences du système même, qui attribue toute valeur uniquement à ceux qui respectent ses mécanismes. Le fait que Kaddour n'assume pas la marge étroite des types prescrits de masculinité(s) (hégémonique(s)) le force et lui permet en même temps de poursuivre d'autres conceptions qui résultent, par conséquent, du non-respect des lois pourtant connues. Ainsi, il ne s'agit pas seulement d'une blessure et d'une offense mais aussi d'un geste qui rend visible l'acte performatif même de toute forme de masculinité – qui ne peut qu'exister au pluriel.

Pour cela, le protagoniste masculin de *La Citadelle* remet en question la conception traditionelle de l'« 'homme dur' [*rajel*], chef d'une grande famille, qui maîtrise femmes et enfants toutes générations confondues et contrôle

54 Cette scène, et celle où Kaddour s'installe devant la fenêtre de la maison du cordonnier pour observer son épouse, Aïcha, lors des dernières minutes du film, sont les seuls moments où nous entendons de la musique. Par ailleurs, la séquence des regards croisés d'Aïcha et de Kaddour est mise en champ-contrechamp et rappelle *Omar Gatlato*. Les protagonistes des deux films, Kaddour et Omar, observent des femmes qui apparaissent aux fenêtres. Alors qu'Aïcha et Kaddour échangent des sourires, le jeu clair d'une flûte rend la scène presque romantique. Pour cela, les films proposent que « there is a possibility of communication between the two, but the gender segregation that hampers Omar is just as strong in *La Citadelle* » (Austin, *Algerian National Cinema, op. cit.*, p. 83). Je tiens à remercier Denise Brahimi pour avoir attiré mon attention sur la similarité de ces deux scènes.

55 *Ibid.*

56 Sa marche vers le village, tout au début du film confirme cette hypothèse. Il y croise une famille menée par un homme que suivent plusieurs femmes voilées ainsi que des enfants. Lors de leur passage, Kaddour s'installe de dos, vers la ruelle, pour laisser passer cette famille tout en respectant le droit (unique) de regard de la part du marié sur les femmes. Une fois la famille passée, il se retourne vers elle et la caméra – de nouveau subjective – montre un plan correspondant au coup d'œil jeté au défilé par Kaddour.

la sexualité de la femme ».[57] En revanche, il propose un « mâle affectueux et tendre ».[58] Ainsi, Claudia Gronemann constate, dans son analyse d'*Omar Gatlato*, l'existence de cette nouvelle conception de la masculinité que semble également incarner Kaddour. Déjà par « his soft voice and forlorn face he incarnates a gentle, emasculated man »,[59] « atypique et simple [...] qui vit selon ses rêves ».[60] C'est lors de la séquence cruciale, à la fin du film, qu'on entrevoit toute son ardeur ainsi que ce côté affectueux et tendre. Tiraillé entre l'affection et la compréhension face à sa mariée supposée d'un côté – rappelons que ni lui ni les spectateurs ne connaissent l'identité artificielle de la poupée –, et les exigences et le poids des traditions de l'autre, il ne voit plus que le recours à l'assimilation au modèle connu. Les spectateurs rappellent la séquence d'ouverture où le garde qui se trouve devant la porte donne le conseil suivant à Kaddour : afin de « maîtriser » son épouse, il lui faudrait la battre. L'illusion de pouvoir s'assimiler à un modèle de masculinité approprié, d'assumer une sorte de virilité qui n'est pas la sienne, est brisée et démasquée par la découverte du mannequin dévoilé (voir fig. 5.4) dont le sourire figé arrache une larme à Kaddour (voir fig. 5.5).

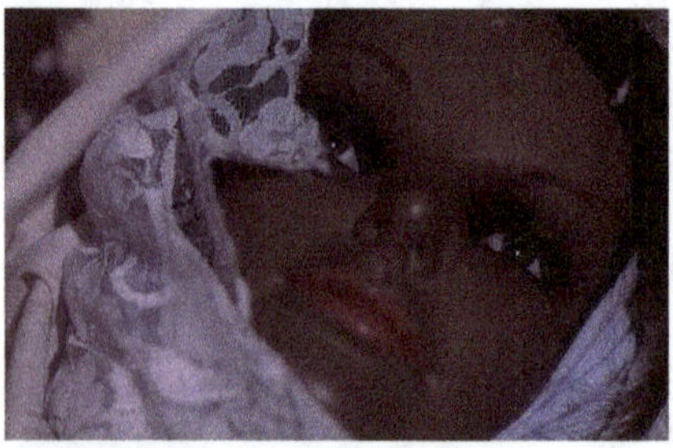

FIGURE 5.4 *Le mannequin dévoilé.*

FIGURE 5.5 *Kaddour verse une larme.*

57 Claudia Gronemann, « *Omar Gatlato* de Merzak Allouache (1997) : une étude de cas sur le masculin », dans Claudia Gronemann et Wilfried Pasquier, éds., *Scènes des genres au Maghreb. Masculinités, critique queer et espaces du féminin/masculin*, Amsterdam, New York, Rodopi, 2013, p. 236.

58 *Ibid.*

59 Austin, *Algerian National Cinema, op. cit.*, p. 83.

60 Brahimi, *50 ans de cinéma maghrébin, op. cit.*, p. 117.

Ainsi, la tragédie de Kaddour est l'échec renforcé par l'interférence du modèle masculin dominant.[61] Celui-ci exige qu'une personne, qui rend visible la fragilité de ses propres bases, soit punie et exclue. Confronté à cette rigidité du système, Kaddour ne connaît plus qu'une issue : se jeter dans le gouffre noir. Le battement cruel au niveau sonore qui imite le battement du cœur commence au moment où Kaddour se tourne vers l'arrière. Il s'arrête au moment de sa mort. Son regard démonté vise la collectivité à l'extérieur. La contre-plongée des plans finaux accentue la supériorité des représentants de ce système. Ils semblent regarder avec indifférence où même se repaître de la vue de ce corps mort. Seules les femmes se détournent et une petite fille commence à crier « Lâchez-moi ! » alors que des mains masculines la retiennent.

Conclusion

En partant du constat de divers volets circulaires, en dehors du niveau de la narration et de sa réalisation cinématographique, nous trouvons un premier rapprochement vers la conception des masculinités dans celui déjà établie par Raewyn Connell dans sa définition de la masculinité hégémonique. Le texte d'Abdelkébir Khatibi fournit une base pour pouvoir comprendre plus largement la structure et la logique d'une société fondée sur la loi de la *charia*. En reflétant, d'une certaine façon, les cercles et cycles présentés en guise d'introduction, le système circulaire de Khatibi s'oriente vers une lecture proche des versets coraniques. Par la suite, nous avons pu constater, autant au niveau de la narration de *La Citadelle* qu'au niveau du langage cinématographique, la réalisation de cette circularité. Pourtant, l'introduction du protagoniste se passe en dehors de cette circularité. Elle nous présente un homme qui n'est pas seulement marginalisé mais qui incarne aussi une conception de la masculinité qui n'égale pas le modèle dominant/hégémonique. Le fait d'être confronté aux exigences du système circulaire en vigueur et la volonté d'y entrer intégralement par des moyens qui ne respectent pas entièrement ces règles et codes, sont la source de l'échec tragique de Kaddour. En s'opposant au modèle de la masculinité hégémonique, il rend visible son instabilité due à son caractère performatif. Ainsi, la désobéissance continuelle est, certes, une attaque du code

61 En revanche, le trouble et l'échec d'Omar dans le film d'Allouache résultent uniquement du manque d'un modèle masculin approprié qui ne le 'tue' pas. *Cf.* Gronemann, « *Omar Gatlato* de Merzak Allouache (1997) : une étude de cas sur le Masculin », *op. cit.*, pp. 221-244.

d'honneur des hommes et surtout de son père adoptif mais aussi une attaque des assises même de leur conception d'une masculinité, conçue au singulier seulement. D'où la décision de le marier avec un mannequin qui renvoie non seulement au statut de la femme mais aussi à la conception de Kaddour lui-même. Reste la petite fille qui crie de fureur et qui, bien qu'elle soit retenue, laisse entrevoir cet espoir lucide dont parle aussi la voix *off* dans le documentaire de Raoul Peck[62] lors du passage de *La Citadelle*. Par ailleurs, *Rachida* se termine en montrant la protagoniste sortant, avec d'autres enfants, du village dévasté et en ruines, après un acte terroriste, pour regagner l'école où elle avait fait cours aux petits du village.

Filmographie

Bab el Oued City (Merzak Allouache, Flash Back Audiovisuel, La Sept Cinéma, Les Matins Films, Thelma Film AG et Zweites Deutsches Fernsehen (ZDF), 1994).
Barakat ! (Djamila Sahraoui, Les Films d'Ici, BL Production et Nomadis Images, 2006).
Démon au féminin (Hafsa Zinaï Koudil, tourné entre 1992 et 1993 ; pas de sortie officielle).
Douar de femmes (Mohamed Chouikh, Acima Films et ENTV, 2005).
El Manara (Belkacem Hadjadj, Machaho Production, 2004).
La Citadelle (*El kaala*) (Mohamed Chouik, CAAIC, 1988).
L'Arche du désert (Mohamed Chouikh, CNC, 1997).
L'Autre Monde (Merzak Allouache, Baya Films, Canal+, Horizons et Lancelot Films, 2001).
Le Profit et rien d'autre (Raoul Peck, arte France et JBA Production, 2001).
Omar Gatlato (Merzak Allouache, ONCIC, 1977).
Pépé le Moko (Julien Duvivier, Paris Film, 1936).
Rachida (Yamina Bachir-Chouikh, Canal+, Ciel Production et Ciné-Sud Promotion, 2002).
Vent de sable (Mohamed Lakhdar-Hamina, RTA, 1982).

Bibliographie

Austin, Guy, *Algerian National Cinema*, Manchester, University Press, 2012.
Bedjaoui, Ahmed, « Approche féministe d'un cinéma masculin : le cinéma algérien », *Cinémaction* 43, 1987, pp. 146-151.

62 Voir note 1.

Bourdieu, Pierre, « The Sentiment of Honour in Kabyle Society », trad. Philip Sherrad, dans J. G. Peristiany, éd., *Honour and Shame. The Values of Mediterranean Society*, London, Weidenfeld & Nicolson, 1965, pp. 191-242.

Bourdieu, Pierre, *Esquisse d'une théorie de la pratique précédé de trois études d'ethnologie kabyle*, Genève, Librairie Droz, 1972.

Bourdieu, Pierre, *La Domination masculine*, Paris, Éditions du Seuil, 1998. 86

Brahimi, Denise, « Images, symboles et paraboles dans le Cinéma de Mohamed Chouikh », dans Michel Serceau, éd., *Cinémas du Maghreb*, Paris, Corlet, 2004, pp. 154-159.

Butler, Judith, *Gender Trouble*, New York, Routledge, 1990.

Chebel, Malek, *L'Esprit de sérail. Mythes et pratiques sexuels au Maghreb*, Paris, Payot & Rivages, 2003.

Connell, Raewyn, *Masculinities*, Cambridge, Polity Press, 1995.

Derrida, Jacques, « Taking a Stand for Algeria », *Parallanx* 4, n° 2, 1998, pp. 17-23.

Djebar, Assia, *Femmes d'Alger dans leur appartement*, Paris, Éditions des Femmes, 1995.

Donaldson, Mike, « What Is Hegemonic Masculinity? », *Theory and Society* 22, n° 5 (Special Issue: *Masculinities*), pp. 643-657.

Foucault, Michel, *Histoire de la Sexualité, tome 1, la Volonté de savoir*, Paris, Gallimard, 1976.

Gibbins, Christopher, « Calligraphy and Dialogics : Moroccan Writings' Islamic Intertextualities » (1997), http://courses.nus.edu.sg/course/ellibst/poco/paper4.html (visité le 23 novembre 2012).

Gronemann, Claudia, « *Omar Gatlato* de Merzak Allouache (1997) : une étude de cas sur le masculin », dans Claudia Gronemann et Wilfried Pasquier, éds., *Scènes des genres au Maghreb. Masculinités, critique queer et espaces du féminin/masculin*, Amsterdam, New York, Rodopi, 2013, pp. 221-244.

Khatibi, Abdelkébir, « La sexualité selon le Coran », dans *Maghreb pluriel*, Paris, Denoël, 1983, pp. 147-176.

Lévi-Strauss, Claude, « La Pensée sauvage », dans Vincent Debaene, éd., *Œuvres*, Paris, Gallimard, 2008, p. 595.

Morganti, Nike, « L'esilio degli innocenti », *Nigrizia* 3, n° 116, 1998, pp. 47-49.

Nagel, Joane, « Masculinity and Nationalism : Gender and Sexuality in the Making of Nations », *Ethnic and Radial Studies* 21, n° 2, 1998, pp. 242-269.

Rebucini, Gianfranco, « Masculinités et production érotiques au Maroc », dans ce volume.

Serceau, Michel, « Questions de genre, question de sexe : les femmes dans le cinéma maghrébin », dans Françoise Puaux, éd., *Le Machisme à l'écran*, CinémAction 99, Condé-sur-Noireau, Corlet-Télérama, 2001, pp. 115-126.

Stora, Benjamin, *La Guerre invisible. Algérie, années 90*, Paris, Presses de Sciences Po, 2001.

Tesson, Charles, « Algérie, citadelle de la douleur », *Cahiers du cinéma* 575, janvier 2003, pp. 80-81.

Virolle, Marie, *Rituels algériens*, Paris, Karthala, 2001.

CHAPITRE 6

Melancholic Masculinity in Nouri Bouzid's *Man of Ashes*

Kristine Hempel

Abstract

The first movie of the Tunisian director Nouri Bouzid, *Man of Ashes*, is often treated as an early exploration of the taboo subject of homosexuality within Maghrebi cinema.[1] This reading is one possibility to explain the quests the movie confronts us with such as the question of why the protagonist Hachemi withdraws himself from the marriage with a young and beautiful girl, or why his best friend Farfat claims to be "not a man".[2] My reading of the film, however, offers a different answer to these questions which does not ground in a possible homosexuality of the protagonists but in the very concept of masculinity in the Arabian-Muslim culture. My approach is based on the theoretical construct of Judith Butler's "Melancholy Gender/Refused Identification".[3] In her theory, Butler parts from Sigmund Freud's melancholy term and modifies the concept in order to criticize the societal norms which force each member of society into a heterosexual gender identity. The formation process of gender identity she describes shows some parallels to the experiences of growing up as a boy in Tunisian culture. Both are directed by rules and prohibitions and correlate with renunciation and dismissal. Just as Butler understands the acceptance of a socially conforming gender

1 *Cf.* Vincenzo Patané, "Homosexualität im Nahen und Mittleren Osten und in Nordafrika", in Robert Aldrich, ed., *Gleich und anders: Eine globale Geschichte der Homosexualität*, trans. Benjamin Schwarz, Hamburg, Murmann, 2007, or Robert Lang and Maher Ben Moussa, "Choosing to Be 'Not a Man': Masculine Anxiety in Nouri Bouzid's Rih essed/Man of Ashes", in Peter Lehman, ed., *Masculinity: Bodies, Movies, Culture*, New York, Routledge, 2001, or see the article of Manuel Billi in this book.

2 Quotation from Nouri Bouzid, *Man of Ashes* (original version with English subtitles, Tunisia, 1986).

3 Judith Butler, "Melancholy Gender/Refused Identification", in *The Psychic Life of Power*, Stanford, Stanford University Press, 1997. The idea to combine masculinity with Butler's theory was introduced in the master course "Filmische Inszenierungen von Queer im postkolonialen Kino (Maghreb, Lateinamerika)" conducted by Claudia Gronemann, University of Mannheim, which I attended in autumn 2011.

 | DOI 10.1163/9789004342828_008

identity as a process of separating all socially prohibited parts or tendencies,[4] I will suggest that the Muslim patriarchal male identity in Tunisia is formed through the forced splitting-off of one's childhood. Following this thought, the formation of the male identity occurs not in dissociation from the feminine or homosexuality, as Butler claims,[5] but from childhood. The result is a melancholic incorporation of the prohibited which leads to the conclusion that the traditional male identity in the Maghrebi culture is a "melancholic masculinity". The reason for Hachemi's and Farfat's denial of the norm is their lacking ability or willingness to split off their childhood and deny any connection to their inner child in order to meet the social requirement of taking over a normative – and thus melancholic – male identity.

The Concept of Melancholy

The concept of melancholy Judith Butler works with was established by Sigmund Freud who describes melancholy as the consequence of the loss of a beloved object which the "I" is not allowed to mourn for because social norms or rules forbid it. He identifies the first emergence of melancholy in early childhood when the child is forced to dismiss his mother as a desirable object. This loss hurts so much that it is only bearable by preserving the lost object as a melancholic identification inside the self. By doing so, no final break up occurs with this object and the self can deny the loss: "If the object can no longer exist in the external world, it will then exist internally, and that internalization will be a way to disavow the loss, to keep it at bay, to stay or postpone the recognition and suffering of loss."[6] Following Freud, this identification is an important way to form the psyche and is necessary to establish a "character".[7]

Butler's reading of melancholy is not that positive. She connects the process of melancholic identification with the formations of gender identity. To her, gender identity is the direct result of the norms and prohibitions in heterosexual societies, such as the prohibition of homosexuality.[8] She claims that homosexuality is suppressed even before it arises and as a consequence is incorporated as a melancholic identification. The individual identifies himself with the lost possibility of same-sex love and converts homosexuality into a

4 *Cf. ibid.*

5 *Cf. ibid.*, pp. 135, 137.

6 *Ibid.*, p. 134.

7 *Ibid.*, p. 133.

8 *Cf. ibid.*, p. 135.

part of the self.[9] The renounced desire for the same sex clears the way for another object of desire: the other sex. By doing so, the individual accepts a heterosexual orientation.[10] The society, however, negates that there has been a loss because the taboo is so strong that even the existence of such an option is denied. As a result, it is not possible to discuss or mourn for the loss. This way, the societal norms force the self into a neat heterosexual identity. Any appearance of not following this socially predicted development is sanctioned by the collective. Since heterosexuality emerges through the renunciation, incorporation and the denial of a homosexual attachment, Butler calls the heterosexual gender identity a melancholic one.[11] Since gender identity is enabled by rejection, it always remains unstable. Picking up Freud's example of the little girl, she explains: "If one is a girl to the extent that one does not want a girl, then wanting a girl will bring being a girl into question; within this matrix, homosexual desire thus panics gender"[12] and elsewhere she claims:

> Hence, the fear of homosexual desire in a woman may induce a panic that she is losing her femininity, that she is not a woman, that she is no longer a proper woman, that if she is not quite a man, she is like one, and hence monstrous in some way. Or in a man, the terror of homosexual desire may lead to a terror of being construed as feminine, [...] of being a 'failed' man.[13]

As a consequence, the let us say male self will strive to chop off the inner homosexual and the inner feminine part by trying to perfectly fulfill the heterosexual ideal: "One of the most anxious aims of his desire will be to elaborate the difference between him and her, and he will seek to discover and install proof of that difference."[14] This means that a man, to approve his masculinity, tries to look and behave like what is socially considered as masculine. Melancholic identification thus also has a physical dimension because it also takes place on the surface of the body.[15]

---

9 *Cf. ibid.*, pp. 136–137.

10 *Cf. ibid.*, p. 137.

11 *Cf. ibid.*, p. 146.

12 *Ibid.*, p. 136.

13 *Ibid.*

14 *Ibid.*, p. 137.

15 *Cf.* Sara Salih, *Judith Butler*, London, Routledge, 2002, pp. 56–57.

Since melancholic identification emerges from prohibition and disavowal, Butler believes it to be something unhealthy. The more extended the endeavor to deny any connection to homosexuality or femininity, the bigger is the loss and the bigger is the suppressed sorrow about this loss. To Butler, masculinity and femininity, as well as heterosexuality, are therefore ideals formed by identifications that partly consist of denied sorrow.[16] This way, melancholy contributes to the maintenance of society's rules, but also bears the chance to disturb the norm by affirmatively accepting one's identity as incoherent and flexible and one's melancholic identifications as a part of this identity.[17]

Cultural Melancholy in Tunisia

For the analysis of *Man of Ashes*, I will show the parallels between the concept of melancholy and the formation of the Tunisian masculine adult identity: The sudden change from childhood to adulthood typical in Tunisia works like a forced and brusque demand to reject one's childhood identity and leads to a melancholic incorporation of childhood into the adult's psyche.

Tunisia is a patriarchal country, especially in terms of family life. The Arabian-Muslim father is the head of the family and rules and controls all family members.[18] As Carmel Camilleri knows, this role allocation is marked by strong discipline, hierarchical order, pre-fixed duties and rights as well as solidarity[19] in order to preserve the well-being of the family. Since the family offers safety, reliability and is the central place within society, its social status is more important than the individual's which is why each member bows to the patriarch's order. But not only social recognition determines the concept of the Tunisian family. Religion has a very strong influence as well. Unlike Christianity, Islam does not differentiate between the religious and the worldly sphere but is always present.[20] Translated, Islam means "subjugation under

16 *Cf.* Butler, "Melancholy Gender/Refused Identification", *op. cit.*, p. 139.

17 *Cf. ibid.*, pp. 148–149.

18 *Cf.* Werner Ende, Udo Steinbach, eds., *Der Islam in der Gegenwart*, München, C. H. Beck, 1996, p. 192.

19 *Cf.* Carmel Camilleri, "Erhaltung der erzieherischen Aufgabe der Familie: Untersuchung über das Gleichgewicht innerhalb der Familie hinsichtlich der Beziehungen zwischen Eltern und Jugendlichen in Tunesien", *Kölner Zeitschrift für Soziologie und Sozialpsychologie* 18, 1966, p. 472.

20 *Cf.* Karl Prenner, *Die Stimme Allahs: Religion und Kultur des Islam*, Graz, Wien, Köln, Styria, 2001, p. 290.

God's law"[21] and its detailed rules are fixed within the *Hadith*, a collection of exemplary acts and behaviors which structure the daily life of the faithful.[22] Therefore, norms and the fulfillment of these norms are highly valued within the Muslim culture. Those who differ attract attention as potential dissenters and have a difficult standing in society.[23] For the father, for example, it means that he has to follow the rules that religion and society impose on his role in order to best manage the interests of his household.[24]

Concerning family and education, there are several religious rituals that mark a boy's development from an infantile to a male and adult identity and confirm his status in society. Passing these steps and achieving an identity corresponding to the norms is crucial for social survival. Thus, family and society are, as Scott Homler calls it, "the religious and social collectivities which determine individual 'nature' and confine individuality to socially acceptable norms and limitations."[25] At first, a newborn boy is subordinated to the care of his mother[26] until he joins the society of men. The transition from the female to the male sphere is summarized in one moment: the circumcision. After circumcision, the boy is officially a man and as such moves from maternal instruction to an education at school.[27] Depending on the regarding traditions or possibilities, circumcision takes place at the age of six or seven.[28] The status "man" does not necessarily coincide with the physical appearance or maturity. Although a circumcised boy at the age of seven might neither physically nor mentally meet the western perception of a man, he is absolutely a man within the Muslim context. Circumcision is not only a symbolic transition but does also affect the boy's social responsibility. Usually, it is the start of the boy's

21 *Cf.* Johann Christoph Bürgel, *Allmacht und Mächtigkeit: Religion und Welt im Islam*, München, C. H. Beck, 1991, p. 35.

22 *Cf. ibid.*, p. 35.

23 *Ibid.*, pp. 37–39.

24 *Cf.* Camilleri, "Erhaltung der erzieherischen Aufgabe der Familie", *op. cit.*, p. 473.

25 Scott Homler, *Revolutionizing Masculinity in Francophone North African Literature: Post-Colonialism, Liberationism, and Subjectivity in Question*, PhD diss., University of Minnesota, 1997, p. 18.

26 *Cf.* Giuseppe Sormani et Geographisch-kulturelle Gesellschaft im Kunstkreis, eds., *Nordafrika: Länder und Völker*, Luzern, Kunstkreis-Buchverlag W. Schweizer, 1967, p. 202.

27 *Cf. ibid.*

28 *Cf. ibid.*, p. 204.

professional training.[29] Since education is an important showpiece for the family, it is also one major concern of the patriarch to ensure an apprenticeship.[30]

The second serious moment in the formation of a male identity is marriage. Within few weeks, the parents run through a set of defined rituals followed by the actual wedding. By marrying, the boy again overtakes responsebility for himself and his wife and future family. He receives his own household and is from then on in patriarchal charge of it. As a matter of fact, marriage often means starting a new life and leaving behind the past.

To Nouri Bouzid, marriage is a break-up with the past, because, as he claims, "you are forced to break with your childhood, get rid of the child in you, at least to distance yourself from it as much as possible."[31] To him, this means "throwing away a large part of yourself, perhaps the most intimate part."[32] Achieving a male identity in Tunisia thus correlates with experiences of loss, especially the loss of the childhood. Since the entry into adulthood takes place via rituals, the transition from child to man is no gestation period but a sudden change. As a result, from one day to another childhood is over and has to be left behind. The quickness of this process, as well as the social pressure behind it, forbids the mourning for this lost chapter in the boy's life. Following the theory of melancholy, an unmourned loss leads to the melancholic incorporation of the lost object. To be able to finish with his childhood, the boy has to preserve it inside himself. Reversely, accepting a male identity means that any connection to childhood is prohibited. This requirement, however, is effectively doomed to fail because childhood remains as a part of the psyche. Therefore, a traditional male identity is never stable, but produced through the forced renunciation of childhood. We can read male adulthood therefore as an identity built upon disavowal and the melancholic identification of the disavowed objects. In a system which, with the words of Lang and Ben Moussa, "offers [...] only the options to 'graduate' to respectable masculinity (confirmed by marriage and fatherhood) or to be relegated to a twilight zone of nonsubjectivity as 'not a man'"[33] the boy will strive to physically demonstrate his denial of childhood

29 *Cf. ibid.*

30 *Cf.* Ekkehart Hédi Eckert, *Struktur und Funktionen der Familie in Tunesien: untersucht und beschrieben am Beispiel der Großstadt Tunis*, Maisenhaim am Glan, Hain, 1975, p. 188.

31 Nouri Bouzid, "Note d'Intention: Extraits d'interview donnée par le réalisateur à des journaux tunisiens", *Rih Essed press kit*, New York, Clippings archive of the Museum of Modern Art Film Study Center, quoted in Lang, Ben Moussa, "Choosing to Be 'Not a Man': Masculine Anxiety in Nouri Bouzid's Rih essed/Man of Ashes", *op. cit.*, p. 82.

32 *Ibid.*

33 Lang, Ben Moussa, "Choosing to Be 'Not a Man': Masculine Anxiety in Nouri Bouzid's Rih essed/Man of Ashes", *op. cit.*, p. 94.

by cultivating those attributes and behavior considered masculine. The more he identifies with his past, the greater is his trouble to meet the ideal. Thus the typical characteristics of a traditional male Arab, like a hairy, dark and strong body, a moustache or a beard, serve as indicators of melancholic identification. Analogous to Butler's theory of melancholic gender, Tunisian masculinity is a melancholic one. Regarding the fact that this melancholy is an integral part of the tradetions, norms and values of the Tunisian culture, it may also be described as a cultural masculine melancholy.

Nevertheless, the younger generation claims the change of the traditional family model which generates and reinforces this masculine identity. They long for an increased importance of the individual towards the family and insist on freedom and their own will.[34] In his movies, Nouri Bouzid claims freedom and individuality as well: "In our society the individual is nothing; it's the family that counts, the group. Our cinema is trying to destroy the edifice of the family and liberate the individual."[35] This claim for liberation is reflected in the movie *Man of Ashes* if relating the characters to the concept of melancholic masculinity and evaluating their performance of this cultural ideal.

Man of Ashes

Man of Ashes from 1985/6 was Nouri Bouzid's first movie and succeeded on international as well as on national levels, receiving several prizes such as the *Golden Tanit* of the Carthage Film Days. The movie treats the topic of growing up and reaching manhood by showing the protagonist's inner conflicts a few days before his wedding. Bouzid emphasizes the meaning of marriage as the last step that separates the man from his former life and social relationships:

> After circumcision, marriage is the most significant formal 'rite of passage' [sic!] and it often separates a man from his group of friends. [...] [T]he man who marries ha[s] to renounce the intimacy of his male friendships.[36]

34 *Cf.* Camilleri, "Erhaltung der erzieherischen Aufgabe der Familie", *op. cit.*, p. 475.

35 Nouri Bouzid, "On Inspiration", in Imruch Bakari et al., eds., *African Experiences of Cinema*, London, British Film Institute, 1996, p. 54.

36 Nouri Bouzid, "Note d'Intention: Extraits d'interview donnée par le réalisateur à des journaux tunisiens", in *Rih Essed press kit*, New York, Clippings archive of the Museum of Modern Art Film Study Center, quoted in Lang, Ben Moussa, "Choosing to Be 'Not a Man': Masculine Anxiety in Nouri Bouzid's Rih essed/Man of Ashes", *op. cit.*, pp. 82–84.

As marriage means giving up the closeness of his male friendships to Bouzid, Hachemi renounces to take this step and hence tries to avoid the future wedding and his family who is busy preparing the event. His best friend Farfat struggles with his fate as a male as well. Farfat denunciates himself to be "not a man" because he fears that he will not be able to fulfill the social expectations laid on him. As a consequence, Farfat suffers from the exclusion from his family and lives on the fringes of society.

During their time as apprentices, the boys Hachemi and Farfat were victims of their master Ameur's abuse. This trauma still haunts the grown up friends and makes it impossible for them to develop a socially accepted masculine identity. While Hachemi tries to elude his upcoming marriage, Farfat confronts himself and society with his problems of reaching a traditional male identity by writing on the walls of Sfax that he is "not a man". Finally, Farfat manages to liberate himself from his trauma by killing Ameur.

The movie focuses especially on male figures and presents a variety of masculine identities. Among them are traditional patriarchs represented in the father figures and Ameur, as well as the hyper masculine baker Azaiez, therather conservative but comprehending smith Touil, the apprentice Anis and the absent Jew Jacko and his father Mr. Levy who are all friends of the protagonist.

Melancholic Characters in *Man of Ashes*

The father figures in the movie serve as a paradigmatic masculine ideal. They lead their family with severity to protect its standing in society, while individual problems or issues take second place. As patriarchs, they demonstrate their authority by giving orders and seem to be unapproachable. Hachemi's father, for instance, is introduced to the audience while commanding the preparations for the wedding. His conduct with Hachemi is domineering and hierarchical as to remind his son of his subordinate status. Camilleri interprets such situations in real Tunisian daily life as the parent's reaction to a revolt of their children. He claims that the children's discomfort manifests itself by withdrawing themselves from social life, a behavior which their parents often misunderstand as disrespect.[37] The parallel between this observation and Hachemi's relationship with his father becomes visible in the father's constant reference to his own position and Hachemi's duty to owe him respect: "Answer

37 *Cf.* Camilleri, "Erhaltung der erzieherischen Aufgabe der Familie", *op. cit.*, p. 475.

me when I speak",[38] is one of the orders he gives his son when Hachemi retires from a current conversation.

Besides their authoritarian behavior, the father figures in the movie also physically correspond to the Arabic ideal of masculinity. Hachemi's father has a moustache and his body is big as to assign physical presence. These characteristics mark him as a perfect example of melancholic masculinity: By taking on the role of the patriarch and achieving an adult male identity, he has completed the separation from his childhood and maintains his masculinity by denying this loss. But instead of actually chopping off his past, he has subconsciously preserved it inside himself and on the surface of his body. The incorporation lasts as long and as intensive as he strives to deny his inner connection to childhood and – as a proof – cultivates his virility. This way, physical attributes like the moustache[39] or dominant behavior indicate a melancholic identification. At the same time, the authoritarian father figures also function as preservers of those social norms that lead to melancholic masculinity due to their frightening nature. Mena Mitrano, focusing on Butler's theory of the melancholy gender, explains that it is essentially fear that teaches each person to respect the norms and prohibitions of society.[40] From a cinematic point of view, the camera perspective and picture details reflect the father's authority. In the lunch scene, a shot/counter shot cut presents the conversation between Hachemi and his father. The patriarch is filmed from a worm's-eye view and directly faces his son opposite. Hachemi, in comparison, keeps his view down and the camera imitates his father's perspective from above. The technique emphasizes the status of both men.

Another father figure is Ameur, Hachemi's prior teacher. Through the constellation master-apprentice, Ameur obtains a father-like position[41] towards Hachemi. Like his biological father, Ameur also exercises his authority by scolding and shouting at the boy which marks him a melancholic masculine. The melancholic identification, however, does not limit itself to a masculine body and authoritarian behavior, but has turned the desire for Ameur's own childhood into a desire for children. As Butler writes that one loves what he is

38 Quotation from Bouzid, *Man of Ashes*.

39 *Cf.* Lang, Ben Moussa, "Choosing to Be 'Not a Man': Masculine Anxiety in Nouri Bouzid's Rih essed/Man of Ashes", *op. cit.*, p. 87.

40 *Cf.* Mitrano, "Judith Butler and the Images of Theory", *op. cit.*, p. 72.

41 *Cf.* Jarrod Hayes, "A Man Is Being Raped: Nouri Bouzid's *Man of Ashes* and the Deconstruction of Sexual Allegories of Colonialism", in Maureen Eke et al., eds., *African Images: Recent Studies and Text in Cinema*, Trenton, Africa World, 2000, p. 80.

not allowed to be,[42] the prohibited wish to be a child changed into a desire for those objects that live this forbidden wish: children. From Hachemi's memories, the audience learns that Ameur abused Hachemi and Farfat during their apprenticeship. Both children suffer a trauma from these incidents which remains unmourned and unatoned in the filmic past, and thus complicates the boys' break with their childhood in the present. From the family's perspective, Ameur's behavior is tolerated because they have to thank him that he agreed to train Hachemi after he was expelled from school. Otherwise, Hachemi, as a young man without any profession or educational certificate, would have harmed the family's reputation[43] as his father never tires to repeat: "Have you forgotten what you owe to him?"[44]

Azaiez, another masculine figure in the film, is melancholic without having achieved the status of the patriarch. He is one of Hachemi's friends and supports the traditional family model. In opposition to Hachemi, Azaiez has already rejected his childhood and obtained a masculine adult identity. He even rejected the friendships of his childhood and thus incorporated them as a melancholic identification, as his statement concerning his relationship with Farfat shows: "Friendship, even when burned to ashes, a little always remains".[45] With these words, Azaiez subconsciously grasps the nature of melancholic identifications, which preserve those objects we are forced to dismiss. Azaiez' hyper masculine appearance indicates a very strong loss, sorrow and thus melancholic identification with his childhood. Butler explains this phenomenon in *Gender Trouble*:

> If the heterosexual denial of homosexuality results in melancholia and if melancholia operates through incorporation, then the disavowed homosexual love is preserved through the cultivation of an oppositionally defined gender identity.[46]

Just as the melancholic gender with the homosexual love, Azaiez denies a connection to childhood by excessively underlining his masculine attributes:

42 *Cf.* Butler, "Melancholy Gender/Refused Identification", *op. cit.*, p. 137.

43 *Cf.* Eckert, *Struktur und Funktionen der Familie in Tunesien: untersucht und beschrieben am Beispiel der Großstadt Tunis, op. cit.*, p. 188.

44 Quotation from Bouzid, *Man of Ashes.*

45 *Ibid.*

46 Judith Butler, *Gender Trouble. Feminism and the Subversion of Identity*, New York, Routledge, 1999, p. 88f.

"when one grows a moustache, childhood days are over".[47] He even claims that he has never been a child ("even then I was already a man")[48] and thus strongly denies his childhood and also his loss. This denial, however, makes him melancholic. Farfat, who himself has not chopped off his childhood, is therefore a threat to Azaiez' masculinity which is why he takes into consideration that also Hachemi might be "afraid"[49] of the friend. When the two meet, Azaiez reacts with dislike to Farfat's infantile behavior. By mocking him, he attempts to demonstrate the difference between them in order to distance his own masculinity from the illegitimate identity of his former friend. Furthermore, Azaiez defines his masculinity through the desire for the feminine body. As Ameur has redirected his suppressed desire onto children, Azaiez has diverted it onto women. He longs for the feminine "warmth"[50] as he tells Hachemi when the friend catches him observing the young and scantily clad neighbor washing her window. Since marriage seems to him the one thing to find happiness in, he advises Hachemi to follow tradition, get married and leave the past behind:

> Stop worrying about him, think of yourself and look forward to the warmth. Forget our misery, our cold beds. The long nights, the thirst. You've found warmth and you worry about others. Forget all this. Enjoy life.[51]

Clashing the Norm: Hachemi as an Alternative Masculinity

Hachemi's father, Ameur, and Azaiez correspond to the normative identity of a melancholic masculinity. Nevertheless, with his protagonists Hachemi and Farfat, Nouri Bouzid offers some alternatives to this traditional male identity. Both are not willing or able to complete their transformation into manhood by leaving their childhood behind and thus represent the younger generation of Tunisians that rebel against the tradition and the norm.[52] Another alternative is Mr. Levy, the Jewish father of one of Hachemi's childhood friends. Since Mr. Levy has a different religious and cultural background, his masculine identity does not follow the Muslim norm to ignore the separation from childhood,

47 Quotation from Bouzid, *Man of Ashes*.
48 *Ibid.*
49 *Ibid.*
50 *Ibid.*
51 *Ibid.*
52 *Cf.* Camilleri, "Erhaltung der erzieherischen Aufgabe der Familie", *op. cit.*

and thus allows the recognition of the loss and its sorrow. This mourning takes place when Hachemi and Mr. Levy remember the past and talk about former times. Mr. Levy hence is an alternative masculine father figure which is not based on authority to maintain its virile standing. All of these masculinities offer an alternative to the melancholic identity of the traditional patriarch. For the purpose of this work, I will, however, focus on the protagonist Hachemi whose protest against the norm takes place quietly by withdrawing himself from family life.[53]

As the movie starts with the preparations for the wedding, from the beginning on, the audience finds Hachemi set under the social pressure to fulfill the wedding requirement and take over traditional masculinity. Although the family seems joyful and looks forward to the wedding day, there are also some doubts whether Hachemi will perform as demanded. It is precisely the feminine members of the family that are sensitive of Hachemi's "otherness": his sister is the one able to talk to Hachemi, even in the moments of withdrawal like after Hachemi's quarrel with his father at lunch. His mother is the other family member who maintains a close relationship with Hachemi. She is also the one to express all the social pressure laid on Hachemi and the fear whether he will be up to the requirements of a wedding when she prays: "On the wedding night, I want to be sure he'll be man enough, I want to be sure!".[54] And finally, there is an aunt who addresses first Hachemi's unwillingness or unworthiness of being a man and gets into a tangle with his mother about it. Her doubts come from Hachemi's inability to break with his past and leave behind his old life and male friendships.[55] These hints indicate that Hachemi still rather belongs to the family's feminine members who are responsible for the care of the children, than to the society of men. They know, understand and console him better and he feels more welcome and at ease in his mother's or sister's presence. His self-integration to the group of children is a sticking to the past which is also engraved on his body: Unlike the other men in the movie, Hachemi has a rather childish appearance with white skin and almost no hair on his body. One of his relatives even compares him to a girl: "Hachemi has such white skin, he should have been a girl".[56] This appearance contrasts the traditional masculine ideal as cultivated by the father figures and Azaiez. In this sense, even his body refuses to accept a traditional and socially idealized male identity.

53 *Cf. Ibid.*

54 Quotation from Bouzid, *Man of Ashes*.

55 *Cf.* Lang, Ben Moussa, "Choosing to Be 'Not a Man': Masculine Anxiety in Nouri Bouzid's *Rih essed/Man of Ashes*", *op. cit.*, p. 84.

56 Quotation from Bouzid, *Man of Ashes*.

Nevertheless, this step is a major requirement for the Arabic masculine identity which he has to accept with his wedding and which puts him into a dilemma. As a result, Hachemi is the only person not looking forward to this day of joy and thus is an outsider concerning his own wedding. This position is well captured in the lunch scene, when the whole family is integrated into a conversation and enjoying the meal. The jolly situation contrasts with Hachemi's sad and desperate inner conflict that is reflected on his face and in his words and conduct. Especially the moment, when his bride's grandmother jokes and everyone laughs, Hachemi stands out with his pale, sad face, trying to get through the family convention. The camera shows this moment from different perspectives, always capturing Hachemi as "the other" within the group of relatives enjoying themselves. When the general attention moves on to him and his father starts to question him about the marriage, the pressure becomes unbearable and Hachemi leaves the room and runs away.

In the end of the movie, his family stops his continued escapes and Hachemi must confess that he does not want to marry. His problems with this event stem from the implicated demand to break with his past, a step he is neither able nor willing to do. The reason is on the one hand that he has not yet overcome the traumatic abuse, which causes the past to catch up with him in horrible memories again and again. On the other hand, a break-up with his past includes to a certain degree an abandonment of his friends which serve as a surrogate family to him. The bachelor party at the bar therefore contrasts the lunch with his family. This time, Hachemi is included into the community, laughs and looks the others in the eye. With his friends, he is also able to recall the happy memories of his childhood, especially those of his former Jewish friend Jacko who emigrated with his family. The emigration of his friend caused an abrupt loss to Hachemi, which Bouzid called an "emotional trauma".[57] Although Hachemi suffered from their splitting up, he was not allowed to mourn for it. His father had forbidden him to associate with the Jew: "I don't want you to see him again".[58] Therefore, the friendship they had simply did not exist in the perception of his family and Hachemi incorporated his friendship to Jacko as a melancholic identification. Yet in contrast to other melancholic men, Hachemi does not deny his loss but searches for ways to mourn for it. Besides the company of his friends, Hachemi manages to mourn for his loss also in the past

57 Nouri Bouzid, "Note d'Intention: Extraits d'interview donnée par le réalisateur à des journaux tunisiens", in *Rih Essed press kit*, New York, Clippings archive of the Museum of Modern Art Film Study Center, quoted in Lang, Ben Moussa, "Choosing to Be 'Not a Man': Masculine Anxiety in Nouri Bouzid's Rih essed/Man of Ashes", *op. cit.*, p. 84.

58 Quotation from Bouzid, *Man of Ashes*.

itself as he goes to places of his memory in order to remember. Thus, he creates his own place to mourn, be it a place of his past like the beach or the company of his friends and Mr. Levy.

Another symbolic sticking to the past is a chair leg on which he started working as a kid as the audience learns from his memories. In the filmic present, Hachemi still keeps decorating it, unwilling to finish his work. It is a metaphor for his old childhood life he does not want to give up. Analogous to this life, his work on the chair leg has to end with his marriage, like Farfat comments: "you can't take it with you, when you go".[59] And still there are other indications of Hachemi's clinging to his childhood: A box full of old pictures which he carefully looks after and defends from others, the song he sings with Mr. Levy and his unwavering loyalty to Farfat.

Hachemi's tendency towards the past is cinematically translated by flashbacks which mark Hachemi's memory. In these scenes, the camera follows his younger self through his past. Those flashbacks usually start and end with a close-up on Hachemi's face and alternate in cross cuttings with takes from the present. During the flashbacks, the spectator is put into Hachemi's shoes and relives his memories from the protagonist's perspective. The sound intensifies this inner view because Bouzid brings in not the natural sounds but a selection of diegetic and non-diegetic sounds which appear unusually loud in relation to such tones in reality. They represent the sounds Hachemi remembers, like his beating heart, the bolted door or the laughter and calls of his friends while playing. Another filmic trick applied to further strengthen the impression of Hachemi's inner view is the choice of the hand camera to film the memory scenes and pretend a person's walk. These memories suddenly and uncontrollably break into Hachemi's reality. To him, they mix up the past with the present and thus make it impossible for him to finish with his past. As a matter of fact, this experience is passed on to the audience on a filmic level since the flashbacks also evoke a mixing between the present and the past. Some of these flashbacks even lack the initial mark of a change in time and reality sphere.[60] In the beach scene, Hachemi remembers the fun times he had playing with Farfat and Jacko. Through an eyeline match, the scene builds up the illusion that grown-up Hachemi watches this past plays from the beach house. The cut simulates a concurrent presence of both, the adult and the child Hachemi, who, by shot/counter shot montage seem to look at each other. Another unmarked alteration between present and past occurs when Hachemi remembers his abuse while sitting in the workshop at night. The closing door

59 *Ibid.*

60 *Cf.* Hayes, "A Man Is Being Raped", *op. cit.*, pp. 82–84.

in the present is followed by another closing door. Ameur's face shows up and it turns out that the scene has switched into a memory of the past. From then on, the cut changes between takes from Hachemi's memory and from his current reliving of the scene that in the end leaves the present Hachemi in a crying fit. An apprentice who has been sleeping in the back awakens from the noise. Startled, Hachemi grasps the kid and violently tells him to go home. From present Hachemi's point of view, the camera films the boy's way to the door, while the next take shows young Hachemi opening it and running away. These unmarked transitions abolish the separation of past and present[61] which confuses the spectator in terms of time level and understanding. By the filmic device of parallel montage, past and present overlap and thus symbolically disperse the socially demanded rupture of the man with his childhood past. The cinematic technique thus reflects Hachemi's current state of being captured between the past and the present and passes this experience on to the spectator who himself struggles to distinguish memory and filmic reality. But Hachemi is not merely captured between the spheres by accident, but preserves this state as a new and postmodern form of identity. By accepting his sorrow caused by the loss of his friend Jacko, Hachemi understands his childhood as an essential part of his incoherent adult identity. From his family's and society's point of view, this means losing his masculinity. According to Judith Butler, however, it is this integration of all parts of the self that enables him to occupy a real subject position which manifests itself precisely in this acceptance of an incoherent self.[62] This is where Butler spots a chance to disturb the normative reality.[63]

As Nouri Bouzid works with the protagonist's inner perspective, he manages to generate sympathy among the audience for this character who, from a traditional point of view, fails in receiving a normative masculinity and thus passes to the status of non-subjectivity. Bouzid even makes the spectator identify himself with the protagonist as he takes his perspective, learns his concerns and grows comprehension for Hachemi's conduct and decisions. Through the audience's sensitization for Hachemi's situation, Nouri Bouzid manages to seize the possibility to use an affirmative melancholy as a subversive device, as Butler suggested for the melancholic gender. Bouzid thus places a critique of the social norms without taking Hachemi's side too pithily or offensively. As a consequence, the end of the movie is not definite: Farfat might die or escape – a victory for tradition or rebellion – depending on the spectator's interpretation. Just as Farfat's fate remains unclear, the movie also finishes before

61 *Cf. ibid.*

62 *Cf.* Butler, "Melancholy Gender/Refused Identification", *op. cit.*, p. 149.

63 *Cf.* Salih, *Judith Butler, op. cit.*, p. 135.

the day of Hachemi's wedding and tells this story neither to the end. Thus, whether Hachemi bows to the social norm or succeeds in his rebellion is up to the audience.

Nouri Bouzid's Claim for Liberation

Reflecting masculinity in the movie, it appears that Bouzid presents several types of masculine identities. Doing so, he breaks with the stereotype of "the" Arabic masculinity and unmasks it as an ideal construct being both unachievable and unreal. In fact, masculinity is as diverse as the number of men adopting it. But the critique does not stop here. Taking into account the theory of melancholy, Bouzid not only questions the one-sidedness and the idealistic character of Arabic masculinity but also its formation and mere essence. The movie portrays how Tunisian society insists on a separation of the infantile and adult sphere in order to become a man. The topic of breakup and abandonment is treated throughout the film by the constant social demand – expressed through Hachemi's family and friends – to leave behind the past and join the society of man, accepting a man's duties, like marriage and fatherhood, and behaving in conformity with the social ideal. Yet, taking the perspective of Hachemi, a character who fails in the performance of these cultural requirements, Bouzid draws the attention to the problems of this system. In Tunisia, as in many other Islamic countries, the separation of childhood from adulthood takes place within two ritual moments – circumcision and marriage – and, as a matter of fact, is forced upon the individual. The abrupt change from childhood to adulthood means no natural evolution but a socially imposed cut in the boy's life which leads to the experience of loss – the loss of one's childhood and, therewith, of a part of the self. Childhood and adulthood are namely considered opponents in society; in reality, however, both form the identity. This conflict is mainly solved by denial: men keep rejecting their connection to childhood in order to establish and protect their masculinity. As a result, to overcome the loss, the negated childhood is hereinafter incorporated as a melancholic identification. Since this identification is not allowed to exist, Tunisian men, cultivate a very masculine personality marked by traditionally virile attributes like the moustache or the insistence on male and patriarchal privileges to expose their conformity with the social norms. By this, the loss remains negated and unmourned and the traditional male adult in Tunisia produces an identity based on melancholy – a melancholic masculinity. The movie shows how, due to social prohibition, the artificial construction of this cultural ideal of separating the inner child from the man produces the constant pressure to deny, suppress and reject the connection to childhood. Considering the large number of physical attributes and social behavior it needs to proof the ideal of a through and through masculine and adult identity, the authoritarian father figures in *Man of Ashes* work as a perfect example for the melancholic masculinity. Nevertheless, the conservative younger generation of men, represented by, obtains a melancholic masculinity because they follow the example of the patriarchs. Even the apprentice Anis appears to be melancholic by showing the disposition to abandon his childhood in order to be a "real" man.[64]

With Hachemi and Farfat, however, the movie also includes alternatives to this melancholic identity. Hachemi understands that leaving behind his childhood causes loss and sorrow. Several timnes, he deliberately confronts himself with this sorrow when he remembers his happy childhood days, and involuntarily, each time the ghost of his trauma haunts him and breaks into his thoughts. By exposing Hachemi's problems to accept the traditional male identity, Bouzid questions the structure of a society that grows these melancholic masculinities by norm. The director's choice to show the suffering of his protagonists at the peak of becoming men, he also promotes the ideas of the Tunisian youth to rethink the position of the family and tradition in favor of a larger importance of the individual. This way, Bouzid's work can be considered as a claim for liberation from the cultural male melancholy and the supremacy of family and tradition. He himself explains that the purpose of his work is based on the mission "to destroy the edifice of the family and liberate the individual".[65] In the end of the movie, however, there is no clear final message that celebrates the victory of the boys. Rather, the movie allows the audience to interpret the action as a triumph as well as a defeat which ends up in death or the submission to the establishment. Yet, the movie achieves the spectator's identification with or comprehension of Hachemi's situation by using his point of view. This emotional bondage may cause a rethinking of the societal norms and traditions and the acceptance of such alternatives to melancholic masculinities as presented by Hachemi. As a result, Bouzid finally succeeds in detecting social evils and encourages his audience to question these problems and their reasons.

By reading the movie as a discussion of masculinity in its problematic relation to childhood and society and not homosexuality,[66] I propose and support

64 Anis, "We are not children", in Bouzid, *Man of Ashes, op. cit.*

65 Bouzid, "On Inspiration", *op. cit.*, p. 54.

66 Reading Hachemi's and Farfat's behavior as indicators for homosexuality is a prominent approach among the movie critiques as I have shown in the very first sentence of this article.

the thesis that those lectures with the focus on homosexuality are first of all interpretations from a Western perspective projected on Maghrebi cinema. In her essay on Abdellah Taïa, Claudia Gronemann has shown that the dichotomy heterosexual/homosexual is an essentially Western phenomenon which does not exist in the Arab world.[67] While the Western male individual identifies himself in terms of his sexuality, Muslim Arab society considers sexuality as a part of the religious and social order, as an instrument that guarantees the survival of the masculine lineage. Not individualism but the collective and religion are the points of reference for Maghrebi identity.[68] Maghrebi masculinity is thus likewise defined by its religious and social function, not by its sexuality. In my opinion, an analysis which scrutinizes the movie as an investigation of homosexuality should therefore take into consideration the intrinsic reference to Western perspective which such an approach might contain.

Bibliography

Bouzid, Nouri, *Man of Ashes*, Original version with English subtitles, Tunisia, 1986.

Bouzid, Nouri, "On Inspiration", in Imruch Bakari et al., eds., *African Experiences of Cinema*, London, British Film Institute, 1996, pp. 48–59.

Bürgel, Johann Christoph, *Allmacht und Mächtigkeit: Religion und Welt im Islam*, München, C. H. Beck, 1991.

Butler, Judith, "Melancholy Gender/Refused Identification", in *The Psychic Life of Power*, Stanford, Stanford University Press, 1997, pp. 132–150.

Butler, Judith, *Gender Trouble. Feminism and the Subversion of Identity*, New York, Routledge, 1999.

Camilleri, Carmel, "Erhaltung der erzieherischen Aufgabe der Familie: Untersuchung über das Gleichgewicht innerhalb der Familie hinsichtlich der Beziehungen zwischen Eltern und Jugendlichen in Tunesien", *Kölner Zeitschrift für Soziologie und Sozialpsychologie* 18, 1966, pp. 472–481.

Eckert, Ekkehart Hédi, *Struktur und Funktionen der Familie in Tunesien: untersucht und beschrieben am Beispiel der Großstadt Tunis*, Maisenhaim am Glan, Hain, 1975.

Ende, Werner et Udo Steinbach, eds, *Der Islam in der Gegenwart*, München, C. H. Beck, 1996.

67 *Cf.* Claudia Gronemann, "*lui dire que j'étais* [...] *un homme comme lui*: Autofi(c)ktionales intermediales Schreiben bei Abdellah Taïa", in Christine Ott et Jutta Weiser, eds., *Autofiktion und Medienrealität. Kulturelle Formungen des postmodernen Subjekts*, Heidelberg, Winter, 2013.

68 *Cf. ibid.*

Gronemann, Claudia, "lui dire que j'étais [...] un homme comme lui: Autofi(c)ktionales intermediales Schreiben bei Abdellah Taïa", in Christine Ott and Jutta Weiser, eds., *Autofiktion und Medienrealität. Kulturelle Formungen des postmodernen Subjekts*, Heidelberg, Winter, 2013, pp. 91–106.

Hayes, Jarrod, "A Man Is Being Raped: Nouri Bouzid's *Man of Ashes* and the Deconstruction of Sexual Allegories of Colonialism", in Maureen Eke et al., eds., *African Images: Recent Studies and Text in Cinema*, Trenton, Africa World, 2000, pp. 73–88.

Homler, Scott, *Revolutionizing Masculinity in Francophone North African Literature: Post-Colonialism, Liberationism, and Subjectivity in Question*, Minnesota, University of Minnesota, 1997.

Lang, Robert et Maher Ben Moussa, "Choosing to Be 'Not a Man': Masculine Anxiety in Nouri Bouzid's Rih essed/Man of Ashes", in Peter Lehman, ed., *Masculinity: Bodies, Movies, Culture*, New York, Routledge, 2001, pp. 81–94.

Mitrano, Mena, "Judith Butler and the Images of Theory", in Margaret Sönser Breen et al., eds., *Butler Matters: Judith Butler's Impact on Feminist and Queer Studies*, Aldershot, Ashgate, 2005, pp. 57–80.

Patané, Vincenzo, "Homosexualität im Nahen und Mittleren Osten und in Nordafrika", in Robert Aldrich, ed., *Gleich und anders: Eine globale Geschichte der Homosexualität*, trans. Benjamin Schwarz, Hamburg, Murmann, 2007, pp. 271–302.

Prenner, Karl, *Die Stimme Allahs: Religion und Kultur des Islam*, Graz, Wien, Köln, Styria, 2001.

Salih, Sara, *Judith Butler*, London, Routledge, 2002.

Sormani, Giuseppe, Geographisch-kulturelle Gesellschaft im Kunstkreis, eds., *Nordafrika: Länder und Völker*, Luzern, Kunstkreis-Buchverlag W. Schweizer, 1967.

CHAPITRE 7

La Double Altérité cinématographique de l'Autre maghrébin-homosexuel, entre exotisme, identification et décorporisation

Manuel Billi

Abstract

Cinema is a medium able to weave relations between characters having a different identity status, between the narrator, the fictionalized world and the world's knowledge, between the spectator and the fiction. The analysis of the cinematic encounter between an European Heterosexual Character (EH) and the Other (O) makes it possible to shed light on the narrator's position towards the ethnic and sexual differences. Our contribution aims at identifying major tendencies in 'Maghrebian Homosexual' representations in the Francophone cinema history, focusing on some paradigmatic films such us *Tarik El-Hob* (2001), *L'Homme de cendres* (1986), *Adieu forain* (1998), *Change-moi ma vie* (2001), *Chouchou* (2002), *Le Harem de madame Osmane* (1999). Every tendency involves a particular way of prefiguring and creating textual identities (such as the O character, the O anti-character, the O sociocultural Nemesis, the O sociocultural Role and the Subject) and entails different kinds of internal (between EH and O) and external (between the spectator and O) otherness recognition (illusory, agonistic, analogical, symmetrical).

Le cinéma est l'un des médias aptes à mettre en scène et à tisser une théorie des relations entre personnages au statut identitaire différent ; entre le narrateur, le monde représenté et les productions discursives du monde ; entre le spectateur et l'univers fictif. L'analyse ponctuelle de la « rencontre » entre un personnage dominant HE, hétérosexuel européen, et A, son Autre, en l'occurrence un Autre double, maghrébin et homosexuel, nous permettra d'isoler les différentes structures de sens productives d'altérités cinématographiques, dont chacune est susceptible de révéler une « prise de position » dans le champ des savoirs et des possibilités.

Le cinéma européen a sans aucun doute conditionné, au plus tard vers la fin des années 90, les différentes cinématographies nationales du Maghreb qui cherchaient, de leur côté et pour la première fois, à aborder certaines questions taboues concernant la sexualité. En analysant quelques cas exemplaires

 | DOI 10.1163/9789004342828_009

issus des deux cinématographies, nous parviendrons à décerner plusieurs tendances au sein de la représentation des homosexualités, différents types de personnage homosexuel, de reconnaissance et de regard, et à rendre compte de la dialectique, nourrie de migrations d'images et de figures, de remaniements et de reconfigurations, entre une cinématographie maghrébine, qui interagit avec sa propre tradition iconographique et sa panoplie d'images typées non entièrement assimilable aux représentations sociales européennes des homosexualités, et une cinématographie européenne, qui a déjà figé plusieurs figures de personnage homosexuel à l'écran tout au long du XXe siècle.

Afin de pouvoir retraverser l'histoire récente de la représentation des homosexualités sans prendre le risque de s'égarer en l'absence de repères, nous vous proposons de focaliser notre discours et notre analyse sur trois termes qui nous paraissent cruciaux : celui d'identité, de reconnaissance et de regard de la part du narrateur et des personnages. L'identité est le produit d'une énonciation et d'un partage de sens. Il faut définir et se définir afin de devenir représentable et, plus généralement, accéder à la représentation. Le cinéma occidental et maghrébin ont été et sont, principalement, logocentriques ; ils sont ancrés dans le verbal et la nomination. Les personnages cinématographiques de récits conventionnels se verbalisent et, en se verbalisant (« je suis ceci, tu es cela »), ils prennent conscience d'eux-mêmes, en se présentant au monde et en se rendant reconnaissables aux yeux du spectateur. La diégèse qui en dérive correspondra à un monde explicable et expliqué par le biais des savoirs et des discours qui figent le monde : stéréotypes, représentations sociales, doxa. Si l'identité est représentation, le cinéma peuplé de ceux que l'on pourrait qualifier de personnages-Caractère ou de personnages-Rôle socioculturel est représentation d'une représentation.

Défini par son auteur en une « bluette romantico-kitsch » dédiée à Wilhelm von Gloeden, *Tarik El-Hob* (2001) de Remi Lange est le paradigme d'un type de représentation des homosexualités ancrée dans le verbal et présentant un personnage principal qui vit son intimité en fonction des effets extérieurs qu'un aveu éventuel pourrait engendrer. Karim est un jeune Maghrébin vivant à Paris. Troublé après avoir vu à la télé un reportage sur Siwa, une ville égyptienne où, jusqu'au début du XXe siècle, les hommes pouvaient se marier entre eux, Karim décide de réaliser un documentaire sur l'homosexualité chez les Arabes. Il entame son enquête et rencontre un certain nombre de garçons qui acceptent de témoigner devant sa caméra de leur rapport à leur homosexualité et à leurs origines. Karim se lie d'amitié avec un de ses interviewés, Farid. Karim dit et agit pour les autres, étant saisi et possédé par le démon de la verbalisation du soi, si difficile et complexe qu'elle soit. Dans ce sens, le premier plan du film est révélateur. L'on voit Karim sur la gouttière de son appartement parisien. Sa copine l'invite à rentrer et à arrêter ses bêtises. Cette suspension ou tension vers l'extérieur du personnage, ce besoin de se plonger dans le monde, de s'affirmer dans la société, nie en même temps qu'elle affirme l'intimité des corps, le dedans du non-dit et du non-dicible. La conscience de soi passe par la conscience et les témoignages des autres, jusqu'au moment où l'un des interviewés, Farid, le reconnaît en tant qu'homosexuel refoulé et détourne le point de vue (il s'empare de la caméra et il le filme) afin de l'accompagner vers son *coming out* au Maroc. Les deux personnages se reconnaissent et, par le biais de cette reconnaissance mutuelle, de type identitaire, à la fois positive et symétrique, le spectateur aussi reconnaît et identifie les personnages. Dans le film, A (l'autre) reconnaît A qui reconnaît A, mais on pourrait se retrouver face à un récit où HE (homosexuel européen) reconnaît A qui reconnaît HE, comme dans l'une des séquences les plus importantes de *Change-moi ma vie* (2001) de Liria Bégéja. Le film se concentre sur l'histoire d'amour entre une actrice sur le retour et un ancien sportif (Roschdy Zem) contraint à se travestir et à se prostituer pour survivre et payer sa drogue. La femme accède à l'espace socioculturel du sportif d'origine maghrébine, elle découvre sa communauté avant même de repérer l'homme dont elle est amoureuse. Ne l'ayant pas trouvé chez lui, elle se promène dans le coin et elle le reconnaît, travesti, dans une cabine téléphonique, en train d'appeler ses parents à l'étranger. C'est le moment crucial de la reconnaissance mutuelle : HE reconnaît A, A reconnaît l'amour d'HE. À la fin de ce parcours, à la suite de la mort par overdose de son amour, la femme deviendra elle-même cet Autre dont elle s'était éprise.

La rencontre HE/A peut engendrer deux autres types de reconnaissance interne. J'ai nommé la première « reconnaissance apparente ».[1] Cette reconnaissance se déclenche lorsque la diégétisation d'un personnage faisant partie d'une minorité est le résultat de processus multiples et convergents de réduction et de cristallisation de la différence en un seul trait ou stigmate qui rend le personnage immédiatement identifiable (il marche en roulant des hanches = il est homosexuel) ; l'altérité de ce personnage-Caractère, n'étant pas sujette au temps, sera destinée à être reconnue d'une manière uniquement apparente. HE et le spectateur reconnaîtront le masque d'un Autre qui n'est rien d'autre que son masque, stylisation métonymique d'un personnage réel présupposé.

J'ai enfin appelé « reconnaissance analogique » celle entre deux personnages-Sujet à l'identité indéfinie et insaisissable ; cette forme de reconnaissance de subjectivités fuyantes se réalise lors de la rencontre de personnages à l'identité narrative faible, irréductibles à une catégorie socioculturelle et donc

1 *Cf.* Manuel Billi, *Nient'altro da vedere: Cinema, omosessualità, differenze etniche*, Pise, Edizioni ETS, 2011, p. 40.

reconnaissables uniquement en tant qu'êtres humains, semblables dans la différence.

La reconnaissance ou méconnaissance de la double altérité d'un Autre maghrébin homosexuel est cause et conséquence du type de regard que le narrateur et les personnages HE portent sur A. La reconnaissance apparente est le résultat d'un type de regard que l'on pourrait qualifier de typisant. Reconnaissance apparente et regard typisant sont rattachables à une tendance, dans la représentation des altérités ethniques et sexuelles, que j'ai baptisée ailleurs hétérophagique. Au sein de cette tendance, l'Autre est marqué par une sorte d'isomorphisme entre son appartenance catégoriale et son aspect physique. Tout au long de l'histoire du cinéma du XXe siècle, un type de personnage homosexuel immédiatement reconnaissable s'est imposé : l'homo asexuel de compagnie. L'homo asexuel qualifie son environnement, l'environnement qualifie le personnage ; le premier ratifie et scelle le second et vice-versa. Ce personnage ne vit pas son homosexualité mais il la porte comme l'on porte une robe.

Dans *Chouchou* (2002) de Merzak Allouache, le personnage joué par Gad Elmaleh est un homosexuel travesti d'origine maghrébine. S'agissant d'une altérité double, la différence incarnée par ce type de Caractère est doublement figée. L'actualisation de stéréotypes de différents ordre et niveau, cristallisant les uns la différence sexuelle, les autres la différence ethnique, convergent et contribuent à la réduction de sa multiple altérité à quelques traits-stigmates, une essentialisation ayant pour effet secondaire non négligeable la désexualisation de son homoérotisme et la déculturalisation de sa différence ethnique. Dans ce genre de récit, la condition paradoxale de l'étranger est déclinée en un dépaysement a-culturel susceptible de produire des situations comiques.

Nous retrouvons ce type de personnage homo asexuel dans le film maghrébin *Le Harem de madame Osmane* (1999) de Nadir Moknèche où Atmen Kélif joue le rôle d'un coiffeur homosexuel de blanc vêtu, seul homme admis aux festivités réunissant les femmes avant le mariage. Ce personnage, tout comme *Chouchou*, est reconnaissable en tant qu'homosexuel par ses postures et ses attitudes, mais il ne vit pas son homosexualité, sa fonction narrative primaire étant de pousser les invitées au mariage à réagir face aux mensonges et aux mauvais jeux du marié de l'épouse.

À côté des homo asexuels-Caractère, le cinéma franco-maghrébin est parsemé de figures d'homosexuel dont l'origine est plutôt historico-littéraire, tel le Dandy décadent. Ces homos, aussi bien Caractères que les homos de compagnie, constituent la mise en forme d'une homosexualité inventée au second dégrée. Si les réalités historiques ou les inventions littéraires qui président à la construction de ces personnages avaient un primitif contenu de vérité, les fictionnalisations suivantes en ont momifié les traits d'une manière exponentielle. Dans la configuration cinématographique de ces personnages peuplant des imaginaires ou des réalités historiques préalables, les homosexuels deviennent des figures. Les personnages littéraires, une fois « sortis » du texte-source, ont été incorporés dans le sens commun, et c'est sous cette forme qu'ils rentrent dans des récits filmiques hétérophagiques. Nous en avons différents exemples dans la cinématographie européenne, où l'on retrouve, en se focalisant uniquement sur les récits se déroulant au Maghreb, des Dandys romantiques désexualisés ou à la sexualité expliquée et explicable par le biais des savoirs qui ont rendu compte de ces figures tout au long de l'Histoire. Tant dans *Les Nuits fauves* (1992) de Cyril Collard que dans *Les Équilibristes* (1998) de Nikos Papatakis, les personnages homosexuels sont façonnés à l'image d'un Jean Genet, d'un Tennessee Williams ou d'un Paul Bowles éclairés et catégorisés par des décennies d'interprétations cherchant à les appréhender. Suivant Marcel Proust, « les paradoxes d'aujourd'hui sont les préjugés de demain ».[2] Genet et Williams étaient, à leur époque, des paradoxes ; les personnages homosexuels les évoquant, directement (*Les Équilibristes*) ou indirectement (*Les Nuits fauves*), relèvent plutôt du préjugé, du cliché, d'un sens devenu commun. Ces diégétisations des homosexualités, n'ayant aucune implication politique, renvoient à une exotisation de base de l'Arabe et à une cristallisation de l'intellectuel, qui sublime la beauté et la pureté du mâle autochtone. Une beauté à conquérir, une pureté dans laquelle puiser afin de se régénérer et revenir en Europe différent de ses semblables.

Le discours s'avère en revanche plus complexe lorsque cette réification para-littéraire de l'altérité sexuelle, ayant pour objet un occidental, est opérée par un réalisateur maghrébin. Dans ce cas, l'hétérophagie révèlerait, suivant Edward W. Said, une sorte d'« orientalisme inversé ».[3] On appelle orientalisme inversé la réaction du monde arabe à l'exotisation mise en acte par les occidentaux pour figer l'altérité de l'oriental. Cette réaction « s'inspire des mêmes thèmes que l'orientalisme proprement dit, mais se concentre sur l'autre que représente l'occidental ».[4] Dans des films comme *Bezness* (1992) de Nouri Bouzid par exemple, cohabitent deux formes différentes de regard sur les homosexualités, selon que le personnage homosexuel est européen ou maghrébin. Si le prostitué, joué par Abdellatif Kechiche, est ce qu'on a qualifié

2 Marcel Proust, *Jean Santeuil : Les Plaisirs et les Jours*, Paris, Gallimard, « Pléiade », 1971, p. 110.

3 *Cf.* Edward W. Said, *L'Orientalisme : L'Orient crée par l'Occident*, Paris, Éditions du Seuil, [1978] 2005.

4 Brian Whitaker, *Parias : Gays et lesbiennes dans le Monde arabe*, Paris, Demopolis, 2008, p. 64.

de personnage-Rôle socioculturel – nous reviendrons bientôt sur ce type de personnage – celui joué par Manfred Andrae, l'Allemand, est un personnage-Caractère selon lequel « la lecture donne autant de plaisir que le corps. Parfois plus ». Cette cristallisation de la figure de l'homosexuel européen, épris de la culture et des hommes arabes, véhicule un message politique très clair, ce dont il n'est pas du tout question dans des films français tels que *Les Nuits fauves* ou *Les Équilibristes*. Comme le rappelle Whitaker dans *Parias*, même dans la littérature arabe moderne, les rapports entre personnes du même sexe impliquent des étrangers, même lorsqu'ils sont évoqués par des auteurs progressistes. Ils se transforment souvent en métaphore politique décrivant, selon Frédéric Lagrange, le conflit entre le monde arabe et l'Occident comme un rapport sexuel et un combat pour dominer l'autre.[5] Cet aspect est certainement à la base de la stigmatisation, dans *Bezness*, non pas de l'homosexualité en tant que telle, mais de l'exploitation paracoloniale du corps de l'autochtone de la part de l'homme, en l'occurrence homosexuel, européen.

La reconnaissance identitaire symétrique (pour l'équilibre dans l'assignation des rôles et des fonctions) et positive (pour les effets qu'elle produit sur les consciences des personnages) est la conséquence d'une forme de regard sur les homosexualités du type constituant. J'ai baptisé cette tendance au sein de la représentation des homosexualités au cinéma hétérodialogique. À la différence du personnage-Caractère, l'homosexuel maghrébin-Rôle socioculturel est perméable, mutable, sujet au changement, mais prêt à s'arrêter pour dire et se dire au monde. L'actualisation de stéréotypes positifs et de représentations catégoriales sert à encadrer la double identité autre du personnage auprès de sa communauté d'appartenance, cela à travers la dissémination, dans le temps et dans l'espace du récit, de marques identitaires tant dans le verbal (« je suis homosexuel », « je suis arabe », « je suis maghrébin ») que dans le cadre des objets socioculturels (etc.). Dans ce genre de récits, la question identitaire devient objet du discours. Tous les éléments de la mise en scène et en récit concourent au déploiement d'une identité qui se définit en se révélant et en se communautarisant et qui demande également au monde, d'être reconnue.

La production d'un discours filmique et narratif identitaire autour de la sexualité trouve son événement dynamique et touche son acmé dramatique en correspondance de l'aveu de désirs refoulés ou d'actions honteuses, de la révélation des secrets les plus intimes. Cette mise en discours de la sexualité

---

5 Frédéric Lagrange, « Male Homosexuality in Modern Arabic Literature », dans Mai Ghoussoub et Emma Sinclair-Webb, éds., *Imagined Masculinities : Male Identity and Culture in the Modern Middle East*, London, Saqi Books, 2000, pp. 169-198 cité dans Whithaker, *Parias*, *op. cit.*, p. 65.

opère une contextuelle désexualisation du corps et une marginalisation du sexe à l'écran. Dans le film de Remi Lange cité plus haut comme paradigme du logocentrisme du cinéma identitaire, le corps et le sexe sont en effet absents.

Les récits révélationnels sont rattachables à la tendance hétérodialogique. Le récit révélationnel est une déclinaison du *Bildungsroman* ou roman d'apprentissage et a pour personnages principaux des adolescents ou des jeunes hommes en quête identitaire. La mise en scène du segment génératif ou résolutif de l'aveu se caractérise par l'alternance des champs/contrechamps des parties du dialogue, suivant une scansion traditionnelle. Avant d'assister à l'aveu, le spectateur cerne le personnage à partir d'indices. L'auto-identification confirmera l'identité sexuelle initialement inférée de ce nouvel A et préparera le moment génératif ou résolutif de l'aveu familial ou public. Dans le film choral *Viva Laldjérie* (2004) de Nadir Moknèche, l'on retrouve un adolescent de bonne famille qui fréquente les boîtes branchées d'Alger et des lieux de drague. Des indices et des postures particulières nous suggèrent, d'une manière plutôt directe, l'identité sexuelle du jeune homme. Reconnu par le spectateur, il est enfin reconnu en tant qu'homosexuel par une prostituée, fréquentée par le père du jeune homo, qui le voit avec un autre dans les toilettes. Quelques jours après, le jeune se rend à la maison close où la femme exerce sa profession. C'est le moment de l'aveu, de la révélation et d'une requête motivée par la peur : « Tu vas tout lui raconter [à mon père, Ndr.] ». La prostituée rebondit : « Je m'en fous, tu baises avec qui tu veux ». Le jeune commence à pleurer, la prostituée devient sa confidente, une figure typique du cinéma révélationnel. Le jeune est ensuite arrêté par la police et amené au commissariat avec un jeune prostitué. Il est sauvé par la prostituée, qui se rend au commissariat. Il n'a d'autre choix que de quitter son pays, où aucune reconnaissance familiale ou sociale n'est possible : « Je vais quitter ce pays, c'est mieux pour moi ».

Dans les récits révélationnels, l'affirmation de soi est un acte performatif, social et culturel : le personnage homosexuel-Rôle socioculturel payera toujours les conséquences d'une déclaration générative ou résolutive, ou plus en général d'une attitude susceptible d'être stigmatisée, en suivant une scansion visuelle et narrative précise : révélation et/ou épiphanie de la différence (champ), réaction de HE/société, compréhension ou condamnation (contre-champ).

Dans *Le Soleil assassiné* (2002) d'Abdelkrim Bahloul, portrait du poète Jean Sénac, le spectateur identifie le personnage en tant qu'homosexuel par le biais d'une séquence révélatrice dans laquelle le poète croise sur son chemin un jeune arabe qui deviendra son amant. Tout passe par le regard, dénotant une reconnaissance mutuelle, symétrique et positive, et par quelques mots discrets mais suffisants : « je connais des choses plus intimes sur toi, tu aimes la beauté des citoyens [...]. Je serai ton ami ...», lui dit le jeune arabe. La sexualité est ici, certes, une question privée, mais pourtant elle s'affirme, comme dans tout récit identitaire, toujours à l'extérieur, en entraînant des conséquences sociales redoutables. Dans une autre séquence, pendant une lecture de poésies, un arabe musulman intégriste, assis dans le public, se lève et s'adresse au poète : « J'ai entendu dire que vous n'êtes pas marié. Que vous avez une vie sexuelle un peu bizarre. Bref, que vous êtes un homosexuel ». Sénac rebondit : « Posez votre question ! ». L'intégriste relance : « Est-ce que c'est vrai ? Dans ce cas, croyez-vous être un bon exemple pour la jeunesse de ce pays ? » Sénac conclut :

> L'exemple que je donne à la jeunesse est celui d'un travailleur socialiste et progressiste, qui va au contact des gens. Vous devriez profiter de ce que j'ai à vous donner au lieu de savoir ce que je fais le soir chez moi. Oui, je suis un homosexuel. Mais je préfère être un homosexuel qui n'ennuie personne avec sa sexualité qu'un censeur et un moraliste qui cherche à faire scandale en questionnant les gens sur leur vie privée en public.

Le public applaudit et donc reconnaît, dans les deux acceptions du terme, l'homosexualité du poète. Ce dernier lance ainsi son défi à la société musulmane, et cela aura pour conséquences immédiates la stigmatisation, la marginalisation et le meurtre du poète.

L'Homme de cendres (1986) de Nouri Bouzid, en arabe, constitue un cas particulier de film révélationnel sans révélation. Le film raconte l'amitié particulière qui lie deux jeunes hommes, Hachemi et Farfat. Si le premier traverse une période de déchirement, la date de son mariage forcé s'approchant, le deuxième est victime de la stigmatisation publique de son homosexualité présupposée. Quelqu'un écrit sur le mur devant sa maison « Farfat n'est pas un homme ». Nous avons ici une sorte de révélation à moitié. En effet, l'on apprendra par la suite que Farfat est l'auteur de ce message, seule et unique manière de se dire au monde, bien que par le biais d'une périphrase. Hachemi, en revanche, vit sur sa propre peau les conséquences sociales de sa différence sans pour autant la verbaliser : « Je n'ai jamais joué devant personne », « il y a des choses difficiles à dire », dit-il au vieux juif Lévy. Dans la séquence où Hachemi rend visite à Lévy pour lui demander des conseils et avoir un peu de réconfort, le juif s'endort/sombre dans le sommeil une seconde avant que le jeune puisse lui avouer son homosexualité. Toutes les manifestations d'homoérotisme se situent dans le passé (les *flashbacks* où l'on découvre qu'Hachemi et Farfat ont été violés pendant leur adolescence par leur employeur libidineux), se confondent avec la pédophilie et la violence et servent à évoquer la psycho-génèse de l'homosexualité des deux jeunes. À la fin du film, l'écriture sur le mur est effacée sans que le spectateur ait pu comprendre ce que les deux personnages principaux sont devenus ou prévoir ce qu'ils vont devenir.

L'exceptionnalité du film de Bouzid par rapport à une tendance à laquelle l'on peut tout de même le rattacher, la tendance hétérodialogique, nous permet de mesurer la différence la plus importante entre les cinématographies française et maghrébine concernant la verbalisation du soi. *L'Homme de cendres*, bien qu'il soit logocentrique, ne parvient pas à verbaliser une différence néanmoins nette, claire, puisqu'elle est stigmatisée par la société, cela en raison de l'impossibilité, dans le monde arabe, de nommer un état, une condition qui, justement, n'a pas encore de nom. C'est au spectateur de donner un nom à cette différence racontée, vécue, punie. Dans ce sens, le film nous rappelle le premier et le seul film français révélationnel sans verbalisation, *Les Amitiés particulières* de Jean Delannoy, qui date de 1964. Les deux films sont le résultat d'une formation de compromis, l'homosexualité n'étant pas omise ou marginalisée comme dans un autre cas qu'on verra bientôt. Elle est identifiable mais indicible, puisqu'elle n'a pas de nom pour se dire. Suivant Malek Chebel, le vocabulaire qui rend et pétrifie les « marginalités » dans les pays du Maghreb

> exprime à lui seul le caractère délétère attribué à toute attirance pour le même sexe […]. Les signes de l'appartenance sexuelle doivent être, en cette occurrence, distincts et ne pas prêter à aucune confusion possible : l'homme est sommé d'agir en conséquence et d'affecter autant que possible des comportements expurgés de toute ambivalence. […] La réalité de l'homosexuel maghrébin n'est souvent perceptible qu'au travers d'un échantillon d'images archaïsantes.[6]

Cette réduction de l'homosexualité à des images figées rend difficile, sinon impossible, toute forme de verbalisation, de récit de soi : « la sexualité maghrébine ne se dit pas ; elle est privée de cette parole de grande urbanité qui la rendrait si sublime et si transparente ».[7] *L'Homme de cendres* côtoie, sans jamais l'épouser, un autre type de regard sur l'altérité sexuelle, le regard marginalisant, un regard qui tend à exclure le différent en le reléguant aux marges du cadre et du récit. Un récit qui se focalise sur la relation entre deux jeunes hommes liés par une amitié profonde, peut envoyer des signes ou faire des allusions qui rendent problématique l'encadrement de personnages à l'identité

---

6 Malek Chebel, *L'Esprit de sérail : Perversions et marginalités sexuelles au Maghreb*, Paris, Lieu Commun, 1988, pp. 17-18.

7 *Ibid.*, p. 19.

narrative forte (des regards tendres, des attitudes ou des discours apparemment incompréhensibles, des réactions disproportionnées, etc.). Le narrateur n'évoque pas directement les motivations et raisons réelles des personnages, mais il en avance d'autres, invraisemblables et non satisfaisantes. Il s'agit d'une sorte d'exorcisme dramaturgique, de dégradation d'un trait du personnage (son homosexualité) qui aurait fait sa différence. Le regard marginalisant nie à A la possibilité de se reconnaître et de se faire reconnaître en tant qu'A. Le personnage dont la sexualité est exorcisée voit comme tous les autres personnages, mais il sera atteint d'une sorte de cécité identitaire : il regarde mais il ne se voit pas, il reconnaît mais il ne peut pas se reconnaître.

L'exorcisme dramaturgique peut avoir des causes différentes (censure, marginalisation intentionnelle ou non intentionnelle de la sexualité) mais entraîne les mêmes effets : la sexualité d'un personnage, omise et marginalisée, remontera à la surface saturer une identité narrative dont les vides attendent d'être comblés. Il s'agit de post-identifications et d'interprétations non arbitraires mais invoquées par le texte. C'est pourquoi les deux personnages de *L'Homme de cendres* ne sont pas véritablement victimes d'un exorcisme dramaturgique puisqu'ils se voient, ils se reconnaissent et nous pouvons les reconnaître en tant qu'homosexuels.

En revanche, le Rabii du film francophone *Adieu forain* (1998) de Daoud Aoulad-Syad, jeune danseur travesti engagé par le forain itinérant et vieillissant Kacem, aurait les mots pour se dire. Or, non seulement il ne se dit pas, mais en plus il ne paraît pas se reconnaître, cela malgré la dissémination, dans le verbal du film, de phrases ambiguës comme : « J'ai toujours voulu être quelqu'un d'autre ». « Depuis cinq ans, nous partagions tout », déclare-t-il dès son apparition, en parlant de son partenaire de scène, disparu avec leur agent. Plus tard, il dit à son ami Larbi, le fils du forain Kacem : « Je n'ai rien à faire avec les femmes » et ignore la patronne de café qui le tiraille. Plus tard encore, il ajoute : « Je suis bien dans ma peau. Je sais ce qu'on dit de moi. Tu connais des gens sur qui on ne dit rien ? » Fragile, rêveur, évanescent, Rabii est un personnage incomplet, une identité mutilée à saturer. Il se déguise, certes, mais son travestissement n'est que professionnel puisqu'il provient d'une tradition qui pousse les hommes à se substituer, sur scène, aux femmes. Rabii est en définitive un personnage à l'identité figée dont certaines actions, certains gestes et certaines postures archaïsantes ne sont pas explicables par ce que le récit nous donne à un dégrée zéro. C'est au spectateur de combler les vides d'un récit sinon clair et non opaque.

Nous parvenons ainsi à la dernière tendance dans la représentation cinématographique des homosexualités, la tendance hétéroagnosique. Les films hétéroagnosiques sont des récits « ouverts » qui paraissent ne finir jamais et semblent être commencé depuis toujours. Marqués par des paroles et des gestes souvent cryptiques, disséminant les traces d'une vie à recomposer, ces récits sont strictement liés à un espace : celui de l'intimité. La diégèse qu'ils dégagent est mimésis d'un monde qui se déploie sans donner de repères ; un monde dans lequel les personnages ne peuvent pas se perdre puisqu'ils sont déjà perdus. Si dans les autres tendances l'altérité fait l'objet d'un discours (socioculturel), dans la tendance hétéroagnosique, elle est l'effet d'un discours paradoxal, non socioculturel mais ontique.

Loin des cadres identitaires qui enchaînent les corps, j'ai baptisé « Sujet » la figure de personnage issue d'une modalité de construction d'êtres fictionnels qui brise le lien génétique entre identité et représentations sociales, discours et savoir du monde. Cette dissolution du personnage dans un contexte socioculturel donné déclenche une indétermination générale qui fait vaciller toute tentative d'identification par relais. Le « social » et ses énonciations, qui encadrent les identités et fixent les frontières entre les personnages Rôle socioculturel ou Caractère, s'avèrent vidés, annulés. Le Sujet est un « je » opaque. Avant et au-delà d'être maghrébin ou homosexuel, le personnage-Sujet est un Je unique et irréductible à une catégorie socioculturelle.

Lieu par excellence de l'irréductible et du pulsionnel, le corps du personnage-Sujet – que l'on pourrait qualifier de corps-performance et opposer ainsi aux corps performatifs des personnages Rôle-socioculturel, dont le faire est un (se) dire autrement – fait preuve de cette unicité irréductible. Au « je suis » des identités fortes aux corps maîtrisés par le logos, le corps-performance oppose une simple attestation de présence : « me voilà ». Un corps tout visage, des caresses prolongées et non accompagnées de paroles explicatives et éclairantes.

Le personnage-Sujet est une figure non localisable, nomade, sujet irrémédiablement en devenir, jamais pour passer. En effet, pour passer, franchir les limites, il faut avoir préalablement identifié et avoir défini les confins qui nous séparent, culturellement, socialement, politiquement, les uns des autres. Le personnage-Sujet « déborde » le cadre identitaire, qu'il soit culturel ou sexuel, sans passer. À la différence de l'espace propre aux récits de Caractères ou de Rôles socioculturels, celui où le personnage-Sujet opère est un espace infini parsemé de seuils vécus mais non traçables. Tout est vécu dans un présent absolu achronique, il n'y a plus de temporalité linéaire mais des sautes, des déclics, suivant les intermittences du cœur. Des intermittences non dicibles, non verbalisables, un cinéma où les corps se montrent sans démontrer quoi que ce soit, à part leurs irréductibilités.

Dans *Les Corps ouverts* (1998) de Sébastien Lifshitz, le jeune héros Rémi déambule sans but, d'une boîte à l'autre, d'une rencontre à l'autre, poursuivi par un cinéaste qui voudrait le recruter pour son prochain film. Rémi, dont la peau olivâtre ne laisse aucun doute quant à ses origines, est un personnage ouvert à autrui, irrémédiablement nomade et sexuellement insaisissable. Aucune verbalisation de soi n'est possible. Il n'est pas question d'exorcisme dramaturgique qui décentre la sexualité (Rémi se masturbe, Rémi fait l'amour avec des hommes). Il n'est tout simplement pas capable de se dire. En effet, seul un corps « fermé » peut se dire, s'identifier. Seulement une identité « forte » (une homosexualité forte, une masculinité ou une féminité fortes) peut se laisser appréhender par le spectateur. À la différence des corps sociaux ou masqués et décorporisés des personnages-Rôle socioculturel et des personnages-Caractère, le corps du Sujet Rémi s'expose et s'impose dans son irréductibilité.

Au sein de la représentation des homosexualités dans le cinéma francophone, le Maghrébin n'a jamais fait l'objet d'une mise en image spécifique et non assimilable aux représentations des homosexuels européens, Caractères, Rôles ou Sujets. La masculinité du Maghrébin homosexuel se confond avec la masculinité de tout personnage reconnaissable en tant qu'homosexuel, indépendamment de ses origines culturelles : une masculinité dévirilisée et désexualisée (Caractère), une masculinité encadrée par les mots et par le contexte (Rôle socioculturel), une masculinité aux traits flous, qui nous échappe tout comme nous échappe l'identité flottante et non catégorisable du Sujet. Toutefois, le personnage homosexuel maghrébin possède une caractéristique qui n'appartient qu'à lui : il incarne une altérité qui est, comme nous l'avons vu, double ; il diffère deux fois d'un personnage HE. Façonné en tant que Caractère, cet Autre à l'altérité double sera victime d'une double phagocytose : de sa sexualité et de sa différence culturelle. Diégétisé en tant que personnage-Rôle socioculturel, l'Autre homosexuel maghrébin rencontrera un double et parallèle ancrage de son homosexualité et de sa différence culturelle dans un contexte socioculturel donné, afin que son altérité soit dicible dans sa multiplicité.

Une analyse de la représentation de cet Autre double ne pourra pas révéler l'appartenance à deux tendances différentes, par exemple hétérophagyque ou hétérodialogique. En effet, un personnage homosexuel maghrébin ne peut pas être tout à la fois un homosexuel Caractère et un Maghrébin Rôle-socioculturel. Deux régimes discursifs, deux formes de représentation ne peuvent pas cohabiter dans la configuration d'une identité narrative. Par conséquent, un personnage homosexuel Maghrébin Caractère sera phagocyté deux fois, sera soumis deux fois à une cristallisation de son altérité, deux fois figé et apprivoisé. Un personnage homosexuel Maghrébin Rôle socioculturel sera identifié et reconnu en tant que différent deux fois. Deux fois il verbalisera sa différence.

Quant au personnage-Sujet, il nous échappera deux fois, sera deux fois insaisissable, deux fois un Autrui qui n'est pas Autre (qu'HE) mais tout un chacun. Dans sa différence irréductible.

Filmographie

Adieu forain (Daoud Aoulad-Syad, Maroc, France 1998).
Bezness (Nouri Bouzid, Tunisie, France, Allemagne 1992).
Change-moi ma vie (Liria Bégéja, France 2001).
Chouchou (Merzak Allouache, France 2002).
Corps ouverts, Les (Sébastien Lifshitz, France 1998).
Équilibristes, Les (Nikos Papatakis, France 1998).
Le Harem de Madame Osmane (Nadir Moknèche, France, Espagne, Algérie 1999).
L'Homme de cendres (Nouri Bouzid, Tunisie 1986).
Les Nuits fauves (Cyril Collard, France 1992).
Le Soleil assassiné (Abdelkrim Bahloul, France, Belgique 2002).
Tarik El-Hob (Remi Lange, France 2001).
Viva Laldjérie (Nadir Moknèche, France, Belgique 2004).

Bibliographie

Billi, Manuel, *Nient'altro da vedere : Cinema, omosessualità, differenze etniche*, Pise, Edizioni ETS, 2011.

Chebel, Malek, *L'Esprit de sérail : Perversions et marginalités sexuelles au Maghreb*, Paris, Lieu Commun, 1988.

Lagrange, Frédéric, « Male Homosexuality in Modern Arabic Literature », dans Mai Ghoussoub et Emma Sinclair-Webb, éds., *Imagined Masculinities : Male Identity and Culture in the Modern Middle East*, London, Saqi Books, 2000, pp. 169-198.

Proust, Marcel, *Jean Santeuil : Les Plaisirs et les Jours*, Paris, Gallimard, « Pléiade », 1971.

Said, Edward W., *L'Orientalisme : L'Orient crée par l'Occident*, Paris, Éditions du Seuil, [1978] 2005.

Whitaker, Brian, *Parias : Gays et lesbiennes dans le Monde arabe*, Paris, Demopolis, 2008.

CHAPITRE 8

Follitudes maghrébines et parodies en tous genres. *Chouchou* (Merzak Allouache) et *La Folle Histoire d'amour de Simon Eskenazy* (Jean-Jacques Zilbermann)

Renaud Lagabrielle

Abstract

In this article, I shall analyse two French comedies, *Chouchou* and *La Folle Histoire d'amour de Simon Eskenazy*, with regard to their innovative representations of Maghrebi transgender characters who enjoy dressing as a woman. The *mise en scène* and the *mise en récit* of these characters featuring a veritable agency can not only be interpreted as a questioning of the binary order of sex, gender and sexuality, but more importantly as a praise of cultural and ethnic diversity. Finally, I will show that these two films are at the same time parodies of the cinematic genre, i.e. comedy, for they play with the codes of the genre and the audience's expectations.

La présence croissante d'acteurs maghrébins dans le cinéma français depuis les trente dernières années s'est accompagnée d'une diversification de leurs rôles.[1] Parmi ces derniers, on note notamment une figure particulière, celle de personnages travestis, personnages anatomiquement hommes qui portent des vêtements de femmes, comme dans les longs-métrages *Miss Mona* (Mehdi Charef 1987), *Pigalle* (Karim Didri 1995), *Origine contrôlée* (Ahmed et Zachia Bouchaala 2001) ou encore *Change-moi ma vie* (Liria Bégéja 2001), mais aussi dans le moyen-métrage *Un fils* (Amal Bedjaoui 2003). Mon article se concentrera sur deux autres films dans lesquels sont mis en scène des personnages maghrébins transgenres[2] : les longs-métrages *Chouchou* d'un des réalisateurs

1 *Cf.* Alec G. Hargreaves, « La Représentation cinématographique de l'Ethnicité en France : stigmatisation, reconnaissance et banalisation », *Questions de communication* 4, 2003, pp. 127-139.

2 Le terme « transgenre » est, comme le rappelle notamment Florence Tamagne, « privilégié par les activistes queer [...] depuis une vingtaine d'années [...] pour désigner tous ceux qui transgressent les normes de genre », de manière à « marque(r) à la fois une rupture avec

 | DOI 10.1163/9789004342828_010

algériens les plus connus, Merzak Allouache, sorti en 2003 et dont le scénario a été co-écrit par Gad Elmaleh, et *La Folle Histoire d'amour de Simon Eskenazy*, du réalisateur français Jean-Jacques Zilbermann, sorti en 2009 et qui est en quelque sorte la suite d'un autre film de Zilbermann, *L'Homme est une femme comme les autres* (1998).

Ces deux films diffèrent à plusieurs égards de ceux cités auparavant, et ce, tout d'abord, parce qu'il s'agit de deux comédies grand public, dont l'une, *Chouchou*, a connu un immense succès. Mais ces deux films se démarquent aussi de leurs prédécesseurs en ce qui concerne la manière dont y sont abordées les questions liées à la masculinité,[3] et donc au genre en général, et à la sexualité. Comme je vais m'appliquer à le montrer, ces deux films proposent des représentations inédites de personnages maghrébins et/ou transgenres, et ce à différents niveaux. Ils se différencient tout d'abord des films du cinéma dit « beur » ou « de banlieue », où l'on trouve avant tout des hommes hétérosexuels à la masculinité exacerbée.[4] Ils se différencient également des films de réalisateurs français sans origine maghrébine, dans lesquels les personnages maghrébins homos sont souvent les objets du désir de personnages blancs, incarnant un rôle-type particulier, « le garçon arabe ».[5] *Chouchou* et *La Folle Histoire d'amour de Simon Eskenazy* se démarquent en outre des films de réalisateurs ou réalisatrices d'origine maghrébine avec des personnages travestis, films dans lesquels le travestissement est le plus souvent lié à la prostitution et où les personnages travestis ne sont pas au centre du récit et n'ont pas de capacité d'agir. Et même quand ces personnages ont une certaine importance pour

---

le discours médical et pathologique ('transsexuel') et avec une conception fixe et binaire du genre (masculin/féminin). La notion de 'transsexualisme' laisse ainsi de plus en plus la place à celle de 'transidentité' » (Florence Tamagne, « Mutations homosexuelles », dans Alain Corbin, Jean-Jacques Courtine et Georges Vigarello, éds, *Histoire de la Virilité, tome 3. La Virilité en crise? XX*e*-XXI*e *siècle*, Paris, Éditions du Seuil, 2011, pp. 351-375, 355). Pour une histoire culturelle du « troisième sexe » en Occident, voir Laure Murat, *La loi du genre. Une histoire culturelle du 'troisième sexe'*, Paris, Fayard, 2006).

3 *Chouchou* a fait l'objet de nombreux articles scientifiques. Parmi ceux-ci, citons ceux qui se consacrent avant tout à la question de la masculinité dans le film : Andrea Khalil, « The Myth of Masculinity in the Films of Merzak Allouache », *The Journal of North African Studies* 12, n° 3, 2007, pp. 329-345 et Dirk Naguschewski et Sabine Schrader, « Die Ordnung der Blicke – Genderkonstruktionen bei Merzak Allouache », dans Susanne Gehrmann et Mechtild Gilzmer, éds., *Geschlechterordnungen in Nordafrika – Umbrüche und Perspektiven in Literatur, Film und Gesellschaft*, Mainz, Donata Kinzelbach, 2008, pp. 113-135.

4 *Cf.* Carrie Tarr, *Reframing Difference.* Beur *and* Banlieue *Filmmaking in France*, Manchester, Manchester University Press, 2005, en particulier pp. 98-110.

5 *Cf.* Maxime Cervulle et Nick Rees-Roberts, *Homo Exoticus. Race, classe et critique queer*, Paris, Armand Colin, 2010, en particulier pp. 81-110.

l'histoire, comme dans *Change-moi ma vie* et *Un fils*, ils n'ont pas d'avenir – ils meurent à la fin du film.[6]

Dans *Chouchou* et *La Folle Histoire*, au contraire, les personnages maghrébins travestis sont non seulement au centre du récit (*Chouchou*) ou décisif pour ce dernier (*La Folle Histoire*), mais ils sont en outre dotés d'une capacité d'agir qui reflète leur position affirmative, et, ce qui me paraît décisif, ils ont un avenir. En outre, dans ces deux films, le travestissement n'est pas seulement lié à un travail tel que la prostitution ou celui d'artiste transformiste mais il est partie intégrante d'une identité sexuée et/ou genrée qui n'est pas réductible au modèle binaire homme/femme – masculin/féminin pensé comme monolithique. Enfin, il faut également souligner que les personnages transgenres des deux films ne sont pas des objets de caricature, qui est habituellement le type de représentation privilégiée des transgenres dans les comédies grand public.

Dans ce qui suit, je vais m'attacher à montrer que ces questions de la capacité d'agir dont jouissent les personnages ainsi que la transgression des limites du carcan hétéronormatif qu'ils opèrent, font d'eux des personnages queer du cinéma français contemporain. Je veux montrer que dans ces deux comédies, le jeu avec des modèles masculins traditionnels s'inscrit dans un cadre plus large de remise en question et de dépassement des identités, identités religieuses, nationales ou ethniques mais aussi sociales. Il s'agira de mettre en avant la manière dont, dans ces films, les personnages travestis révèlent ce que Marjorie Garber désigne comme une « crise des catégories », crise des catégories au cœur de laquelle se trouve la figure de la folle, de la folle travestie, qui apparaît comme une figure éminemment critique de l'ordre dominant :

> [...] le travestissement représente un espace du possible qui structure mais aussi brouille la culture : l'élément disruptif qui intervient ; pas simplement une crise des catégories du masculin et du féminin, mais de manière générale la crise des catégories.[7]

---

6 Voir aussi Darren Waldron, « Sexual/Social (Re)orientations. Cross-Dressing, Queerness, and the Maghrebi/*Beur* Male in Liria Bégéja's *Change-moi ma vie* and Amal Bedjaoui's *Un fils* », dans Sylvie Durmelat et Vinay Swamy, éds., *Screening Integration : Recasting Maghrebi Immigration in Contemporary France*, Lincoln, University of Nebraska Press, 2011, pp. 178-193, ainsi que Brigitte Rollet, « Queer or Not Queer Others : Gender Trouble and Postcolonial French Cinema », dans Florian Grandena et Cristina Johnston, éds., *Cinematic Queerness. Gay and Lesbian Hypervisibility in Contemporary Francophone Feature Films*, Oxford, Peter Lang, 2011, pp. 283-299.

7 Marjorie Garber, *Verhüllte Interessen. Transvestismus und kulturelle Angst*, Frankfurt am Main, Fischer, 1993, p. 32, traduction R. L.

Enfin, nous verrons que les parodies liées aux genres (sexués) participent de parodies liées, celles-ci, au genre cinématographique de la comédie : comédie romantique d'une part, et comédie mettant en scène et en récit des personnages travestis d'autre part.

Avant de nous pencher sur ces follitudes et ces parodies en tous genres, rappelons brièvement l'histoire des deux films : *Chouchou* relate l'histoire d'un Maghrébin, Chouchou/Choukri (Gad Elmaleh), qui arrive clandestinement dans la région parisienne où il est accueilli par le père Léon (Claude Brasseur) qui lui trouve un emploi chez la psychanalyste Dr. Milovavovitch (Catherine Frot), où Chouchou peut travailler habillé en femme. Il/elle travaille également comme serveuse dans un bar de nuit, L'Apocalypse, où elle rencontre Stanislas (Alain Chabat), un aristocrate français avec qui il/elle se mariera à la fin du film, après avoir surmonté ses déboires avec l'inspecteur Grégoire, un officier de police fou qui tente de le/la renvoyer au Maghreb.

La Folle Histoire d'amour de Simon Eskenazy raconte, quant à lui, l'histoire de Simon (Antoine de Caunes), musicien juif à succès de musique klezmer en manque d'inspiration. Un jour d'été caniculaire, sa mère (Judith Magre) vient s'installer chez lui. Naïm (Medhi Debhi), un jeune Arabe avec qui Simon avait couché, tout en ayant une relation compliquée avec un autre homme, s'installe chez lui, sans le lui demander, pour s'occuper de sa mère et Simon finit par tomber amoureux de ce jeune homme qui aime s'habiller en femme. Rosalie (Elsa Zylberstein), ex-compagne de Simon et mère de leur fils, Yankele (Taylor Gasman), débarque à Paris, accompagnée de son nouveau compagnon et de son père (Jean Lescot), un Juif orthodoxe qui refuse que Yankele voie Simon.

Follitudes maghrébines : travestissement, *camp* et parodies du genre

Si, comme le rappelle Jean-Yves Le Talec, il n'existe pas encore aujourd'hui « de définition consensuelle, ni unanimement reconnue »[8] de ce qu'est une folle, nous retiendrons, dans le cadre de ces réflexions, que la figure de la folle est étroitement liée à l'idée d'efféminement ainsi qu'à celle de l'homosexualité masculine.[9] Le chercheur rappelle que « le travestissement représente indubitablement l'un des modes d'expression des homosexuels qualifiés de folles »,[10]

8 Jean-Yves Le Talec, *Folles de France. Repenser l'Homosexualité masculine*, Paris, La Découverte, 2008, p. 20.

9 *Cf. ibid.*

10 *Ibid.*, p. 144.

que « ce qui distingue la folle, peut-être, c'est sa visibilité sociale tout à fait particulière, qui se donne en spectacle, sous forme d'une exhibition qui déborde les conventions sociales » et, enfin, que :

> [...] la folle serait donc tout autant définie par le regard des autres que par une démarche autonome du sujet. Et en même temps, l'idée d'un décalage, d'une résistance ou d'un dépassement est aussi suggérée, par rapport à un repère habituel, commun, normal.[11]

La mise en question des modèles dominants du genre, des genres, et avec cela des modèles dominants d'identités, passe tout d'abord par les dispositifs textuels des deux films, à savoir que, comme je l'ai dit, les personnages maghrébins transgenres sont soit le personnage principal, soit un personnage central dans l'histoire et le récit. Dans *Chouchou*, c'est Chouchou qui mène le récit, les spectateurs et les spectatrices s'identifient à lui/à elle dès le départ. À partir d'une scène où l'on voit Chouchou aménager sa nouvelle chambre, sortir une perruque de son sac et mettre une chemise de nuit pour aller se coucher, les spectateurs et les spectatrices en savent plus sur Chouchou que les autres personnages. Cette complicité est renforcée par le fait que Chouchou est un personnage éminemment sympathique et drôle, et, bien sûr, le fait que ce soit Gad Elmaleh qui joue Chouchou contribue sans aucun doute de manière décisive à la sympathie que le public pourra éprouver pour le personnage. Comme nous le verrons plus loin, nous assistons avec ce film à un changement radical de perspective, puisque, comme l'a également souligné Rollet, l'on ne rit pas du personnage transgenre, mais avec lui.[12]

Il en va de même pour Naïm/Naïma dans *La Folle Histoire* : à partir du début du deuxième tiers du récit, quand Simon découvre Naïm dans son rôle de la garde-malade Habiba, une complicité s'installe entre le personnage transgenre et les spectateurs et spectatrices, complicité qui participe, elle aussi, du pouvoir attribué à ce personnage. Ce pouvoir se développera au cours du film, il y est signifié non seulement par le développement du récit, mais aussi par des mots – Simon déclare par exemple que « Naïm, c'est (son) plus beau rempart contre la mélancolie ». De même, quand Simon est filmé ayant repris goût à la

---

11 *Ibid.*, p. 20.

12 *Cf.* Rollet, « Queer or Not Queer Others », *op. cit.*, ainsi que de la même chercheuse « Altérité textuelle et sexuelle? Le Cinéma populaire français contemporain et l'Homosexualité », dans Helen Vassallo et Paul Cooke, éds., *Alienation and Alterity. Otherness in Modern and Contemporary Francophone Contexts*, Oxford, Peter Lang, 2009, pp. 77-92.

vie, le montage avec un pont sonore établit un lien explicite entre l'amour de Simon pour Naïm et son goût retrouvé pour la musique.

Étroitement lié à la follitude de Chouchou et Naïm, l'humour qui traverse les deux films apparaît comme un élément décisif concernant le pouvoir d'action de ces personnages, mais aussi pour le sens des films en général. D'une part, il rompt avec les représentations de maghrébins transgenres dans d'autres films, qui sont marqués par des diégèses lourdes et tristes ; d'autre part, il permet d'aborder des questions importantes, en particulier celle de la transidentité (mais aussi, dans une bien moindre mesure, celles liées à la clandestinité, à la Shoah ou encore au conflit israélo-palestinien) en jouant du sérieux et de la frivolité. Ce jeu avec le sérieux et la frivolité est une des caractéristiques, et une des stratégies par excellence, du *camp*. Le *camp*, qui joue notamment sur l'imprévu et l'exagération, est une notion difficile à définir, dans sa portée esthétique aussi bien que politique, mais nous pouvons souligner ici qu'il « se caractérise par une relation nouvelle et plus complexe avec le sérieux. Il est possible de prendre la légèreté au sérieux et le sérieux à la légère ».[13] Comme le souligne Jean-Yves Le Talec dans *Folles de France*, le *camp* :

> [...] se caractérise par l'incongruité, la théâtralité et l'humour [...] En raison de sa nature relationnelle, le *camp* peut être compris comme un lien entre l'homosexualité et le monde, un moyen d'intégrer ce monde grâce à un système fondé sur l'humour, d'opérer une transformation d'un stigmate disqualifiant en une identification moins péjorative, voire positive.[14]

Les deux comédies sont traversées par le jeu avec les identités de genre, le brouillage de ces identités, jeu qui est un des fondements de l'humour *camp*, de la posture *camp*, qui veut dévoiler le caractère culturellement construit des normes sociales qui régulent les « lois du genre ».

Dans *La Folle Histoire*, dès la première scène, il y a un jeu avec les attentes à l'égard du genre puisque la caméra filme un personnage aux cheveux longs de dos dans un lit, puis ce même personnage descend les escaliers des chaussures à talons dans les mains, et ce n'est qu'au dernier moment que l'on voit qu'il s'agit d'un jeune homme. Ce jeu avec les attentes envers le genre traverse ensuite tout le film, Naïm/Naïma portant tantôt des vêtements de femme, tantôt des vêtements d'homme.

---

13 Susan Sontag, « Anmerkungen zu 'Camp' », dans *Kunst und Antikunst. 24 literarische Analysen*, Frankfurt am Main, Fischer, 1982, pp. 322-341, 336.

14 Le Talec, *Folles de France*, *op. cit.*, p. 119.

Dans les deux films, le travestissement des personnages peut être lu comme une mise à mal de la pensée binaire des sexes et des genres et comme une illustration de leur caractère construit. Esther Newton, qui propose une définition précise du *camp* dans le contexte des homosexuels et des artistes travestis,[15] rappelle ainsi que :

> Le mot travestissement (drag) se réfère spécifiquement à l'apparence extérieure et visible d'un rôle (et) avant tout aux vêtements et aux accessoires qui désignent un être humain comme mâle ou femelle, lorsqu'ils sont portés par le sexe opposé. En mettant l'accent sur l'apparence extérieure du rôle, le travestissement implique que les rôles de sexe, et par extension tous les rôles en général, ont quelque chose de superficiel, qui peut être manipulé, porté et quitté à volonté.[16]

Judith Butler, qui s'est inspirée de l'étude d'Esther Newton pour *Gender Trouble* et dont le travestissement représente un des fondements de son analyse critique des genres, souligne que celui-ci met à nu et attaque la naturalisation et la réification du genre, car « en imitant le genre, le/la travesti(e) révèle implicitement la structure imitative du genre même, ainsi que sa contingence ».[17]

Le personnage de Naïm/Naïma dans *La Folle Histoire*, qui se plaît à revêtir des vêtements de femmes et à « jouer » des identités de femmes, et ce dans différents contextes, peut être lu à la lumière de l'analyse butlérienne, tant son jeu avec le(s) genre(s) brouille les catégories de corps, de sexe et de genre, catégories pensées, au sein de la matrice hétérosexuelle, monolithiques. Ce jeu avec le(s) genre(s) peut être compris comme cet « ensemble de pratiques parodiques [...] qui amorcent un processus subversif de resignification et de prolifération du sens débordant du cadre strictement binaire ».[18] Bien sûr, Judith Butler elle-même souligne que la parodie n'est pas en soi nécessairement subversive,[19] et certain(e)s chercheurs et chercheuses ont reproché à *Chouchou* d'être un film conservateur dans lequel les parodies ne seraient pas subversives puisque le comique ne naîtrait que du décalage avec l'original et donc confirmerait le modèle dominant, *Chouchou* proposant donc, d'après eux, des

15 *Cf.* Esther Newton, « Role Models », dans Fabio Cleto, éd., *Camp: Queer Aesthetics and the Performing Subject*, Edinburgh, Edinburgh University Press, 1999, pp. 96-109.

16 *Ibid.*, p. 109.

17 Judith Butler, *Trouble dans le Genre. Pour un féminisme de la Subversion*, Paris, La Découverte, 2005, p. 261.

18 *Ibid.*, p. 56.

19 *Cf. ibid.*, p. 262.

comportements genrés tout à fait traditionnels.[20] S'il est vrai que Chouchou, dans certains de ses comportements, « fait » le genre féminin dans ce qu'il a de plus traditionnel au sein du modèle d'intelligibilité culturelle hétérosexiste, c'est bien cette répétition des attentes à l'égard du genre par un homme travesti qui met en avant le caractère construit de ces attentes, et qui déploie par là même une critique de l'ordre sociosexuel dominant. En effet, comme le souligne Butler :

> Que des cultures non hétérosexuelles reproduisent la matrice hétérosexuelle fait ressortir le statut fondamentalement construit de ce prétendu original hétérosexuel. [...] La répétition parodique de l'« original » [...] révèle que l'original n'est rien d'autre qu'une parodie de l'*idée* de nature et d'original.[21]

En outre, les deux films se rejoignent dans l'approche nouvelle qu'ils proposent, dans la mise en récit des « *dis*continuités »[22] des genres. Le brouillage des identités de genre, la fluidité qui peut caractériser ces identités est en effet rendu par un dispositif filmique particulier, à savoir que le « passage », la « transformation » des personnages d'une apparence « masculine » à une apparence « féminine », n'est jamais montré. Alors que certain(e)s critiques reprochent au film que « l'intérêt pour les shows de travestis y soit situé entre voyeurisme et folklore »,[23] je rejoins l'analyse de Brigitte Rollet qui souligne que le voyeurisme, le spectaculaire qui caractérisent habituellement les films avec des personnages travestis, est totalement absent de *Chouchou*,[24] remarque qui vaut aussi bien pour *La Folle Histoire*, les deux comédies grand public proposant donc une approche tout à fait singulière. Ceci s'observe de manière exemplaire dans la séquence dans laquelle Chouchou rencontre Stanislas – un *meet cute* aussi incongru qu'émouvant – au club « L'Apocalypse » où Chouchou est serveuse, séquence d'autant plus porteuse de sens qu'elle a une fonction cardinale

---

20 *Cf.* Naguschewski et Schrader, « Die Ordnung der Blicke – Genderkonstruktionen bei Merzak Allouache », *op. cit.*, pp. 131-132.

21 Butler, *Trouble dans le Genre, op. cit.*, p. 107.

22 *Ibid.*, p. 265.

23 Naguschewski et Schrader, « Die Ordnung der Blicke – Genderkonstruktionen bei Merzak Allouache », *op. cit.*, p. 132.

24 Voir Rollet, « Queer or Not Queer Others : Gender Trouble and Postcolonial French Cinema », *op. cit.*, pp. 294-295.

au sens de Barthes.[25] Comme l'a analysé Rollet,[26] dans cette séquence, aussi bien la mise en scène que les mouvements de caméra, les plans ainsi que le montage participent d'une volonté de signifier la fluidité et le brouillage des identités – en plus d'offrir un très beau moment aux spectateurs et spectatrices, moment prolongé dans la scène finale de la séquence dans laquelle Stanislas et Chouchou sont filmés, en travelling arrière, discutant de manière tout à fait sérieuse. La scène dans laquelle Chouchou interprète un très beau playback de « Si j'étais un homme » de Diane Tell est d'autant plus porteuse de sens qu'elle établit une relation intramédiale avec une scène de *Morocco* de Josef von Sternberg (1930) avec Marlene Dietrich, scène dans laquelle Dietrich, qui incarne le stéréotype de la femme fatale, est vêtue d'un smoking pour hommes, et embrasse une femme sur la bouche avant de jeter une fleur à un homme du public, jouant ainsi pleinement sur l'ambivalence sexuelle.

Éloge de la diversité

Dans les deux comédies, cet « éloge de la diversité sexuelle », pour reprendre le titre d'un essai de Michel Dorais,[27] est au cœur d'une remise en question plus large des tentatives de réification des identités, que celles-ci soient sexuelles ou genrées donc, mais aussi ethniques, nationales, religieuses ou encore sociales, identités largement pensées comme figées, aux frontières étanches et sur des modèles d'exclusion.

Les deux films sont des comédies sur le travestissement à travers lequel le *passing* concernant la « masculinité » et la « féminité » des protagonistes s'articule avec le *passing* d'une identification nationale ou ethnique à une autre. Nous suivons notamment Mireille Rosello qui insiste dans son analyse de *Chouchou* sur la « productive articulation between several specific aspects of the masculinity-sexuality-nationality constellation »,[28] expliquant que :

> In *Chouchou*, this 'passage' takes place between several types of passing. It is a form of back and forth movement between various tactical

25 Roland Barthes, « Introduction à l'analyse structurale des récits », dans *Poétique du récit*, Paris, Éditions du Seuil, pp. 7-57, 21.

26 *Cf.* Rollet, « Queer or Not Queer Others : Gender Trouble and Postcolonial French Cinema », *op. cit.*, p. 295.

27 Michel Dorais, *Éloge de la diversité sexuelle*, Montréal, VLB éditeur, 1999.

28 Mireille Rosello, « Dissident or Conformist Passing : Merzak Allouache's *Chouchou* », *South Central Review* 28, n° 1, printemps 2011, pp. 2-17, 2.

> narrativizations of femininity and masculinity, ethnicity and nationality, but also of the relationships between all the elements that can be said to constitute Chouchou's identity. To reduce Chouchou's passing to his transvestism would be to ignore that femininity or masculinity are precisely not the only issues raised by Chouchou's experiments with costumes.[29]

De fait, dans la scène d'ouverture du film ainsi que dans la première séquence, les spectateurs et spectatrices découvrent le protagoniste habillé en Chilien, avant donc de découvrir qu'il préfère se vêtir en femme plutôt qu'en homme. Plus que le fait que ce travestissement en Chilien est finalement voué à l'échec, ce qui nous apparaît important ici est le message critique du film qui se cache derrière ce choix d'apparence. En effet, la décision de Chouchou de se présenter en Chilien plutôt qu'en Algérien sous-entend que le personnage pense que « la France » sera plus encline à accueillir un réfugié sud-américain qu'un réfugié algérien. Cette critique subtile de la réputation de la France comme terre hospitalière se fera plus explicite, même si cela se fait toujours sur le mode de la comédie, à travers les mésaventures du protagoniste avec le commissaire Grégoire.[30]

L'éloge de la diversité ethnique est plus marqué encore dans *La Folle Histoire*, moins par l'identification nationale ou ethnique variante de Naïm/Naïma – qui se présente alternativement comme un « Arabe », Habiba originaire de Constantine ou bien encore « Angela from New York » – que par les décors des scènes. Ainsi, dès le début du film, de larges panoramiques aériens situent l'histoire dans le 18e arrondissement de Paris, arrondissement pluriethnique, et la caméra suit Simon à travers son quartier, le faisant évoluer au milieu de personnages de couleurs de peau différentes et parlant des langues étrangères. Ces scènes de rue se retrouvent à plusieurs moments du film, le quartier Château rouge étant définitivement mis à l'honneur par un long plan fixe de la station de métro du même nom.

La religion fait, elle aussi, l'objet d'une approche particulière dans les deux films, en particulier en ce qui concerne les questions liées à la sexualité. Dans le film d'Allouache comme dans celui de Zilbermann, les appartenances et/ou identifications religieuses sont présentées comme devant être ouvertes à

29 *Ibid.*, p. 7. D'aucuns ont critiqué l'effacement de l'appartenance ethnique qui aurait lieu dans *Chouchou*. Voir par exemple Vinay Swamy, *Interpreting the Republic. Marginalization and Belonging in Contemporary French Novels and Films*, Lanham, Lexington Books, 2011, p. 136.

30 *Cf.* aussi *ibid.*, pp. 7-9.

l'Autre. *La Folle Histoire* raconte l'histoire d'amour entre un Maghrébin non-juif et un Juif non-maghrébin et le message du film, quant à la religion juive et l'homosexualité, est très clair quand on regarde la distribution axiologique des personnages : le grand-père juif orthodoxe (Jean Lescot) est le seul personnage du film à ne pas accepter la relation entre Simon et Naïm/ Naïma, et il est présenté comme un perdant puisque la dernière scène du film montre les deux personnages en route pour New York, où vit le fils de Simon, à qui le grand-père avait interdit de voir Yankele. Dans *Chouchou*, nous assistons à une critique « à l'envers » de l'Église catholique, puisque celle-ci y est présentée comme tout à fait ouverte aux « différences ». Alors que l'Église catholique a été une des grandes instances régulatrices des identités sexuées et sexuelles et qu'elle continue (en France) de se positionner contre les droits des minorités sexuelles, Allouache propose dans son film, notamment à travers le personnage du père Léon (Claude Brasseur), une vision d'une Église ouverte, dont le fondement est la solidarité.

Enfin, les deux comédies se rejoignent dans leur mise en scène et en récit de relations amoureuses marquées par le dépassement de frontières de milieux sociaux, qui sont dès lors décloisonnées. Dans *Chouchou*, la scène dans laquelle Chouchou rencontre les parents de Stanislas est particulièrement révélatrice de la manière dont Allouache et Elmaleh ont choisi de mettre en scène et en récit ces questions de couches sociales. Je pense que ce serait une erreur de lire cette scène comme une illustration des rapports néo-colonialistes entre l'Algérie et la France, lecture que propose notamment Andrea Khalil, qui juge que :

> What happens at the dinner is astounding and resembles a purely fantasmatic reconciliation between the homo- and heterosexual worlds, but most astounddingly, between the French upper class and the Algerian as under class. Chouchou misses every high-brow cultural reference made by the grenadine parents who are educated in high culture and represent the haute bourgeoisie française, or the upper-class French world. Chouchou is a buffoon, but at the same time, charming, cute. He/she is (still) the wild, exotic and uncivilized subject of Orientalism, but tamed and groomed to look good in a fancy French restaurant.[31]

S'il est vrai que l'on pourrait penser, au premier abord, que le début de cette scène réinstalle des relations de pouvoir entre d'un côté de riches Français cultivés et de l'autre un pauvre Algérien ne disposant pas de culture dite générale, la mise en scène propose une vue plus subtile de ces relations. D'une

31 Khalil, « The Myth of Masculinity in the Films of Merzak Allouache », *op. cit.*, p. 343.

part, Chouchou est présenté(e) comme disposant d'un certain savoir sur la psychanalyse – il/elle demande au père de Stanislas si son psychanalyste est lacanien,[32] – d'autre part, et surtout, la scène est marquée par l'humour,[33] un humour qui désacralise en quelque sorte l'importance accordée à des éléments considérés comme relevant de la « haute culture ».[34] Ainsi, après avoir refusé de boire un thé Ceylan car il/elle pense que « c'est lent », Chouchou déclare « adoooorer » Shakespeare mais avoir eu du mal à tout comprendre de *Richard III* car il/elle n'a pas vu les I et II.

Parodies de comédies ou la comédie travestie

Cette scène de rencontre rappelle une scène d'un des films français les plus connus mettant en scène des transgenres, *La Cage aux folles* (Edouard Molinaro, 1978), et inscrit, par là-même, *Chouchou* dans une certaine tradition de la « comédie de folles » à la française. Mais si le film d'Allouache s'inscrit dans cette lignée, il s'en démarque, et c'est bien là une des forces du film. Ainsi, alors que dans la scène de rencontre des beaux-parents dans *La Cage aux folles*, il s'agissait pour Renato et Albin/Zaza d'essayer de tromper leurs

32 On voit d'ailleurs Chouchou lire des ouvrages de psychanalyse. De même que l'on peut lire une critique à l'envers d'une Église fermée à la diversité, on trouve dans le film une critique, sur le mode là encore humoristique, de la psychanalyse, autre grande instance régulatrice des discours sur les sexualités. La manière dont Chouchou traite « Dr. Fred », mais aussi la « thérapie » qu'il fait au commissaire Grégoire peuvent en effet être lues comme des critiques à l'égard des raccourcis de vulgarisation qui sont faits de la psychanalyse, ainsi que du pouvoir qui lui est accordé.

33 L'humour traversant *Chouchou* mériterait une étude à part entière, notamment dans ses relations avec l'ethnicité du personnage, marquée, et c'est en particulier ce sur quoi repose l'humour, par des décalages constants, qu'ils soient situationnels ou langagiers. Nous ne citerons qu'une déclaration de Gad Elmaleh à propos de son personnage de Chouchou : « J'avais rencontré à Paris un travesti algérien. J'hallucinais sur le contraste entre l'allure efféminée et l'accent arabe, c'était un package improbable. C'est comme un pied de nez à l'héritage et c'est presque rassurant : il y a des gens qui se sont construit leur histoire », cité dans Olivier Mongin, *De quoi rions-nous ?*, Paris, Hachette, 2006, p. 76.

34 On retrouve cette stratégie dans *Intouchables* (Éric Toledano et Olivier Nakache, 2011), qui prend au piège le public cultivé s'amusant du fou rire incontrôlable, lors d'une représentation à l'opéra, du jeune Noir de la banlieue parisienne qui trahirait son ignorance du monde de l'opéra classique. De fait, dans une séquence ultérieure, ce jeune Noir fait prendre conscience à l'entourage cultivé au sein duquel il se trouve que toutes les musiques classiques que l'orchestre joue sont aussi utilisées pour des publicités, des musiques d'attente au téléphone etc.

interlocuteurs en leur faisant croire, à travers le jeu d'Albin/Zaza en femme, que Renato était hétérosexuel, dans *Chouchou*, nous sommes loin de ce jeu de tromperie. Comme le souligne Mireille Rosello :

> Chouchou makes it clear that the objective is not to convince the parents that Stanislas is straight and marrying a biological woman. What matters is the characters' ability to communicate in the absence of any predictable commonality.[35]

Une autre allusion visuelle à *La Cage aux folles* se trouve d'ailleurs plus tôt dans le film, quand Chouchou essaye, devant sa série télévisée préférée, de beurrer ses biscottes, rappelant la scène culte de la biscotte qu'Albin/Zaza s'applique à beurrer dans le film de Molinaro. Ce qui est à nouveau frappant dans ce clin d'œil cinématographique, c'est qu'il n'est pas du tout là pour encourager les spectateurs et les spectatrices à rire de Chouchou. *Chouchou* apparaît ainsi comme une comédie qui parodie des comédies mettant en scène des transgenres. Ceci se note également dans une allusion cinématographique à une autre comédie culte, *Le Père Noël est une ordure* (Jean-Marie Poiré, 1982). Le personnage transgenre dans ce film, Katia, y porte tout le long du film un tailleur léopard qui semble avoir été choisi pour souligner le ridicule du personnage. Chouchou porte lui/elle aussi une tenue léopard quand il/elle va au zoo avec Stanislas, mais ici, si ce vêtement peut faire sourire, il est clair qu'il n'est pas mis en scène pour rendre le personnage ridicule.

Avec Chouchou, le film et le protagoniste, nous assistons donc à un changement de perspective dans la mise en scène et en récit de personnages transgenres dans des comédies. Brigitte Rollet a attiré l'attention sur le fait que *Chouchou* déstabilise, dans une certaine mesure, le genre de la comédie à la française ainsi que les attentes du public à l'égard de ce genre cinématographique, en particulier quand y agissent des protagonistes transgenres. Elle rappelle que, traditionnellement, la comédie est, en France, liée à une morale conservatrice et à un conformisme idéologique et sexuel et que les fins des comédies grand public sont souvent marquées par un retour à l'ordre social et sexuel dominant,[36] ce qui, nous l'avons vu, n'est le cas ni pour *Chouchou*, ni pour *La Folle Histoire*. Ce que la chercheuse souligne pour *Chouchou* est par ailleurs également valable pour *La Folle Histoire* :

35 Rosello, « Dissident or Conformist Passing : Merzak Allouache's *Chouchou* », *op. cit.*, p. 14.

36 Rollet, « Queer or Not Queer Others : Gender Trouble and Postcolonial French Cinema », *op. cit.*, pp. 292-294.

> Chouchou tends to bring a destabilization of the hero's sexual and gender identity, and of the audience: by questioning and exploring his protagonist's identities, Allouache seems to 'queer' the audience's expectations. The film displaces what the spectators expect from a comedy, from an 'ethnic other' in such a film and from a male gay transvestite in such a genre.[37]

Enfin, la parodie à l'œuvre dans les deux films s'exerce également à l'égard d'un autre sous-genre de la comédie, la comédie romantique, qui n'a, par ailleurs, pas encore fait de place à des protagonistes transgenres. De la scène de rencontre entre Chouchou et Stanislas à la scène de mariage aussi déjantée qu'utopique[38] dans le film d'Allouache, en passant par la scène sur le balcon au cours de laquelle Simon confie à Rosalie son amour pour Naïm/Naïma sur fond de ciel bleu saturé, de Sacré Cœur … et des robes de Naïma séchant au soleil dans la comédie de Zilbermann, les deux films utilisent les codes de la comédie romantique « occidentale » – pour mieux s'en jouer.

Conclusion

Ces deux films offrent donc une représentation nouvelle, inédite de personnages maghrébins transgenres, qui échappent à toutes les représentations pré-établies que l'on trouvait des personnages arabes et/ou homos et/ou travestis dans le cinéma français.

Le travestissement de Chouchou et de Naïm/Naïma peut être lu non seulement comme un des signes les plus manifestes de la mise en question de la

---

37 *Ibid.*, pp. 295-296.

38 Cette scène de mariage a été critiquée du fait que l'appartenance ethnique de Chouchou y serait effacée, qu'elle serait marquée par une « rhétorique du remerciement », représenterait l'assimilation réussie de Chouchou et laisserait « croire au public le mythe d'une nation tolérante dans laquelle toutes sortes d'unions jouissent d'un statut égal ». *Cf.* Swamy, *Interpreting the Republic, op. cit.*, p. 136. Les prises de vue – notamment le panoramique horizontal pour filmer la diversité des personnes présentes au « mariage » ainsi que les plans de grand ensemble – participent de la construction de l'endroit où est célébrée cette union comme une hétérotopie, hétérotopie où se réalisent justement, selon Michel Foucault, les utopies (« Des espaces autres », Paris, Gallimard, 1994, p. 755). Et dans une France où la tradition universaliste est un véritable frein à la diversité et une France qui est marquée par un durcissement des questions identitaires, des représentations utopiques qui font au contraire l'éloge de la diversité sont à saluer, surtout quand elles sont aussi bien menées.

résistance à l'hétéronormativité ; il est également l'une des pierres angulaires d'une critique des identités pensées comme monolithiques, et il est ainsi le signe manifeste de cette crise des catégories chère à Marjorie Garber puisqu'il représente

> [...] un échec de la distinction définitionnelle, une limite qui devient perméable et permet des passages d'une catégorie (qui semble être distincte) à une autre : noir/blanc, juif/chrétien, noble/bourgeois [...]. La binarité masculin/ féminin, une raison manifeste (pour les conceptions contemporaines en tout cas) de différencier entre « ceci » et « cela », « lui » et « moi », est remise en question ou effacée dans le travestissement même, et un personnage travesti ou une mode travestie fonctionnera toujours comme [...] un mécanisme de déplacement d'une limite floue à une autre.[39]

En 2009, Brigitte Rollet voyait en Chouchou le premier – et le seul – héros queer d'une comédie française grand public.[40] Avec Naïm/Naïma, ils sont désormais deux. Et nul doute que Chouchou « adoooorerait » Naïm/Naïma.

Bibliographie

Barthes, Roland, « Introduction à l'analyse structurale des récits », dans *Poétique du récit*, Paris, Éditions du Seuil, 1977, pp. 7-57.

Butler, Judith, *Trouble dans le Genre. Pour un féminisme de la Subversion*, Paris, La Découverte, [1990] 2005.

Butler, Judith, *Körper von Gewicht. Die diskursiven Grenzen des Geschlechts*, Frankfurt am Main, Suhrkamp, [1993] 1995.

Cervulle, Maxime et Nick Rees-Roberts, éds., *Homo Exoticus. Race, classe et critique queer*, Paris, Armand Colin, 2010.

Dorais, Michel, *Éloge de la diversité sexuelle*, Montréal, VLB éditeur, 1999.

Durmelat, Sylvie et Vinay Swamy, éds., *Screening Integration : Recasting Maghrebi Immigration in Contemporary France*, Lincoln, University of Nebraska Press, 2012.

Foucault, Michel, « Des espaces autres », dans *Dits et écrits (1954-1988), tome IV (1980-1988)*, Paris, Gallimard, 1994, pp. 752-762.

Garber, Marjorie, *Verhüllte Interessen. Transvestismus und kulturelle Angst*, Frankfurt am Main, Fischer, 1993.

---

39 Garber, *Verhüllte Interessen, op. cit.*, p. 31.

40 Rollet, « Altérité textuelle et sexuelle? », *op. cit.*, pp. 89-90.

Gehrmann, Susanne et Mechtild Gilzmer, éds., *Geschlechterordnungen in Nordafrika – Umbrüche und Perspektiven in Literatur, Film und Gesellschaft*, Mainz, Donata Kinzelbach, 2008.

Johnston, Cristina, *French Minority Cinema*, Amsterdam, New York, Rodopi, 2010.

Khalil, Andrea, « The Myth of Masculinity in the Films of Merzak Allouache », *The Journal of North African Studies* 12, n° 3, 2007, pp. 329-345.

Le Talec, Jean-Yves, *Folles de France. Repenser l'Homosexualité masculine*, Paris, La Découverte, 2008.

Mongin, Olivier, *De quoi rions-nous ?*, Paris, Hachette, 2006.

Murat, Laure, *La loi du genre. Une histoire culturelle du 'troisième sexe'*, Paris, Fayard, 2006.

Naguschewski, Dirk et Sabine Schrader, éds., *Camp : Queer Aesthetics and the Performing Subject*, Edinburgh, Edinburgh University Press, [1972] 1999, pp. 96-109.

Rees-Roberts, Nick, *French Queer Cinema*, Edinburgh, Edinburgh University Press, 2008.

Rollet, Brigitte, « Queer or Not Queer Others : Gender Trouble and Postcolonial French Cinema », dans Florian Grandena et Cristina Johnston, éds., *Cinematic Queerness. Gay and Lesbian Hypervisibility in Contemporary Francophone Feature Films*, Oxford, Peter Lang, 2011, pp. 283-299.

Rollet, Brigitte, « Altérité textuelle et sexuelle ? Le Cinéma populaire français contemporain et l'Homosexualité », dans Helen Vassallo et Paul Cooke, éds., *Alienation and Alterity. Otherness in Modern and Contemporary Francophone Contexts*, Oxford, Peter Lang, 2009, pp. 77-92.

Rosello, Mireille, « Dissident or Conformist Passing : Merzak Allouache's *Chouchou* », *South Central Review* 28, n° 1, printemps 2011, pp. 2-17.

Ruhe, Cornelia, *Cinéma beur : Analysen zu einem neuen Genre des französischen Films*, Konstanz, UVK, 2006.

Sontag, Susan, « Anmerkungen zu 'Camp' », dans *Kunst und Antikunst. 24 literarische Analysen*, Frankfurt am Main, Fischer, [1964] 1982, pp. 322-341.

Tamagne, Florence, « Mutations homosexuelles », dans Alain Corbin, Jean-Jacques Courtine et Georges Vigarello, éds., *Histoire de la Virilité, tome 3. La Virilité en crise? XXe-XXIe siècle*, Paris, Éditions du Seuil, 2011, pp. 351-375.

Tarr, Carrie, *Reframing Difference.* Beur *and* banlieue *filmmaking in France*, Manchester, Manchester University Press, 2005.

Swamy, Vinay, *Interpreting the Republic. Marginalization and Belonging in Contemporary French Novels and Films*, Lanham, Lexington Books, 2011.

Wagner, Birgit, « Zitatkünste und Ausweichmanöver. Zum Ort der Literatur im neueren französischen Film », dans Dirk Naguschewski et Sabine Schrader, éds., *Kontakte, Konvergenzen, Konkurrenzen. Film und Literatur in Frankreich nach 1945*, Marburg, Schüren, 2009, pp. 35-48.

Waldron, Darren, « Sexual/Social (Re)orientations. Cross-Dressing, Queerness, and the Maghrebi/*Beur* Male in Liria Bégéja's *Change-moi ma vie* and Amal Bedjaoui's *Un fils* », dans Sylvie Durmelat et Vinay Swamy, éds., *Screening Integration : Recasting Maghrebi Immigration in Contemporary France*, Lincoln, University of Nebraska Press, 2011, pp. 178-193.

Filmographie

Chouchou (Merzak Allouache, 2003).
La Folle Histoire d'amour de Simon Eskenazy (Jean-Jacques Zilbermann, 2009).
Le Père noël est une ordure (Jean-Marie Poiré, 1982).
La Cage aux folles (Edouard Molinaro, 1978).
Miss Mona (Mehdi Charef, 1987).
Pigalle (Karim Didri, 1995).
Origine contrôlée (Ahmed et Zachia Bouchaala, 2001).
Change-moi ma vie (Liria Bégéja, 2001).
Un fils (Amal Bedjaoui, 2003).
L'Homme est une femme comme les Autres (Jean-Jacques Zilbermann, 1998).
Morocco (Josef van Sternberg, 1930).

CHAPITRE 9

Masculinité et sexualités dans le cinéma tunisien

Alexie Tcheuyap

Abstract

The birth of Maghrebi cinema was based on the construction of a nationalist subject whose identity was intimately linked to that of the newly independent postcolonial states. For the idea of "masculinity" was closely linked to nationalist ideals and thus excluded all sorts of representations focusing on the individual, the production of comedies or the cinematic representation of sexuality were virtually impossible. The postcolonial disillusionment, however, came with a complete transformation of cinematic representations with Tunisian cinema as a very good case in point. Moufida Tlatli's and Nouri Bouzid's films for example feature social, cultural and demographic transformations that challenge traditional identity settings. These films do not only illustrate the reconceptualization of the social subject, but also reveal that the above-mentioned idea of masculinity is no longer supportable. As a result, this "crisis" of masculinity allows for the redefinition of what it means to be a "man" in contemporary Maghrebi society. Filmic strategies, showing an idea of masculinity closely linked to the sexual act of submitting the "Other" in the form of the female body, can be pointed out.

L'émergence du cinéma au Maghreb, et principalement en Algérie, a généré une construction nationaliste du citoyen qui se définissait essentiellement par la contribution à l'édification du jeune État national. Dans un contexte où le sujet était avant tout un combattant et un héros, la « masculinité » était conçue comme un devoir national, et des catégories comme la comédie ou, pire, la mise en scène du sexe, restaient impensables. Selon Azzedine Mabrouki

> [...] il s'agissait au départ d'une véritable utopie. On sortait de la guerre de libération. On disait que le cinéma était « l'école des masses » ! Personne ne songeait à tourner les comédies, ou très peu. Le cinéma n'était surtout pas une distraction ! C'était même la chose la plus sérieuse au monde. Même l'armée algérienne avait ses caméras et ses labos neufs. On expédiait les jeunes à Moscou, à Prague, à Varsovie, à Pékin et ils revenaient : cinéastes, bardés de connaissances techniques. On écrivait des scénarios

 | DOI 10.1163/9789004342828_011

limpides, mais surtout pas contradictoires. Le message, surtout le message de la Révolution.[1]

Au même moment, en Tunisie, la situation politique et historique était assez différente. Habib Bourguiba avait en effet très tôt défini un certain nombre de lignes directrices conférant des droits minimaux aux femmes. En outre, la bataille pour l'Indépendance n'avait pas laissé les mêmes traumatismes qu'en Algérie par exemple. C'est ainsi que les dynamiques masculines, en tout cas au cinéma, purent se développer suivant d'autres modalités. Pendant les trois dernières décennies, principalement avec les films de Moufida Tlatli, Nouri Bouzid et même, paradoxalement, du nationaliste gauchisant Férid Boughedir, on découvre que les mutations sociales, démographiques et culturelles ont largement bousculé les catégories génériques, menant ainsi à une reconceptualisation du masculin et du sujet social. Les dynamiques sexuelles sont mêmes devenues le lieu d'exploration et de redéfinition d'une masculinité souvent en crise, quoique toujours dominante. Dans les films de ces réalisateurs tunisiens, les désirs et les errements du personnage masculin autorisent à repenser ce que signifie désormais, dans la société tunisienne, devenir « homme » à la rencontre ou dans l'intimité avec l'autre, un autre qui, il faut le noter, n'est plus exclusivement féminin.

Cet article examine les stratégies de mise en scène de la performance, de l'expérience ou du désir sexuel qui permettent de dire un type de rapport sexuel, c'est-à-dire social, lui-même signifiant d'un « ordre culturel et politique » singulier. Il sera question de voir comment le partage du corps, son exploration, sa conquête ou sa domination peuvent permettre d'énoncer ou d'interpréter des types spécifiques de rapports (de force) dans lesquels la masculinité, habituellement associée à la domination, se brise, émasculée par le sexe opposé. On verra également l'ensemble des stratégies employées par des réalisateurs qui, tous, ont en commun de mettre en scène la sexualité sans montrer l'acte sexuel et de dire le sexe plutôt que de le répandre à l'écran et ce, grâce à des techniques spécifiques telles que les choix de lumière, la distance focale et l'ellipse. Mais avant de commencer, arrêtons-nous sur les rapports entre masculinité et sexualité en Afrique.

1 Azzedine Mabrouki, « L'Algérie et la Question du cinéma : une question bouleversée », dans *Cinéma et Libertés*, Paris, Présence Africaine, 1993, p. 40.

De la masculinité et de la sexualité au cinéma

Les réflexions sur la masculinité restent encore embryonnaires dans les études francophones, et plus spécifiquement dans le monde maghrébin. En dehors des deux ouvrages dirigés par Lahoucine Ouzgane et qui portent respectivement sur les masculinités islamiques (*Islamic Masculinities*, 2006) et le statut des hommes dans les romans et films d'Afrique (*Men in African Film and Fiction*, 2011), il est évident que, malgré ses postures sociales et idéologiques telles que déployées dans de nombreux textes littéraires par exemple, l'homme maghrébin, surtout celui mis en scène dans les films, n'a pas été suffisamment situé dans le contexte de cette théorie qui pourtant, selon Ouzgane, pourrait permettre d'explorer

> [...] the ways in which a serious examination of the male characters in these different genres opens some key African texts to an even greater and perhaps more obviously politicized set of meanings than has ever been the case before.[2]

Cette dimension proprement « politique », on le verra, constitue le contexte d'intelligence de toute l'architecture discursive sur la masculinité, dont les contours théoriques sont relativement flous.

Si elles sont assez développées dans le monde anglo-saxon, les études sur la masculinité ne semblent pas aussi répandues dans les milieux universitaires français, et encore moins dans le monde francophone où la question n'a visiblement pas encore accédé au rang de discipline académique. Malgré la nature fort glissante du concept, la plupart des théoriciens s'accordent sur le fait que la masculinité, parfois opposée de manière trop simpliste à la féminité, reste une construction sociale, ce qui est également le cas du genre sexuel. Comme le note Robert W. Connell dans *The Men and the Boys*, l'idée de masculinité traîne dans l'opinion un préjugé biologique qui fait du « comportement masculin »[3], s'il existe, la conséquence d'une accumulation de testostérone, d'une certaine musculature ou même d'une constitution spécifique du cerveau. Cette conception « fixe » la masculinité dans le biologique alors que, nous précise Connell, celle-ci ne saurait être appréhendée sans un cadre social, culturel ou historique précis.[4] Elle reste aussi, nous rappelle Pierre Bourdieu, souvent associée à une certaine virilité et, surtout, se défini par opposition à la féminité

---

2 Lahoucine Ouzgane, éd., *Men in African Film and Fiction*, Woodbridge, James Currey, 2011, p. 1.

3 Robert W. Connell, *The Men and the Boys*, Cambridge, Polity Press, 2000, p. 58.

4 *Cf. ibid.*

dont on tient à la démarquer. En effet, la « virilité […] est une notion éminemment relationnelle, construite devant et pour les autres hommes contre la féminité, dans une sorte de peur du féminin, et d'abord en soi-même ».[5]

Cette dimension relationnelle est cruciale dans l'appréhension de tout rapport social, surtout quand il y est question de genre. Dans tous les cas, la problématique comporte une prédétermination éducative, culturelle et historique. Pour Bourdieu, la masculinité est le résultat d'un « travail psychosomatique » ayant pour objectif de « viriliser [les garçons], en les dépouillant de tout ce qui peut rester en eux de féminin ».[6] Plus important, ce « travail » porte essentiellement sur le corps, destiné à une certaine légitimation biologique et sociale qui assure – et assume – divers protocoles de domination. En effet, pour Bourdieu, « La masculinisation du corps masculin et la féminisation du corps féminin, […] déterminent une somatisation de la relation de domination, ainsi naturalisée ».[7] Dans une telle perspective de bipolarisation, féminité et masculinité deviennent antithétiques, voire contradictoires. La masculinité consiste surtout, et avant tout, dans la négation et le refus des attributs de la féminité dans la mesure où ces catégories, ainsi exclues l'une de l'autre, deviennent le lieu d'un « travail de construction diacritique, à la fois théorique et pratique […] ».[8] Une telle bipolarisation ignore pourtant le fait qu'en français, le mot « masculinité » est féminin, ce qui autorise à se demander si cette féminisation générique du masculin par le déterminant tient uniquement de l'arbitraire du signe linguistique. N'y aurait-il pas des points de rencontre entre les deux sexes ?

Ce qui est crucial dans les théories de la masculinité, c'est moins cette bipartition et cette exclusion que la hiérarchie qui semble établie entre les sexes. Dans son étude majeure *Masculinities : Knowledge, Power and Social Change*, Robert W. Connell définit ce qu'il appelle la « masculinité hégémonique »,[9] fondée sur un triangle des rapports au genre. Les trois pôles de ce modèle sont le pouvoir, la production et la division du travail, puis la *cathexis* (ou attachement émotionnel). Les implications de ce dernier, « although often felt to be the most intimate and personal of all social relationships, are also subject to reconstruction by large social forces ».[10] Ce concept possède donc, indubitablement, une dimension collective, culturelle et forcément relationnelle.

5 Pierre Bourdieu, *La Domination masculine*, Paris, Éditions du Seuil, 1998, p. 58.
6 *Ibid.*, p. 32.
7 *Ibid.*, p. 62.
8 *Ibid.*, p. 28.
9 Robert W. Connell, *Masculinities : Knowledge, Power and Social Change*, Berkeley, University of California Press, 1995, p. 77.
10 *Ibid.*, p. 79.

La plupart des travaux (dans le monde arabe) le soulignent : dans le cas de rapports avec le sexe féminin, on est généralement en face d'une masculinité foncièrement conquérante, assimilatrice, patriarcale et même machiste dont la femme fait les frais parce que, nous rappelle encore Connell, il existe toujours une corrélation entre « the making of masculinity and the subordination of women »,[11] la construction de la masculinité et la soumission des femmes. Autrement dit, la masculinité se constitue en fondement du modèle patriarcal dans lequel les rôles restent immuables, ce qui est encore plus vrai lorsqu'on tient compte du contexte maghrébin et arabe où virilité et paternité sont essentielles. Dans *Le Livre des séductions* (1996), un recueil de réflexions sur les cultures du Maghreb, Malek Chebel souligne justement que ces éléments rendent l'avènement de la liberté chez la femme arabe improbable, notamment à cause de ce contexte de soumission totale. Son constat est sévère :

> Très tôt, la Maghrébine doit apprendre à coudre, à repasser, ... à trépasser. Elle apprend à soumettre ses premiers émois que l'irascibilité des frères empêche de goûter sans culpabilité et sans peur. Pour elle, l'âge adulte ne surviendra que sur le tard, lorsqu'elle sera mise en présence d'un phallus de tutelle qui fera d'elle sans aucune transition une vierge-mère, modèle déposé, inauguré, estampillé, prête à procréer une progéniture-alibi, seule gage de sa sécurité conjugale.[12]

Dans son étude sur les rituels de résistance dans l'intifada palestinienne, Julie Peetet montre aussi que la masculinité est associée à la performance sexuelle et à la procréation. À cela s'ajoute, la défense de l'honneur familial, une donnée centrale. Pour elle,

> Arab masculinity (rujuhah) [represents] expressions of fearlessness and assertiveness. It is attained by constant vigilance and willingness to defend honor (sharaf), face (wajh), kin and community from external aggression and uphold and protect cultural definitions of gender specific propriety.[13]

---

11 *Ibid.*, p. 11.

12 Malek Chebel, *Le Livre des séductions. Suivi de Dix aphorismes sur l'Amour*, Paris, Payot, 1996, pp. 32-33.

13 Julie Peetet, « Male Gender Rituals of Resistance in the Palestinian Intifada : A Cultural Politics of Violence », dans *Imagined Masculinities*, London, Saqi Books, 2000, p. 107.

S'il convient de rester vigilant en évitant l'invention d'une « masculinité arabe » qui s'appliquerait *ipso facto* à la Tunisie, on ne peut non plus ignorer le fait que, non seulement ce pays est de culture et de langue arabe, mais en plus, le conflit israélo-palestinien sert souvent de décor historique et politique aux œuvres maghrébines, comme c'est ici le cas d'*Un été à La Goulette*, l'un des films retenus pour notre analyse. On peut ainsi se demander quels rapports il y a entre le discours sur la sexualité et cette référence culturelle et politique.

Établir les rapports entre masculinité conquérante et hétérosexualité permet de relever que le principe même de la domination masculine part de la crainte, voire de la terreur qu'inspire la femme dans le milieu arabe. En effet, la sexualité féminine est redoutée essentiellement par sa force déstabilisatrice dans la mesure où, par sa puissance fatale, elle est capable de mettre en péril l'ordre patriarcal. Comme dans la plupart des textes sacrés, la femme est associée au mal, au péché, à la chute. Dans son ouvrage *Beyond the Veil: Male-Female Dynamics in Modern Muslim Society*, Fatema Mernissi interviewe une personne qui soutient que ce que Satan réalise en un an, la femme le fait en une heure pour y arriver.[14] Ce pouvoir féminin qu'il faut contenir et contrôler à tout prix, nous dit Ladislav Holy, provient de l'« attraction fatale » de la femme arabe qui érode la capacité de l'homme à lui résister et le réduit à un rôle passif de consentement permanent.[15] La masculinité, on le voit, n'est dominant que par peur d'être dominé. Il s'agirait donc, en fait, d'une espèce de prévention, voire de préemption. C'est dans ce contexte que la masculinité conquérante, manifestée dans le domaine de la sexualité devient un travail de domination du corps féminin réduit ainsi à un objet de plaisir et de reproduction. Comment cela se manifeste-t-il au cinéma ?

La sexualité dans le cinéma africain, on le sait, n'est pas le sujet de recherche le plus développé, ni le moins fertile en polémiques.[16] L'heure du porno africain n'est pas venue et la question ne semble de toute manière pas être la préoccupation première des cinéastes. En effet, selon le réalisateur éthiopien Haile Gerima,

> [i]n our societies, sex is not the point of departure for everything. There is more to life than sex. In the West, it is the point of reference for

14 *Cf.* Fatema Mernissi, *Beyond the Veil: Male-Female Dynamics in Modern Muslim Society*, Bloomington, Indiana University Press, 1987, p. 124.

15 *Cf.* Ladislav Holy, *Kinship, Honour and Solidarity: Cousin Marriage in the Middle East*, Manchester, New York, Manchester University Press, 1989, p. 119.

16 *Cf.* Alexie Tcheuyap, *Postnationalist African Cinemas*, Manchester, New York, Manchester University Press, 2011.

> everything. […] In Africa people don't wake up for sex. They wake to find out where they are going to get their next meal. I think it has got to do with the nature of society. […] Sex is only one of the things you go through in the initiation of life. In the West, sex is a decisive factor. So every movie has to abide by that.[17]

Dans un tel contexte, il est difficile de construire un discours cohérent sur la sexualité sans éviter certains écueils. S'il porte sur l'Afrique noire, *Nihilisme et négritude* de Célestin Monga relève l'hypocrisie et les complexités de la pensée africaine sur le sexe :

> Parler de la sexualité en Afrique et dans le monde noir demeure pourtant un exercice délicat : le sujet est souvent obscurci par les fantasmes et mythes fabriqués et colportés par la mythologie ethno-politique datant de la Traite des Noirs et la mémoire de l'oppression. Il n'est donc pas aisé de proposer une lecture des comportements qui évite les généralisations hâtives. Il faut éviter le double écueil du voyeurisme et des clichés, se tenir à équidistance du discours racialiste qui alimente les fantasmes collectifs en Occident sur la 'sexualité noire', et du discours réductionniste et auto-flagellateur de nombreux auteurs africains préoccupés par le 'politiquement correct'.[18]

L'observation attentive des films *Les Silences du palais* (Moufida Tlatli, 1994) et *Un été à La Goulette* (Férid Boughedir, 1995) montre bien cette « délicatesse » dans la représentation où le spectateur écoute et regarde la sexualité sans la voir, où il est forcé à un travail d'imagination et doit développer sa pulsion scopique parce que la lumière, la caméra et les coupes sèches « interdisent » une sexualité pourtant centrale dans le discours filmique. Bien plus, cette sexualité mise en scène selon des stratégies précises, met parfois à mal la masculinité dont elle est pourtant une des formes d'expression les plus essentielles. S'il comporte de nombreuses constances, ce travail sur le sexe conquérant varie aussi sensiblement suivant les réalisateurs et *Les Silences du palais* offre un regard féminin novateur.

---

17 Haile Gerima cité dans Françoise Pfaff, « Eroticism in African Films », dans *African Experiences of Cinema*, London, BFI, 1996, p. 259.

18 Célestin Monga, *Nihilisme et négritude*, Paris, PUF, 2009, p. 76.

Les Silences du palais ou le triomphe de la masculinité

On ne le dira jamais assez, *Les Silences du palais* de Moufida Tlatli marque un moment charnière de la représentation du féminin dans les cinémas du Maghreb. Si le film est avant tout une mise en scène de la réclusion féminine, une illustration du musellement dont sont victimes les femmes, l'articulation des rapports homme-femme illustre aussi parfaitement la manière dont les premiers organisent, exigent et bénéficient de ce que Robert Connell appelle le « dividende patriarcal »[19] essentiel dans l'élaboration et l'exercice de ce que signifie être ou devenir homme, réussir les tests et posséder des attributs de la masculinité. Ce dividende est perçu et traité à travers un certain nombre de rapports, de routines, de constructions spatiales et de discours permettant aux personnages masculins de forcer les faveurs sexuelles des femmes mises à leur service.

En effet, l'intelligibilité du triomphe masculin dans *Les Silences du palais* est liée à au moins deux données fondamentales : l'invasion et la domination de la Tunisie d'une part et, d'autre part, une hiérarchie sociale par laquelle une famille de seigneurs, celle du Bey, assure sa survie aux dépens de classes inférieures. Ce contexte d'autorité coloniale dont est victime la famille dominante et le peuple tunisien en général est assimilable, ainsi que l'illustrent les travaux de Robin Pickering-Iazzi[20] (2003) et d'Achille Mbembe,[21] à une féminisation accomplie par un pouvoir impérial masculinisé. Le colonisateur (blanc) domine le colonisé comme un homme le fait avec la femme dans le contexte impérial qu'est celui du XXe siècle débutant. Comme le relève Pickering-Iazzi, la colonie et les femmes dont elle regorge ont ceci de commun qu'elles sont un lieu d'exotisme permettant de déployer tous les fantasmes.[22] C'est pourquoi, selon Mbembe, coloniser consiste, littéralement, en un viol, en une conquête brutale de l'espace vaginal et virginal en ce que

> [l]iée à l'exercice du langage, à une série d'actes, de gestes, de bruits et de sons, la violence coloniale participe aussi du geste phallique. Geste

19 *Cf.* Connell, *Masculinities*, *op. cit.*, p. 79.

20 *Cf.* Robin Pickering-Iazzi, « Mass-Mediated Fantasies of Feminine Conquest, 1930-1940 », dans Palumbo Patrizia, *A Place in the Sun : Africa in Italian Colonial Culture from Post-Unification to the Present*, Berkeley, University of California Press, 2003, pp. 197-224.

21 *Cf.* Achille Mbembe, *De la Postcolonie. Essai sur l'imagination politique dans l'Afrique contemporaine*, Paris, Karthala, 2000.

22 *Cf.* Pickering-Iazzi, « Mass-Mediated Fantasies of Feminine Conquest, 1930-1940 », *op. cit.*, pp. 197-224.

> phallique, et quelques fois, sadique dans la mesure où le colon pense et s'exprime d'abord par sa verge. C'est par elle qu'il parvient à se relier au monde qui l'entoure. [...] Sans sa verge, le colon n'est rien. Il n'a pas d'identité fixe. Grâce à sa verge, la cruauté du colon peut se dresser toute nue : en état d'érection.[23]

Les mouvements de violence (post)coloniale qui constituent donc le contexte du film sont doublés dans la concession de la famille du Bey par celle que subissent la dizaine de femmes à leur service. Autrement dit, le Bey, féminisé et dominé à l'extérieur par les Français, s'impose sans partage dans la concession familiale sur les femmes et les hommes à leur service, suggérant ainsi une dynamique de pouvoir qui intègre à la fois les classes sociales et le sexe.

Les figures de la masculinité comme structure de domination dans *Les Silences du palais* s'illustrent d'abord à travers la construction symétrique. La séquence liminaire du film pendant laquelle chante la protagoniste Alia est caractérisée par une évidente division spatiale sexuée. Lors de ce concert ainsi que dans tous ceux qui vont suivre, on voit en effet les hommes d'un côté et les femmes de l'autre. Autrement dit, être homme, c'est se soustraire à, s'éloigner publiquement de l'espace des femmes, et vice-versa. Si cela n'est pas en soi une marque évidente de subordination, il reste évident que le film entier offre nombre d'éléments pouvant permettre de mieux caractériser les rapports qu'entretient la famille de seigneurs non seulement avec les classes qui leur sont inférieures, mais aussi avec les nombreuses femmes qui leur servent de domestiques dans le palais.

À cette répartition latérale de l'espace s'ajoute l'architecture du palais. La famille du Bey vit dans la partie supérieure de la maison tandis que toutes les servantes sont recluses dans le sous-sol. Le palais est à cet égard ce que Michel Foucault décrit comme étant un « [e]space découpé, immobile. Chacun est arrimé à sa place. Et s'il bouge, il y va de sa vie, contagion ou punition ».[24] En dehors de la dizaine de femmes qui travaillent au sous-sol pour entretenir la masculinité seigneuriale, font aussi partie de ce cadre deux hommes féminisés par leur rapport au Bey qu'ils servent aussi : il s'agit de Chérif, sorte d'idiot grimaçant de la cour, et de Houssine qui fait office de gardien. En dépit de cette ségrégation liée au rang et au statut social, *Les Silences du palais* montre régulièrement les mouvements verticaux de divers personnages. Ces mouvements peuvent être descendants de la part des seigneurs s'invitant sans préavis au sous-sol où travaillent les femmes. Mais ces mouvements sont aussi

---

23 *Cf.* Mbembe, *De la Postcolonie, op. cit.*, pp. 220-221.

24 Michel Foucault, *Surveiller et punir. Naissance de la prison*, Paris, Gallimard, 1975, p. 229.

ascendants pour les servantes (et principalement Khadija) qui arpentent les escaliers du domaine pour exécuter les tâches liées à leur fonction. C'est dans cette montée des marches que se scelle toute l'ascendance masculine qui permet aux maîtres des lieux de tirer tous les avantages matériels et libidinaux qu'ils s'arrogent parfois avec le consentement des femmes ainsi violentées.

En effet, parlant de la femme maghrébine, Malek Chebel admet que son

> hymen vaut son pesant d'or. Il doit être préservé. D'urgence, il faut tuer le désir précoce, honni par la gérontocratie. Sécrétions honteuses dans un corps qui lui est aussi étranger que celui de son partenaire. Pour lui, elle s'ouvre, aux heures désignées par la convention du rite initiatique et sanglant.[25]

De la même façon, il est clair que cet encadrement rigide de la sexualité féminine placée en position passive se fait au bénéfice du sexe mâle qui, dans *Les Silences du palais*, va à l'assaut de l'utérus constitué en bien mobilier. Lorsque Khadija monte se faire peloter par Sid Ali, ce n'est pas un sujet humain qui circule. C'est un corps, un bien qui se déplace pour être habité, soumis. Le corps mobile de la femme est un corps « productif et reproductif ». Imposant par sa stature d'athlète, sa moustache pointue et son corps broussailleux, le Sid Ali qui caresse et couche avec Khadija n'est pas un amant, mais un maître qui a étendu les privilèges que lui procure son rang au sexe. S'il est évident que Khadija prend pleinement part à cette relation, on ne peut non plus oublier qu'il s'agit d'une relation illégitime que ni Sid Ali ni elle ne peuvent assumer ouvertement du fait de son passé d'esclave. Vendue par ses parents, elle est devenue, littéralement, la propriété (sexuelle) des seigneurs. Les gros plans sur les caresses respectives cachent un malaise profond qui impose le silence dans un contexte où ce qui est vu et su s'articule peu. La masculinité de Sid Ali en action sur (ou avec) Khadija consiste en réalité en une manifestation de possession, de pouvoir et de contrôle. La subordination du corps de Khadija ne fait aucun doute et son corps constitue le seul intérêt et le seul point de rencontre avec l'esclave faisant office de maîtresse silencieuse.

En plus de servir d'amante occasionnelle à Sid Ali et à Sid Béchir, Khadija impose aussi les charmes de son corps aux publics qui défilent au palais grâce aux chorégraphies osées dont elle les gratifie. À plusieurs reprises, on la voit danser et susciter une attention soutenue, portant les bouleversements sociopolitiques de la chair (et du regard) à une autre dimension. C'est aussi pour cela qu'elle devient plus exposée aux convoitises brutales de Sid Béchir, le frère

---

25 Chebel, *Le Livre des séductions*, *op. cit.*, pp. 32-33.

de Sid Ali qui lui a déjà fait une enfant, Alia. Ecrasée dans un contexte de subordination absolue, Khadija est violée sans ménagement par le frère de son amant. Sid Béchir est le véritable fou dont parle Michel Foucault, à savoir « réduit à ses désirs primitifs, à ses mécanismes simples, aux déterminations les plus pressantes de son corps ».[26] C'est l'illustration ultime de la masculinité sadique dont les attributs permettent de mieux comprendre les dynamiques entre sexe et classe. Le masculin, avec Sid Ali et, surtout, avec Sid Béchir, se veut irrésistible, libre de ces désirs révélateurs, de cette lubricité presque pathologique dont parle Chebel, c'est-à-dire du « débordement excessif qui ressemble à la boulimie, un état non représentable et difficile à délimiter ».[27] Tout cela se situe, il faut le dire, dans un exercice parfois contradictoire du pouvoir conféré par les prérogatives de classe et de genre.

En effet, les « dividendes patriarcaux »[28] sont mis en scène (et en cause) dans *Les Silences du palais* par la contradiction qui s'établit entre l'ascendance, le mouvement vertical et sa signification pour le sujet féminin mobile. Monter, pour Alia et les autres femmes, ne correspond aucunement à une ascension sociale. Elle est la promesse et la certitude d'une humiliation, d'une blessure profonde du moi et d'un effondrement de l'amour propre. D'autre part, si Sid Ali semble moins brutal que Sid Béchir, les deux se rejoignent parfaitement dans le silence et la soumission qu'ils imposent à leurs épouses respectives dans leurs chambres conjugales. Elles subissent en silence la concurrence sexuelle des femmes supposées être à leur service. De ce fait, la féminité dans le film de Moufida Tlatli devient l'allégorie d'une souffrance absolue, celle du corps : un corps contraint, un corps souffrant, un corps violenté face au désir insolent et irrévérencieux de son agresseur. Le destin des épouses et des maîtresses se rejoint dans son ultime signification et annule dans le réel du plaisir recherché (pour les maîtres), imposé (pour les servantes) et perdu (pour les épouses) toute possibilité de rencontre entre féminin et masculin. Ce dernier n'existe que parce qu'il écrase le premier. Le sujet féminin s'annule et renonce complètement à toute prétention sociale devant le masculin qui n'existe que pour se faire plaisir. Noble ou esclave, la femme tunisienne s'écrase devant le sujet masculin, un peu comme si être femme annulait toute conscience ou privilège de classe. De ce fait, face au masculin, le sujet féminin devient fatalement indifférencié, identique, homogène dans la douleur. Dans les faits, les épouses de Sid Ali et Sid Béchir qui, chacune, méprisent royalement Khadija, sont des doubles et des jumelles de celle-ci à cause de ce qui s'apparente à

26 Michel Foucault, *Histoire de la folie à l'âge classique*, Paris, Gallimard, 1972, p. 538.

27 Chebel, *Le Livre des séductions*, *op. cit.*, p. 142.

28 Voir note 19.

une communauté de destin. Cette gémellité se remarque aussi entre Khadija et sa fille.

Si Alia et Khadija sont fille et mère, elles sont en fait jumelles dans la souffrance intime de leur corps. L'une et l'autre semblent porter dans leur tête des expériences et des souvenirs trop lourds et trop empoisonnants. Leurs corps meurtris et quelquefois ensemencés parfois de force sont aussi les lieux de (re) production de cette masculinité ombrageuse qui ne semble s'exprimer qu'à travers l'autorité. Voilà pourquoi Khadija va jusqu'au sacrifice suprême. Suite au viol dont elle est victime avec l'assaut de Sid Béchir, elle se rend compte qu'elle est enceinte et décide, par des voies rudimentaires, d'avorter. Après avoir tenté en vain de le faire en se cognant l'estomac pour en extraire un autre enfant de la honte, elle finit par rendre l'âme. Le corps de sa fille n'est pas moins traumatisé : en plus de ses nombreuses migraines, le copain d'Alia lui impose de se débarrasser du fœtus qu'elle porte. Le corps suicidé, le corps supplicié et mort, est le signe d'un ensemble de rapports par lesquels la classe sociale permet à des sujets masculins de s'arroger des privilèges sexuels dont ils renient les conséquences. Voilà pourquoi le sexe, fatalement, est synonyme de mort, de silence et d'interdit.

Si les rapports entre masculinité et sexualité sont donc évidents dans *Les Silences du palais*, il est étonnant que dans tout le film, comme dans la plupart des autres films du Maghreb, l'acte sexuel soit absent de l'écran. Le sexe reste toujours suggéré, jamais montré. Le film de Moufida Tlatli reste dans une stratégie de « limite dans la représentabilité » par laquelle le sexe est présent partout dans le film mais absent de l'écran. En effet, comme le dit Slavoj Žižek, les cinéastes tunisiens semblent se limiter strictement à ce modèle qui leur permet de parler sans montrer, de maintenir le spectateur loin de l'expérience diégétique des personnages.[29] On peut en effet remarquer qu'à chaque scène intime il s'opère dans le film une coupe franche. Le spectateur voyeur est ainsi obligé d'imaginer ce qui se passe. Le seul personnage qui voit souvent ce qui se passe, et qui tente de l'articuler avant d'en être incapable, c'est Alia. Seule femme cherchant sans cesse à savoir et n'arrêtant pas de poser des questions, elle voit souvent ce qui est interdit au spectateur. Et comme le (sa)voir est souvent tragique, Alia en fait l'expérience. Témoin du viol dont sa mère sera enceinte, elle garde un traumatisme magistralement illustré par cette image carcérale dans laquelle, en fuite et coincée entre les grilles du palais, elle émet un grand cri rendu muet dans le film par la coupure du son. Jusque-là, on savait simplement que la masculinité sereinement triomphante s'illustrait par le silence dont les victimes entouraient leurs actes. Avec le grand cri muet

29 *Cf.* Slavoj Žižek, « Looking Awry », *October* 50, 1989, p. 33.

d'Alia, elle atteint une autre dimension tragique, l'incapacité motrice à rompre le silence, à dire sa douleur. Alia ne peut plus parler et n'évoque jamais avec personne les profondeurs et les ténèbres de son (sa)voir. Le destin d'Alia, c'est avant tout celui d'une jeune fille qui enquête, explore, et qui semble avoir une moins grande prise sur ce qui lui arrive que les jeunes filles d'*Un été à La Goulette* de Férid Boughedir.

Un Été à La Goulette ou la conquête érotique

On ne peut approcher *Un été à La Goulette* en faisant abstraction du fait que l'histoire se situe en 1967, juste avant la guerre israélo-arabe, qu'elle relate l'existence de trois familles de confessions religieuses différentes et que, fondamentalement, le réalisateur tunisien y pose la question du vivre ensemble et envisage ainsi les possibilités d'un discours sur la paix. On ne saurait non plus perdre de vue le fait qu'à cette dimension proprement politique se greffe de manière presque consubstantielle une part de discours sur la sexualité, la féminité et la masculinité. Contrairement à Alia, Meriem, Tina et Gigi d'*Un été à La Goulette* semblent avoir le contrôle le plus absolu sur leur corps et leur sexualité. Bien plus, en dépit du patriarcat étouffant, leurs rapports avec le masculin sont négociés dans des postures qui confirment la vulnérabilité de la toute-puissance du désir. Plus que jamais, celui-ci reste, ainsi que le relevait Jean-Paul Sartre, « tout entier chute dans la complicité avec le corps ».[30]

En effet, la réductibilité du désir au corps permet à Meriem, Tina et Gigi de mettre en cause les interdits moraux qui répriment tout désir sexuel avant le mariage et, surtout, d'ébranler subtilement les prétentions masculines de domination. Le projet de ces jeunes filles, toutes âgées d'à peine 17 ans, de perdre leur virginité pendant/avant le 15 août les sort de cette passivité par laquelle les jeunes Maghrébines mettent habituellement leurs corps à la disposition de mâles dont elles subissent les assauts. Bien plus, Meriem (musulmane), Tina (catholique) et Gigi (juive) décident de le faire avec un garçon d'une origine autre que la leur, ce qui bouleverse toutes les conventions et crée quelques crises dans la paisible banlieue où cohabitent les trois familles aux liens profonds. Dans *Un été à La Goulette*, l'expérience du désir et de la sexualité permet à l'inséparable trio d'expérimenter son pouvoir de séduction face à des garçons et des hommes qui, du coup, renoncent à ce qui est souvent apparenté à leur toute puissance.

---

30 Jean-Paul Sartre, *L'Être et le néant*, Paris, Gallimard, 1943, p. 428.

La première tentative d'expérimentation sexuelle a lieu pendant le mariage de Lucette. À cette occasion, le trio répond aux avances de trois garçons qui ont aménagé parallèlement un espace dans l'immeuble pour y recevoir les trois filles en mode de conquête. S'il est clair dans le film que les garçons sont les premiers à offrir aux jeunes filles cette « invitation », la facilité avec laquelle elles acceptent montre bien qu'elles sont en réalité en situation de conquête parce que l'invitation est postérieure à leur projet de se faire dépuceler. Ainsi, lorsqu'elles quittent la salle de réception pour se diriger vers le salon privé où elles sont attendues, elles sont conscientes d'être en pleine transgression des mœurs. Si elles ne se font pas beaucoup prier pour se faire embrasser et caresser, elles gardent le contrôle. Dans l'obscurité, elles cèdent à diverses initiatives et lors du *slow* qu'elles offrent aux trois adolescents, leurs postures évoluent. Les corps d'abord relativement éloignés en dépit de leur enlacement se rapprochent davantage avant que quelques plans rapprochés ou des gros plans ne montrent les couples en train de s'offrir des baisers profonds. D'autres caresses ont lieu sur le divan avant d'être interrompues.

Toutefois, les confessions postérieures à la séance d'érotisme révèlent aussi que les trois jeunes filles se sont bien préparées pour que « rien » ne se passe. Elles admettent avoir expressément mis des vêtements qui devaient rendre la chose plus difficile. De là, il apparaît que la démarche de Tina, Gigi et Meriem relève plus d'un jeu de séduction et d'exploration que d'une véritable activité sexuelle. Ce que cela révèle aussi, c'est le contrôle que les jeunes filles réussissent à exercer sur leur corps et, du coup, sur celui du sexe masculin subtilement émasculé dans le film. Si le pouvoir masculin garde une certaine ascendance dans le film, celle-ci s'exerce surtout sur les parents parce que les jeunes filles, et principalement Meriem, réussissent à faire du corps la pièce centrale de la déstabilisation du masculin. Dans cette perspective, le jeu du regard, le savoir, médiatisé par le voir, fait encore du désir une véritable arme dont le spectateur constate les dégâts.

Si la plupart des garçons dans *Un été à La Goulette* semblent tous succomber à l'emprise des jeunes filles qui les manipulent avec aisance, inversant ainsi la mythologie du patriarcat dominant, la gestuelle de Maxo Delon semble pourtant un peu différente. « Débarqué » au sens de Frantz Fanon, c'est-à-dire arrivé d'Europe et gonflé par un ensemble de complexes, il développe une posture et une gestuelle face à Gigi qui le positionne comme prince espérant se positionner en bourreau des cœurs. Dans un plan d'ensemble, il est assis sur un fauteuil, entouré de plusieurs autres personnages et les pieds écartés, presque comme un roi. À chacun de ses passages, il bénéficie d'une attention particulière, et tout le monde semble se ruer vers lui. Si sa cousine lui résiste et l'ignore pratiquement, sa gestuelle ne semble pas radicalement différente de celle des hommes parce qu'elle se situe dans la même trajectoire, celle d'une masculinité écrasante.

En effet, tous les pères et les hommes d'*Un été à La Goulette* se ressemblent dans la manière dont ils se situent par rapport au sexe féminin. Ainsi, lorsque Jojo, Youssef et Giuseppe découvrent que leurs filles non seulement fréquentent, mais, plus grave, flirtent avec des garçons d'autres religions, ce sont leurs épouses qui sont blâmées pour leur « mauvaise éducation ». Ce sont eux qui établissent et supervisent la « norme » sexuelle qui interdit toute relation avant le mariage. Ils s'assurent aussi qu'elles se voilent ou « protègent » leurs corps de la convoitise du regard. Mais cette exigence est plus marquée chez Youssef qui, pauvre employé néanmoins autoritaire chez lui, se fait tout petit devant Double Hadji, son bâilleur. La sujétion évidente de tous les hommes devant Double Hadji, le propriétaire immobilier qui menace d'expulser ses locataires à tout moment, est une autre illustration de la féminisation « inversée » observée dans *Les Silences du palais*. Alors que dans le film de Moufida Tlatli, le masculin triomphant s'éclipse et s'écrase devant le colon, dans *Un été à La Goulette*, la « force » masculine devient presque génuflexion devant le pouvoir du capital incarné par Double Hadji. Fort de son pouvoir financier, l'ascendant qu'il maintient sur son entourage repositionne la masculinité dans sa dimension sociale. Autrement dit, on est écrasé simplement parce qu'on est pauvre, vulnérable. Mais le charme (et le paradoxe) des dynamiques masculinistes dans ces films, c'est aussi leur « circularité », leur instabilité, leur triangularité.

En effet, le tout puissant Double Hadji, en dépit de son âge et de son pouvoir, est réduit, comme Sid Béchir et Sid Ali dans *Les Silences du palais*, à l'expression la plus simple de sa chair. La faiblesse la plus évidente de Double Hadji est sa lubricité qui le fait, littéralement, s'effondrer devant le charme de la jeune Meriem dont on pourrait dire, en empruntant à Chebel, que « le corps nu [est] une cible et un tireur, un pigeon et un chasseur, un terrain de chasse et un gibier imprenable ».[31] S'il est évident qu'il ignore systématiquement Taïta, son assistante grimaçante, et la traite avec le même dédain qu'il a pour les autres personnes de son entourage, il n'a d'yeux que pour la petite Meriem qui, à son tour, joue de son charme pour ébranler le vieillard.

Tout part d'une de ses nombreuses visites intempestives chez Youssef. Se rendant à la douche, Double Hadji entrevoit Meriem en train de se laver et reste muet, tétanisé devant les formes qui s'imposent devant ses yeux. Il revient plus tard en l'absence des parents de la jeune fille qu'il trouve en train de faire le ménage. Vêtue d'une robe de chambre entrouverte, ses seins ouvertement accessibles à son regard, il s'installe dans la maison. Meriem se place

31 Chebel, *Le Livre des séductions, op. cit.*, p. 112.

exprès devant lui pour nettoyer le sol, la poitrine ouverte et les jambes écartées. Profondément perturbé, Double Hadji tremble et verse le lait qu'elle lui sert sur la cuisse. D'un geste érotique et délibérément provocant, elle passe à plusieurs reprises le doigt sur sa cuisse dévoilée et le lèche avec volupté. Suite à l'insistance avec laquelle Double Hadji, qui par ailleurs demande à épouser Meriem, exige qu'elle se voile, elle décide de le faire : elle se rend chez lui enroulée dans un linge blanc. Elle trouve Double Hadji assis et, pour faire la volonté de ce dernier, se place de dos face à la caméra et ouvre le long pagne blanc. La réaction et la gestuelle de l'homme sont parlantes : il ouvre grandement bouche et yeux, se met à genoux pour contempler le corps « infernal » de Meriem, s'écroule et meurt.

Le passage de la vie à trépas qui constitue l'une des dernières images d'*Un été à La Goulette* marque non seulement la sujétion complète du (capital) masculin, mais instaure également, au niveau politique, une nouvelle ère dans les discours identitaires et dans les modalités de transformation sociale. Clairement, le renversement de tous les ordres ne peut se faire par les mêmes tenants de ces ordres. Voilà pourquoi Boughedir confie aux jeunes d'autres armes pour secouer les structures sociales. Le renouvellement du personnel filmique est à ce sujet important et confirme une tendance déjà présente chez un Sembène Ousmane par exemple. Si le syndrome (et le symptôme) de la beauté fatale n'est pas nouveau dans les récits en scène, ce qu'on observe dans la démarche de la jeune Meriem va bien au-delà d'une banale mise en forme malicieuse de la part d'une adolescente qui joue avec les plaisirs. Plus que la conscience de la puissance de foudre que constitue son corps, elle semble céder aux plaisirs primaires du vieillard essentiellement pour le punir et, dans un sens, sauver l'honneur de ses parents contraints à une humiliation permanente.

D'autre part, comme dans *Les Silences du palais*, l'élément central de la mise en scène d'*Un été à La Goulette* est la stratégie employée pour faire regarder le corps sans le voir, le montrer sans le révéler. Si on peut situer cette esthétique de l'interdit qui consiste à ne pas montrer le sexe dont le récit parle à plusieurs égards, dans une stratégie filmique commune à la plupart des réalisateurs africains, elle tient aussi, nous dit Malek Chebel, de cette expérience maghrébine où la séduction, le voir et l'interdit, lorsqu'appliqués au corps, offrent des interprétations fort complexes. En effet, la

> mentalité traditionnelle au Maghreb flirte dangereusement avec la séduction, et le fait de 'voir' inscrit naturellement la conduite dans les limites primordiales de l'adamisme enfantin. 'Voir', au Maghreb, équivaut le plus souvent à 'dévoiler', 'dénuder' … Seule la nudité conventionnelle est tolérée, encore qu'elle se produise dans les contextes qui l'autorisent.

> Le non-vu est souvent préféré, hypocritement, au vu, mais c'est surtout l'entrevu qui prédomine. Tout est entrevu, appréhendé dans une discipline collective qui se veut des plus saines, bien qu'il se trouve des situations où il soit encore plus malsain de ne voir qu'à moitié que de voir franchement.[32]

Si les corps désirés et la quête de plaisir traversent *Un été à La Goulette*, il n'est pas donné au spectateur de voir dans son entièreté le corps que convoitent ou contemplent les protagonistes. Le corps ensorcelant de Meriem est filmé de profil lorsque Double Hadji la voit se laver. On entrevoit son derrière et des seins fermes, tout cela dans un plan d'ensemble où la lumière est peu vive. Lorsque le père de Gina quitte la maison pour aller, suivant les dires de sa fille, rencontrer une de ses maîtresses, il voit sa fille couchée et presque nue sur le côté. Il hésite, avance mais recule pour regarder avec une certaine concupiscence la précision et la fermeté des formes du corps de sa propre fille. Pour son « dévoilement fatal » devant Double Hadji, Meriem n'offre au spectateur que son dos. Dans tous les cas, la nudité frontale est « interdite » au spectateur. Si celui-ci sait que Double Hadji meurt « sur le champ d'honneur », il doit simplement se représenter mentalement l'objet de cette mort, lequel lui reste interdit. Autrement dit, il est en situation défavorable par rapport au personnage qui a le privilège du voir. Mais c'est ce voir qui ébranle les prérogatives et les prétentions de la masculinité. C'est ce voir qui porte un coup (fatal) à Double Hadji et le force subitement à s'agenouiller devant Meriem. Cette « métaphysique » de la chair est aussi celle de la déchéance de la masculinité. Même si la jeune fille s'enfuit par peur et ne triomphe pas de son pouvoir, il reste évident qu'elle donne la preuve du pouvoir funeste du corps.

On a pu le voir, *Les Silences du palais* et *Un été à La Goulette* offrent une représentation assez symétrique de la masculinité. À ces films, on aurait pu ajouter *Halfaouine. L'Enfant des terrasses* (Férid Boughedir, 1990), *L'Homme de cendres* et *Bezness* (Nouri Bouzid, 1986 et 1992). Ces trois films auraient apporté une dimension supplémentaire à la complexité de la masculinité, principalement en ce qui a trait au travail filmique et social sur le corps ainsi qu'aux variations de ses usages sexuels. Dans tous les cas, Moufida Tlatli et Férid Boughedir nous montrent bien que la masculinité est prise de panique en raison de sa propre indiscipline, qu'elle est le lieu d'une dynamique qui échoue souvent, confirmant de ce fait le leurre de la domination.

---

32 *Ibid.*, p. 110.

Bibliographie

Armes, Roy, *Postcolonial Images. Studies in North African Films*, Blomington, Indianapolis, Indiana University Press, 2005.

Bodman, Herbert L. et Nayereh Tohidi, éds., *Women in Muslim World. Diversity within Unity*, Boulder & London, Lynne Rienner, 1998.

Bourdieu, Pierre, *La Domination masculine*, Paris, Éditions du Seuil, 1998.

Brahimi, Denise, *50 ans de cinéma maghrébin*, Paris, Minerve, 2009.

Brahimi, Denise, *Cinémas d'Afrique francophone et du Maghreb*, Paris, Nathan, 1997.

Charrad, M. M., « Cultural Diversity Within Islam : Veils and Laws in Tunisia », dans Bodman, Herbert L. Bodman et Nayereh Tohidi, éds., *Women in Muslim Societies: Diversity Within Unity*, Boulder, London, Lynne Rienner, 1998, pp. 63-79.

Chebel, Malek, *Le Livre des séductions. Suivi de Dix aphorismes sur l'Amour*, Paris, Payot, 1996.

Chebel, Malek, *Encyclopédie de l'amour en Islam. Erotisme, beauté et sexualité dans le Monde arabe, en Perse et en Turquie*, Paris, Payot, 1995.

Chebel, Malek, *Le Corps dans la tradition au Maghreb*, Paris, PUF, 1984.

Clavreuil, Gérard, *Érotismes et littératures*, Paris, Acropole, 1987.

Connell, Robert. W., « Globalisation, Imperialism, and Masculinities », dans Michael S. Kimmel, Jeff Hearn et Robert W. Connell, éds., *Handbook of Studies on Men & Masculinities*, Thousand Oaks, Sage, 2005, pp. 71-89.

Connell, Robert. W., « Masculinités et mondialisation », dans Daniel Welzer-Lang, éd., *Nouvelles approches des hommes et du masculin*, Toulouse, Presses Universitaire du Mirail, 2000, pp. 195-219.

Connell, Robert. W., *The Men and the Boys*, Cambridge, Polity Press, 2000.

Connell, Robert. W., *Masculinities: Knowledge, Power and Social Change*, Berkeley, University of California Press, 1995.

Foucault, Michel, *La Volonté de savoir, tome 1, Histoire de la sexualité*, Paris, Gallimard, 1976.

Foucault, Michel, *Surveiller et punir. Naissance de la prison*, Paris, Gallimard, 1975.

Foucault, Michel, *Histoire de la Folie à l'âge classique*, Paris, Gallimard, 1972.

Holy, Ladislav, *Kinship, Honour and Solidarity: Cousin Marriage in the Middle East*, Manchester, New York, Manchester University Press, 1989.

Mabrouki, Azzedine, « L'Algérie et la Question du cinéma : une question bouleversée », dans *Cinéma et Libertés*, Paris, Présence Africaine, 1993, pp. 37-42.

Mbembe, Achille, *De la Postcolonie. Essai sur l'imagination politique dans l'Afrique contemporaine*, Paris, Karthala, 2000.

Morel, Robert et Sandra Swart, « Men in the Third World : Postcolonial Perspectives on Masculinity », dans Michael S. Kimmel, Jeff Hearn et Robert W. Connell, éds., *Handbook of Studies on Men & Masculinities*, Thousand Oaks, Sage, 2005, pp. 90-113.

Monga, Célestin, *Nihilisme et négritude. Les Arts de vivre en Afrique*, Paris, PUF, 2009.
Ouzgane, Lahoucine, éd., *Men in African Film and Fiction*, Woodbridge, James Currey, 2011.
Ouzgane, Lahoucine, *Islamic Masculinities*, London, New York, Zed Books, 2006.
Peteet, Julie, « Male Gender Rituals of Resistance in the Palestinian Intifada : A Cultural Politics of Violence », dans Mai Ghassoub et Emma Sinclair-Web, éds., *Imagined Masculinities*, London, Saqi Books, 2000, pp. 103-126.
Pfaff, Françoise, « Eroticism in African Films », dans Imruh Bakari et Mbye Cham, éds., *African Experiences of Cinema*, London, BFI, 1996, pp. 252-261.
Pickering-Iazzi, Robin, « Mass-Mediated Fantasies of Feminine Conquest, 1930-1940 », dans Palumbo Patrizia, éd., *A Place in the Sun : Africa in Italian Colonial Culture from Post-Unification to the Present*, Berkeley, University of California Press, 2003, pp. 197-224.
Mernissi, Fatema, *Beyond the Veil. Male Female Dynamics in a Muslim Society*, Bloomington, Indiana University Press, 1987.
Sartre, Jean-Paul, *L'Être et le Néant*, Paris, Gallimard, 1943.
Tcheuyap, Alexie, *Postnationalist African Cinemas*, Manchester, New York, Manchester University Press, 2011.
Zimmer, Christian, *Cinéma et politique*, Paris, Seghers, 1974.
Žižek, Slavoj, « Looking Awry », *October* 50, 1989, pp. 31-35.

PARTIE 3

Études littéraires

CHAPITRE 10

Le mâle/mal de la mélancolie : homoérotisme et masculinité *inadaptée* chez Abdellah Taïa

Claudia Gronemann

Abstract

Focusing on the discourse model of melancholy, this contribution aims at analyzing the idea of "non-conformist" masculinity brought forward by the Franco-Moroccan author Abdellah Taïa. Referring to a topic which is firmly established in western thinking, Taïa rewrites the idea of the melancholic man and creates a new variation of masculinity by founding the concept of *mélancolie arabe*. This melancholic maleness reaches far beyond traditional models of patriarchy and gender dichotomy and its mechanism can be explained against the background of Butler's (2002) and Foster's (1998) theoretical frameworks which are accentuating the particular link between melancholy and culturally standardized processes of gender identification, even if both authors do not consider Islamic models. The autofictional protagonist in Taïa's text proclaims a particular kind of literary male subjectivity which includes – against Moroccan rules – the sexual desire of passiveness. At the same time, the protagonist refuses to be identified as "unmanly" due to prevailing social norms. Consequently, he rejects religiously or socially founded forms of gender and sexual hierarchy and mourns the fact that his beloved partners, degrading him, do not. Finally, he is coming to terms with the disempowered part by assuming the posture of a new melancholic writer, an Arab one who is writing in French, but who can be fully recognized thanks to an illustrious history of melancholic authors.

Introduction

Une mélancolie arabe[1] (2008) est le cinquième livre de l'auteur marocain Abdellah Taïa,[2] premier écrivain arabe à révéler, publiquement et littérairement,

1 Abdellah Taïa, *Une mélancolie arabe*, Paris, Éditions du Seuil, 2008.

2 En Allemagne, l'éditeur Suhrkamp publie *Le Jour du roi* (*Der Tag des Königs*, Berlin, 2012), premier texte de Taïa traduit en allemand.

 | DOI 10.1163/9789004342828_012

son désir homoérotique.[3] À première vue, l'évocation de la mélancolie dans le titre paraît faire allusion au sentiment d'un amoureux et à la tristesse de ses amours malheureuses. Le livre, sous-titré « roman », est basé sur une structure rétrospective et se termine avec le chapitre IV qui raconte l'échec d'un amour homoérotique sous forme de lettre. Le narrateur écrit à son ex-partenaire, un Algérien, pour lui expliquer sa désillusion et le déchirement qu'il a ressenti pendant leur liaison,[4] et il en fait le bilan : « Je suis devenu une femme arabe, soumise pour toi ».[5] Le narrateur critique le côté possessif, jaloux et étouffant de son partenaire Slimane, mais également les questions de force et de genre qui étaient à l'œuvre dans la relation tout en regrettant également leur séparation et en réaffirmant son amour. Dans les deux chapitres précédents, il est aussi question d'amours homoérotiques, de passions illicites et de pertes à travers lesquels « l'éducation sentimentale » du protagoniste s'est accomplie. Le lecteur, à l'évocation explicite des rencontres sexuelles, se trouve confronté à la problématique du dire et de l'écrire de la sexualité[6] et assiste, en même temps, à la naissance d'« un écrivain de la scène passionnelle ».[7] Le sentiment de la mélancolie chez le protagoniste n'est ainsi pas seulement une expression de sa masculinité inadaptée et donc un réflexe de la norme, ainsi l'hypothèse, mais fait également allusion à l'esprit mélancolique d'un écrivain. Taïa participe, de telle façon, à la réécriture de ce topique tout en élaborant une composante arabe de la mélancolie.

3 Je ne considère pas ici Jean Sénac et d'autres qui ont vécu leur homosexualité sans la cacher explicitement.

4 Ce dernier chapitre s'intitule « Écrire » et a pour base des extraits tirés d'un journal à deux rédigé en français par les deux amants. Après que Slimane a fait disparaître ces notes érotiques, le narrateur le lui reproche par cette lettre.

5 Taïa, *Une mélancolie arabe, op. cit.*, p. 115.

6 Tout en suivant Foucault, je ne comprends pas la sexualité comme un fait biologique, mais une relation de savoir et de pouvoir qui doit être établie toujours de nouveau de manière à ce que se développe, autour des phénomènes sexuels, tout un réseau des discours de pouvoir : « La sexualité n'est décisive pour notre culture que parlée et dans la mesure où elle est parlée » ([1963] 1994, p. 248, Michel Foucault, « Préface à la transgression », dans *Dits et écrits*, Paris, pp. 233-250). Si le dispositif de la sexualité est ici explicitement réclamé pour l'Occident, il est de même valable pour des auteurs comme Taïa qui rendent public leur « conflit » sexuel.

7 Voir Ralph Heyndels, « 'l'amour évidemment' ou, c'est par où le noir du monde ?' Écriture de la scène passionnelle et scène passionnelle de l'écriture : désir, trahison et mélancolie dans *L'Armée du salut* d'Abdellah Taïa », dans Ridha Bourkhis, éd., *La rhétorique de la passion dans le texte francophone : mélanges offerts à Jean Déjeux*, Paris, L'Harmattan, 2010, pp. 113-148.

Le discours de la mélancolie s'est formé en Occident depuis l'Antiquité produisant un réseau de catégories.[8] Dans la mythologie, elle est représentée par Saturne, dieu planétaire et symbole de l'énigmatique, qui représente une figure châtrée et mutilée. Dans le savoir médical de la fin de l'Antiquité, la mélancolie n'est plus considérée comme une destinée, mais un symptôme qui résulte, suivant l'idée des humeurs, d'un manque d'équilibre des liquides du corps et, plus précisément, d'une surabondance de bile noire. La réception médiévale a consolidé cette idée d'un dérèglement corporel, en ajoutant au mélancolique un aspect antireligieux car la personne concernée paraît s'écarter de dieu. S'il n'existe pas de discours arabe moderne sur la mélancolie, pour la transmission du concept d'une maladie (idée héritée des Grecs), les écrits médicaux arabes sont d'une importance cruciale. Par exemple, le *Traité sur la mélancolie* (début Xe siècle) d'Ishâq Ibn Imrân,[9] base sa recherche des symptômes sur Hippocrate, Galien et Rufus d'Ephèse. Le médecin de Kairouan constate qu'il s'agit d'une maladie mentale, physiquement déclenchée, qui affecte l'imagination et paraît correspondre à la folie, de telle manière que le mélancolique est gravement malade. Ce texte, traduit en latin par Constantin l'Africain, devient une source du discours occidental sur la mélancolie qui, à l'époque de la Renaissance, a profondément changé. La mélancolie est considérée, pour la première fois, comme une qualité subjective, une caractéristique qui fait resurgir l'individualité d'une personne. C'est avec Marsile Ficine qu'elle devient une capacité ingénieuse noble et que l'idée du poète à l'esprit mélancolique émerge. On attribue une aptitude particulière à la connaissance et à la force créative au Je mélancolique, une idée qui reviendra plus tard sous forme du poète romantique et qui va transformer la mélancolie en expérience esthétique. L'homme mélancolique, stigmatisé au début, devient sublime, de telle sorte que l'auteur moderne peut s'autoproclamer « écrivain mélancolique ». En

---

8 Voir Hartmut Böhme, « Kritik der Melancholie und Melancholie der Kritik », dans Hartmut Böhme, éd., *Natur und Subjekt, Vol. 2, Subjektgeschichte*, Frankfurt am Main, Suhrkamp, 1988, pp. 256-273, et un classique sur la mélancolie, Raymond Klibansky, Erwin Panofsky et Fritz Saxl, *Saturn und Melancholie. Studien zur Geschichte der Naturphilosophie und Medizin, der Religion und der Kunst*, Frankfurt am Main, Suhrkamp, 1992, dans lequel les auteurs développent l'histoire de ce terme à travers des textes médicaux, scientifiques et philosophiques depuis l'Antiquité, une réflexion sur les traductions littéraire et iconographique de Saturne, un chapitre consacré à l'époque moderne et les aspects poétiques de la mélancolie ainsi que des précisions sur l'œuvre de Dürer (*Melencolia*).

9 Rokaya Boubakeur, *Kitab el Malikhulia ou monographie sur la Mélancolie d'Ishaq b. Imran*, Paris, thèse de doctorat, Faculté de Médecine, 1979.

fait, la mélancolie n'a pas d'essence, mais fonctionne, selon Krämer[10] comme une catégorie épistémologique qui indique des ruptures de l'ordre établi. Prise dans un tel sens qui souligne l'aspect structurel, elle ne s'avère pas seulement « la sœur noire de la raison occidentale »,[11] mais fonctionne à mon avis également de manière transculturelle comme l'indice d'une brisure du modèle des genres, notamment l'idée du masculin arabo-islamique. Dans le cas de Taïa, la mélancolie est la conséquence d'un code culturel qui exclut les sexualités marginales.[12] Taïa évoque précisément cette constitution normative du genre liée à la définition des rôles sexuels qui, dans une relation homoérotique, ne connaît qu'une part mâle. Le concept d'une 'mélancolie arabe' lui sert, plus particulièrement, à « négocier ces établis du masculin » et à construire le masculin en dehors du binarisme homme-femme.

« Abdellah », le narrateur autodiégétique du roman *Une mélancolie arabe*, qui voulait devenir cinéaste,[13] légitime son écriture en adoptant, avec ce « motif » poétologique, la pose de l'artiste qui doit son énergie créatrice à un manque d'adaptation sociale. Force est de constater que l'auteur même, Abdellah Taïa, originaire du quartier populaire Hay salam (Salé), se réfère ici à un topique de la *Weltliteratur* pour « devenir quelqu'un », pour réclamer son statut d'écrivain. Dégradé initialement dans son identité sociale et genrée, il reconstruit son individualité sur le champ littéraire en se faisant créateur. L'écriture ouvre un espace symbolique pour exprimer le deuil et pour représenter les identifications culturellement interdites. L'écriture s'avère, par conséquent, être une pratique performante du genre, en vue de créer une masculinité différente que représente le refoulé. Le narrateur récupère les objets perdus comme les sédiments de son moi à venir et de son identité toujours en processus de formation. Taïa parle alors de soi pour « se revendiquer homosexuel et marocain et pour établir son autofiction comme enje/u politique ».[14] Son œuvre littéraire, issue d'une quête autobiographique, vise ainsi à élaborer une représentation légitime de l'homoérotisme dans une culture arabo-

---

10 Voir Sybille Krämer, « Melancholie – Skizze zur epistemologischen Deutung eines Topos », *Zeitschrift für philosophische Forschung* 48, n° 3, 1994, pp. 397-419.

11 *Ibid.*, p. 416.

12 Voir le paragraphe 2.

13 Il rêve de transmettre son désir, considéré comme « illicite », par le cinéma qui est l'espace privilégié dans lequel l'imagination prend forme et dans lequel le non-dit du masculin différent de la norme arrive à s'articuler sous le signe de la dignité.

14 Arnaud Genon, « L'autofiction comme en(je)u politique chez Abdellah Taïa », dans *Culture(s) et autofiction(s)*, Colloque à Cerisy-la-Salle, 2012, www.ccic-cerisy.asso.fr/autofiction12.html (visité le 24 juillet 2012).

islamique.[15] En fait, il est parmi les premiers auteurs – si ce n'est le tout premier – de la culture maghrébine à rendre public son désir et à réfléchir « en chair » sur la sexualité masculine dans une société d'empreinte musulmane.[16] Il n'a jamais voulu se « mettre à nu », mais – tout en suivant la tradition Doubrovskyienne – Taïa a éprouvé le besoin de créer un modèle de subjectivité, liée dans son cas à l'expression de son homosexualité, par des moyens littéraires. Si la motivation d'écrire chez les deux auteurs est bien différente, la fameuse constatation de Doubrovsky par rapport à la production textuelle du sujet est également valable pour Taïa : « Pour l'autobiographe, comme pour n'importe quel écrivain, rien, pas même sa propre vie, n'existe avant son texte ; mais la vie de son texte, c'est sa vie *dans* son texte ».[17]

Les catégories du genre et la sexualité dans la culture islamique

Pour comprendre que l'expression littéraire d'Abdellah Taïa ne brise pas seulement un tabou culturel et religieux, mais se veut prise de parole d'un homme qui réclame le droit à une identité hors des catégories établies, il faut éclairer les caractéristiques de la relation du genre et de la sexualité dans une société musulmane comme celle du Maroc. De prime abord, c'est l'historisation du savoir sur la sexualité (Foucault) qui a marqué un changement de paradigme de la réflexion sur ce thème. *L'Histoire de la sexualité*, surtout le premier volume,[18] nous permet, notamment, de comprendre que le sexe est faussement naturalisé et que le modèle des identités sexuelles est, lui-même, l'effet d'une production

15 J'emprunte la terminologie utilisée par Gianfranco Rebucini qui souligne l'absence du concept d'homosexualité dans les cultures islamiques.

16 L'histoire de son *coming out* est devenue célèbre : elle renvoie, de façon exemplaire, à l'origine autofictionnelle de l'œuvre de Taïa. L'auteur avait évoqué l'homosexualité à visage couvert dans ses premiers textes, *Mon Maroc* (2000), et notamment *Le Rouge du tarbouche* (2004) jusqu'à ce qu'une journaliste du magazine marocain *Tel Quel* lui ait proposé de donner une interview pour parler ouvertement de ce sujet, ce qu'il a accepté pour ne pas, comme il l'explique plus tard, tromper ses lecteurs sur la nature des textes et pour ne pas retirer ce qui a été dit. En janvier 2006, l'article « Homosexuel – envers et contre tous » faisait la une de *Tel Quel* : une rupture sans précédent du tabou. Mais l'auteur se sentait protégé par son statut d'écrivain, comme il l'a expliqué, plus tard, dans une interview télévisée avec la chaîne Public Sénat.

17 Serge Doubrovsky, « L'Initiative aux maux : écrire sa psychanalyse », dans *Parcours critique*, Paris, Galilée, 1980, pp. 165-201, ici 188.

18 Michel Foucault, *Histoire de la sexualité*, tome 1, la volonté de savoir, Paris, Gallimard, 1976.

discursive dans les sciences naturelles, c'est-à-dire la suite de la constitution d'un dispositif moderne en Occident. Foucault n'a pas seulement réfléchi à la pathologisation des pratiques dites « déviantes » (masturbation, hystérie, perversion), en remarquant leur fonction de discipline des corps, mais il a souligné l'importance croissante de la sexualité par rapport aux époques antérieures. Sur la base de cette nouvelle perspective sur la sexualité, entendue comme pratique ancrée de manière différente dans les cultures, nous comprendrons que la tradition arabo-musulmane ne dispose pas du modèle de l'homosexualité qui est, lui-même, le produit d'un savoir scientifique particulier, et que la culture arabe, si elle partage la conception duale des sexes, ne possède pas un tel savoir sur la sexualité. L'hétéronormativité paraît plutôt un élément dans le système religieux métaphysique. Elle constitue le modèle unique et naturalisé d'après lequel on considère tout acte, dit « homosexuel », (*liwat* : le péché de Lot) comme transgression et dérangement de l'ordre religieux, mais on ne lui attribue pas la dimension d'une catégorie au sens propre, d'une substance (« maladie », « identité »). Cela n'est donc pas un paradoxe qu'« une certaine tolérance prévaut, au Maghreb comme dans l'immigration, dès lors que le sujet ne fait pas de son homosexualité une identité publiquement revendiquée et qu'il se conforme à l'obligation du mariage ».[19] Ce manque de catégories en dehors de la négativité, pour relier le problème au texte de Taïa, provoque un conflit d'identité qui se révèle existentiel pour l'auteur. D'un côté, l'homoérotisme existe manifestement dans les sociétés en question, et les sociologues confirment ce fait,[20] mais il a toujours existé en dehors de la loi (religieuse, culturelle) et, par conséquent, hors de toute possibilité de prendre forme de manière légitime. Dans le cas de Taïa, un exemple va illustrer le problème de légitimation : sa famille a réagi moins négativement à ses textes littéraires, qui parlent ouvertement de son homosexualité, qu'à une interview, accordée à l'hebdo *Al Jarida Al Oukhra* [*L'autre journal*], dans laquelle l'auteur parle en arabe de son homosexualité, et qui plus est, utilise un nouveau mot :

---

19 Christelle Hamel, « En milieu maghrébin, une question d'honneur », dans Rose-Marie Lagrave et al., éds., *Dissemblances – jeux et enjeux du genre*, Paris, L'Harmattan, 2002, pp. 37-50, ici 40.

20 Abdessamad Dialmy par ex., sociologue marocain, parle des pratiques homosexuelles à caractère succédané qui ne sont pas sanctionnées quand elles s'effectuent entre garçons ou prisonniers. Voir « Sexuality in Contemporary Arab Society », *Social Analysis* 49, n° 2, 2005, pp. 16-33.

> Le fait que j'ai imposé l'utilisation du mot *mathali* ou *mithli* (NDLR lexique inventé, il y a quatre ans, au Liban pour homosexuel) au lieu de *chadd jinsi* (marginal sexuel), a été perçu comme une agression. Après coup, j'ai compris que ce qui était intolérable à leurs yeux, c'est que je le dise aussi ouvertement, en arabe.[21]

La notion *mathali* dérive de *mithl* (en français : comme) et se réfère à l'homme qui aime celui qui est comme lui. Mais elle est surtout neutre et n'exprime pas de jugement. Cette anecdote ne reflète pas seulement un conflit de désignation, mais la dimension, tout à fait différente, d'une sexualité moderne qui fait partie du processus de l'individualisation et qui se distingue fondamentalement du modèle religieux. Tandis que le sujet s'individualise par son désir et ses ambitions, le moi traditionnel se forme à travers son attachement aux normes collectives. Cela s'est toujours effectué en culture islamique sous le signe d'une sacralisation du corps, c'est-à-dire que le corps et toutes ses pratiques respectives se trouvent subordonnés à la religion. Dans le cadre de ce paradigme métaphysique, la sexualité elle-même devient une pratique fondamentalement sociale et religieuse. Selon cette logique du corps, décrite par Abdelkébir Khatibi, la fonction de la sexualité est de garantir la généalogie agnatique comme principe fondateur religieux et communautaire. Par conséquent, on discrédite toute sexualité en dehors de cette finalité. Le sociologue marocain a signalé « le silence prudent des chercheurs maghrébins (et arabes) quant à ce qu'on appelle 'sexualité' »,[22] et rompt, lui-même, ce silence en 1982 avec son article « La sexualité selon le Coran », et cela à la même époque que les écrits de Foucault :

> [...] le système abolit la sodomie et le saphisme, parce que perversion, inversion du système de circularité, autodévastation et autodestruction de la généalogie et de la lignée ; il abolit le mariage entre une musulmane et un non-musulman, parce que cette mésalliance rompt le cercle, introduisant d'autres lois de l'échange, d'autres principes métaphysiques et tout simplement un chaos [...].[23]

---

21 Interview vérité. « Notre société tient grâce au sexe » (Chadwane Bensalmia), *Tel Quel online* 241, 2008, http://m.telquel-online.com/archives/241/arts1_241.shtml (visité le 24 juillet 2012).

22 Abdelkébir Khatibi, « La sexualité selon le Coran », dans *Maghreb pluriel*, Paris, Rabat, Denoël, SMER, [1982] 1983, pp. 147-176, ici 149.

23 *Ibid.*, p. 176.

Le mariage, et non pas la pratique de la sexualité, représente le concept et l'institution-clé pour une société qui se base sur de tels fondements religieux métaphysiques.[24]

Au-delà de ce conflit général d'un amour qui se veut exclusivement homoérotique par rapport aux bases de la tradition, le narrateur de Taïa réclame davantage le rôle passif dans l'acte sexuel,[25] ce qui provoque une deuxième rupture, et peut-être la plus importante, avec les normes établies du masculin.[26] Car il n'existe pas de binarisme homosexuel – hétérosexuel dans la culture arabe. Une seule différence prend forme sous le signe de la dualité des genres qu'on identifie avec deux rôles complémentaires : sexuellement passif et actif. Ce n'est pas le désir du féminin, mais la pénétration – indépendamment de l'objet sexuel – qui constitue la masculinité.[27] De ce fait, la langue arabe ne connaît pas de terme spécifique pour désigner un homme qui, dans une relation homoérotique, est la partie active ; par contre, l'homme passif d'une telle constellation n'est plus considéré mâle, mais « zamel ». Une telle catégorisation des masculinités ne s'avère pas du tout hiérarchique, mais exclusive. Le « zamel » est le contraire de l'homme, il est fondamentalement dévalorisé, ce qui menace l'intégrité et, de plus, la position sociale de la personne. Pour la formation, et surtout la « négotiation » du masculin, les pratiques homosociales s'avèrent d'une importance cruciale. Ce n'est pas le féminin, mais 'l'autre masculin' qui sert de preuve de l'homme accompli qui, selon Ouzgane (2001), marque une différence des discours sur le masculin dans les sociétés islamiques :

---

24 Un reflet de cette pensée se trouve dans le troisième livre de Taïa, *L'Armée du salut*, dans lequel le narrateur éprouve une déception fondamentale lorsque son frère aîné, dont il est amoureux, va se marier. Le narrateur ressent ce fait comme une trahison qui provoque tout un « drame de la passion déçue » (voir Heyndels, « 'l'amour évidemment' ou, c'est par où le noir du monde ?' Écriture de la scène passionnelle et scène passionnelle de l'écriture : désir, trahison et mélancolie dans *L'Armée du salut* d'Abdellah Taïa », *op. cit.*, p. 122).

25 Serhane résume la différence entre l'homosexualité « active » et « passive » dans le contexte marocain comme suit : « La première est considérée comme une manifestation de virilité par opposition à la seconde qui est vécue comme une source d'humiliation et de dégradation dont l'enfant est souvent victime […] », voir Abdelhak Serhane, *L'Amour circoncis. Essai*, Casablanca, A. Retnani, Eddif, Paris, Méditerranée, 2000, p. 149.

26 Serhane va jusqu'à constater que « 'L'inverti absolu' ou 'l'homosexuel exclusif' se met *volontairement* en marge du patriarcat et du pouvoir économique que l'ordre social confère à l'individu » (*ibid.*, p. 153).

27 Voir à ce propos également l'article de Lagabrielle (dans ce volume) sur la relation fragile entre masculinité et homosexualité dans la culture arabe.

> contrary to Western discourses that posit 'woman' as the other of 'man', in Muslim cultures, the opposite of masculinity is not necessarily femininity [...]: the homosocial competition and the violent hierarchies structuring the relationships between men themselves constitute the core of what it means to be a man [...].[28]

Dans une telle structure sociale dans laquelle l'homme viril est érigé en norme, on réclame la masculinité ayant recours à la violence physique et psychique contre cet Autre masculin. Par conséquent, le viol d'« Abdellah » par Chouaïb/Ali trouve sa « raison d'être » dans une telle logique du masculin de la dominance.[29] Toute la violence que subit le protagoniste chez Taïa est issue de ce problème structurel d'une société normalisée, et non pas la suite d'un conflit de l'individu. Le projet de l'écrivain poursuivi par « Abdellah » ne consiste donc pas seulement à légitimer son désir homoérotique dans une culture arabo-islamique, mais d'affirmer, en même temps, l'égalité du rôle passif à l'intérieur du couple. Son écriture s'avère alors triplement transgressive : il revendique un modèle de sexualité qui n'exclut pas l'homoérotisme (1), il revalorise le rôle sexuel passif (2) et révèle les relations de pouvoir liées à la sexualité (3). Taïa se confronte à la tradition et à l'absence de modèles alternatifs pour être un homme dans la culture arabe en dehors de la norme de virilité.

Mélancolie et genre

Tandis qu'il existe une quantité impressionnante d'études sur les divers aspects de la mélancolie, peu de travaux théoriques se consacrent à l'effet mélancolique dans la production du genre. L'étude de la mélancolie des genres de Butler (2002)[30] et du masculin mélancolique de Foster (1998)[31] restent bien l'exception. Les deux auteurs ont consacré des recherches systématiques à la

---

28 Lahoucine Ouzgane, « The Rape Continuum. Masculinities in the Works of Nawal El Saadawi & Tahar Ben Jelloun », dans Lahoucine Ouzgane, éd., *Men in African Film & Fiction*, Woodbridge, James Curray, 2001, pp. 68-80, ici 69.

29 Ouzgane démontre dans quelle mesure le viol correspond à cette masculinité de dominance et sert ainsi de stratégie pour s'identifier au genre. *Ibid.*, p. 77.

30 La question de la mélancolie des genres est abordée par Butler, pour la première fois, dans son livre classique *Le Trouble dans le Genre* (1990) et se trouve réélaborée et approfondie dans un article du volume *La Vie psychique du pouvoir* (2002).

31 Sous forme de monographie et adoptant un ton plutôt essayiste, Edgar C. Foster (1998), spécialiste des sciences de l'éducation, se propose de concevoir une histoire globale du rapport étroit de la mélancolie au masculin moderne (*ibid.*, p. 45).

relation entre genre et mélancolie. Butler discute la formation des identifications sous un angle foucaultien, en considérant l'identité du genre comme le produit des processus symboliques. L'identité genrée n'est pas vue comme une donnée naturelle préalable, mais comme étant « l'effet » d'un système de normes culturelles qui forment l'individu au moyen de répressions et qui provoquent le deuil. Butler explique la mélancolie sur une base freudienne comme l'expression de ce deuil,[32] et plus précisément bien à l'écart de Freud comme symptôme d'un désir homosexuel refoulé.[33] Si le deuil selon Freud[34] est l'effet d'un processus qui sert à la canalisation des désirs pour arriver à l'âge adulte, Butler y voit le fondement d'une culture mélancolique qui exige une identité de genre au détriment d'autres possibilités sexuelles et genrées. L'évidence de cette identité se constitue par l'exclusion de désirs et d'identifications multiformes. Le sujet genré en tant que tel provient ainsi des processus de formation culturelle.[35]

Butler reformule le sentiment de la mélancolie qui est, selon elle, une réaction à l'hétéro-normativisation du moi. Le genre est acquis par le renoncement à une bisexualité d'origine. Ainsi, le sujet genré est nécessairement mélancolique, parce qu'« une identification mélancolique est essentielle au processus par lequel le moi assume une identité dotée d'un genre ».[36] Dans cette conception, le tabou de l'homosexualité précède la formation du genre et le tabou de l'inceste.[37] L'hétéro-normativité ne paraît pas issue d'une identification gen-

32 Elle reprend l'idée freudienne de la mélancolie comme deuil inachevé, étant le fondement des identifications du moi. Dans son écrit *Trauer und Melancholie* (1917, *Deuil et mélancolie*), Freud entend la mélancolie comme déroulement pathologique qui se transformera – l'idée sera élaborée plus tard dans *Das Ich und das Es* (1923, *Le Moi et le Ça*) – comme base des identifications du Moi.

33 Il semble même surprenant qu'elle ne considère pas, dans ce contexte, le problème du masculin des sociétés arabo-musulmanes dans lesquelles « l'inversion » paraît être « une réalité profonde – consciente ou inconsciente – du mâle », voir Serhane, *L'Amour circoncis*, *op. cit.*, p. 154.

34 Chez Freud (1923) la mélancolie fait partie des identifications à des objets et s'avère un élément fondamental dans la psychologie génétique (formation du Je).

35 Dans la perspective de Foucault qui indique un changement de paradigme inouï, le Moi ne se fonde pas sur des dispositions biologiques, mais représente un produit culturel. De même, la mélancolie peut être considérée non pas comme une prédisposition mais comme l'effet des normes culturelles.

36 Judith Butler, « Le Genre de la Mélancolie/L'Identification refusée », dans *La vie psychique du pouvoir : l'assujettissement en théories*, trad. Brice Matthieussent, Paris, L. Scheer, 2002, p. 200.

37 Pour Butler, le tabou de l'inceste freudien n'est pas l'origine de notre culture genrée, mais c'est l'interdit de l'homosexualité qui produit la différence des genres.

rée, mais elle est, au contraire, la condition préalable pour séparer les genres : la femme renonce à son identification masculine et l'homme refoule la sienne, féminine :

> Il ne s'identifiera pas à elle et il ne désirera pas un autre homme. Ce refus de désirer, ce sacrifice du désir contraint par l'interdit permettra que l'incorporation de l'homosexualité ait lieu comme identification à la masculinité. Mais cette masculinité sera hantée par l'amour dont elle ne peut porter le deuil.[38]

Dans cette logique, seul le refoulement du désir homoérotique permet d'orienter le désir vers « l'autre » sexe. Le Je se constitue au moment de perdre une identification qu'il incorpore ensuite : « de manière phantasmatique » le Je s'identifie à cet objet abandonné[39] et le conflit identitaire se déplace vers l'intérieur.[40] La mélancolie exprime alors, tout d'abord, le deuil inachevé par rapport à cette perte du désir homosexuel : « Chez un homme, la terreur du désir homosexuel peut signifier la terreur d'être vu comme féminin [...] d'être un homme 'raté', d'incarner en un sens une figure de la monstruosité ou de l'abjection ».[41] Dans cette vision, l'homme devient masculin par la répudiation[42] de son désir du masculin, il rejette du moi tout ce qui est féminin : « il désire la femme qu'il ne voudrait jamais être »,[43] mais – et c'est là le point crucial dans cette perspective psychanalytique – l'objet perdu dans le monde extérieur se conserve à l'intérieur.[44] Le féminin refoulé s'incorpore au moi et contribue à sa formation. La culture hétéro-normative est mélancolique, car elle contient des identifications refusées. Butler part du concept freudien, mais lie la mélancolie à une culture hétéro-normative qui « a beaucoup de mal à accepter le deuil d'un attachement homosexuel ».[45]

Pour revenir à Taïa, cela veut dire pour la masculinité qui en découle, que « [Mais] cette masculinité sera hantée par l'amour [pour un autre homme]

---

38 Butler, « Le Genre de la Mélancolie/L'Identification refusée », *op. cit.*, p. 206.

39 Sigmund Freud, « Trauer und Melancholie », dans Dietrich Simon, éd., *Essays II. Sélection 1915-1919*, Berlin, Volk und Welt, [1917], 1988, p. 109.

40 Butler, « Le Genre de la Mélancolie/L'Identification refusée », *op. cit.*, p. 202, parle d'une « intériorisation mélancolique ».

41 *Ibid.*, p. 204.

42 Je reprends ici un terme utilisé par le traducteur de Butler, Brice Mathieussent.

43 Butler, « Le Genre de la Mélancolie/L'Identification refusée », *op. cit.*, p. 206.

44 *Ibid.*, p. 202.

45 *Ibid.*, p. 207.

dont elle ne peut porter le deuil ».[46] Par conséquent, « l'identité hétérosexuelle s'étaye sur une incorporation mélancolique de l'amour qu'elle désavoue ».[47] La catégorie de la masculinité se produit alors par un refoulement du désir homosexuel, élément qui est ensuite incorporé, mais dont l'individu adulte n'a pas droit de porter le deuil. Quand Butler met en rapport la sexualité et le genre, elle considère l'identité dotée d'un genre comme effet de la mélancolie (« devenir ‚un homme' exige la répudiation de la féminité »[48]), c'est-à-dire, dans la logique psychanalytique, l'identification de l'être – dans notre cas – masculin au féminin refusé est incorporée, mais relève d'un deuil désavoué. La masculinité s'établit par l'interdit de l'homosexualité et le refus de faire le deuil de l'identification féminine. À la différence du concept freudien, Butler n'insiste plus sur la dimension psychopathologique de la mélancolie,[49] mais parle de manière neutre d'une « économie spécifiquement psychique »[50] qu'elle considère non pas comme une entité intérieure, mais un « élément du circuit du pouvoir régulateur ».[51] C'est exactement dans ce sens qu'elle critique la logique des identités genrées qui se basent sur des interdits, des identifications refusées et des incorporations désavouées, suite à l'exclusion mutuelle des catégories genrées. Elle plaide, en fait, pour un désir non réglementé et « l'incohérence » de l'identité.[52] L'expression du deuil chez Taïa correspond à une telle conception du masculin « non-cohérente » et en dehors du modèle binaire.

La mélancolie, et cela me paraît important pour comprendre Taïa, si elle est « maladie des sens », résulte surtout du deuil provoqué par un « ensemble d'interdits culturellement prévalants ».[53] Elle est toujours causée par des façonnements culturels spécifiques[54] et s'effectue également dans des sociétés comme celle du Maroc en tant que « mélancolie arabe » telle qu'elle est décrite par Taïa. Si on suppose avec Butler que la construction du masculin se fonde

46 *Ibid.*, p. 206.

47 *Ibid.*, p. 209.

48 *Ibid.*, p. 205.

49 Freud lui-même avait réélaboré son modèle depuis son essai « Deuil et mélancolie » (1917), notamment dans « Le Moi et le Ça » (1923) il précise sa pensée en soulignant l'importance primordiale de la mélancolie pour la formation du moi à base des différents objets incorporés. Néanmoins Freud conçoit la mélancolie dans une perspective du développement psychique qui n'est plus valable pour la pensée de Butler.

50 Butler, « Le genre de la mélancolie/L'identification refusée », *op. cit.*, p. 214.

51 *Ibid.*

52 *Ibid.*, p. 222.

53 *Ibid.*, p. 208.

54 Butler, « Le genre de la mélancolie/L'identification refusée », *op. cit.*, p. 208, parle d'« une forme de mélancolie culturellement prévalante ».

directement sur l'interdiction de l'homoérotisme (au Maroc, un délit officiel), la mélancolie est étroitement liée à l'identité masculine. Les mécanismes, tant en Occident qu'en Orient, sont donc les mêmes. Même si le discours de la mélancolie – qui dispose de bases dans la culture arabe médiévale[55] – est considéré comme un phénomène occidental, il y a des parallèles de structure partagés dans la production culturelle des êtres mélancoliques. Si les interdits se réfèrent à des objets différents, le processus de création d'une identité exclusive paraît comparable. La logique de l'exclusion, telle qu'elle est remise en question chez Butler, est également à l'œuvre dans la culture arabo-islamique qui part du principe qu'une identification genrée est donnée et lie le rôle passif, de façon essentialiste, à la féminité.[56] Cela provoque nécessairement la formation des stratégies culturelles et esthétiques, comme par exemple les écritures hybrides, visant à échapper à cette logique, telles qu'elles sont analysées récemment par Sonia Zlitni-Fitouri.[57]

Chez le protagoniste d'*Une mélancolie arabe* de Taïa, le problème relève de la dévalorisation du rôle passif dans le couple homoérotique, de la même manière qu'une différence du genre, qui n'existe pas entre deux hommes, est produite dans ce cas par une violence physique et psychique. Ce sont les partenaires dominants d'« Abdellah » qui l'avilissent, en le dépossédant de sa masculinité et en lui attribuant un rôle féminin.

Tandis que Butler conçoit toute identité genrée comme produit d'une culture mélancolique basée sur le refoulement, Foster (1998) se concentre uniquement sur le masculin devenant mélancolique de principe parce qu'celui-là ne saurait répondre aux exigences du patriarcat. De même que Butler, il ne situe plus « la crise du masculin » chez l'individu, mais dans le système patriarcal. Par conséquent, les figures marginales qui apparaissent sur la scène littéraire depuis le XIX siècle et qui font l'objet d'étude chez Foster – le dandy, le décadent, l'homosexuel – indiquent le bouleversement d'un système de

55 Le discours médiéval sur la mélancolie n'est pas lié au genre et à la sexualité.

56 Abdessemad Dialmy précise cette caractéristique des sociétés arabes en parlant de la « construction of all sexual passives in the image of the women » (voir « Sexuality in Contemporary Arab Society », *Social Analysis* 49, n° 2, 2005, p. 17.

57 Dans son article sur les écritures hybrides de Boudjedra (*La Pluie*, 1978), Bouraoui (*Garçon manqué*, 2000), Djebar (*Ombre sultane*, 1987) et Khatibi (*Le Livre du sang*, 1979), elle démontre dans quelle mesure la « mélancolie du genre » a stimulé une création littéraire qui servait à intérioriser symboliquement (par le moyen du travestissement) les principes du sexe opposé en guise de réinvention du soi. Voir Sonia Zlitni-Fitouri, « 'La mélancolie des Genres' ou l'écriture hybride », dans Claudia Gronemann et Wilfried Pasquier, éds., *Scènes des genres au Maghreb. Masculinités, critique 'queer' et espaces du féminin/masculin*, Amsterdam, Rodopi, 2013, pp. 281-304.

masculinité uniforme ce qui mène à la diversification et la naissance (de l'esprit mélancolique) du sujet masculin : « Avec la mélancolie s'inaugure une histoire dans laquelle les hommes structurent leurs expériences et dans laquelle ils apparaissent comme sujets ».[58] Cette formation du sujet entre en conflit avec la dichotomisation,[59] surtout celle des genres, qui s'entrelace, selon Foster et Butler, avec la mélancolie et exprime aussi la crise du modèle patriarcal qui ne dispose pas de rôles alternatifs.[60] En bref : il ne s'agira pas d'analyser ici le sujet masculin pathologique, mais de rendre conscient de la matrice culturelle du deuil et de la mélancolie en relation avec l'identité genrée.

De la *nouiba* des garçons à la sexualité masculine de dominance

Étant donné que l'idée d'une masculinité virile, celle qui domine et pénètre[61] les autres, est particulièrement en vigueur dans les sociétés méditerranéennes,[62] la dominance physique et sexuelle en tant que preuve d'être un vrai homme relève d'une grande importance. L'exercice du pouvoir, qui est le signe de toute culture patriarcale, obtient une fonction décisive dans la relation sexuelle, parce qu'il est garant de la séparation du féminin et produit une identité masculine. C'est pourquoi le problème du pouvoir à l'intérieur du couple homo-érotique, décrit par Taïa dans *Une mélancolie arabe*, est décisif comme élément constitutif du genre.

Cette autofiction commence avec le chapitre « Je me souviens » et une scène qui choque le lectorat. Le Je-narrateur évoque le moment où, à l'âge de douze ans, il a failli être violé par un groupe de garçons. Le meneur de gang le nomme « Leïla » pour lui attribuer une position subalterne dans le rapport de force qui

58 « Mit der Melancholie hebt eine Geschichte an, in der die Menschen ihre Erfahrungen strukturieren, in der sie als Subjekt zum Vorschein kommen », Edgar J. Foster, *Unmännliche Männlichkeit. Melancholie, 'Geschlecht', Verausgabung*, Wien, Köln, Weimar, Böhlau, 1998, p. 43.

59 *Ibid.*

60 Walter Erhart (*Familienmänner. Über den literarischen Ursprung moderner Männlichkeit*, München, Fink, 2001), dans son livre sur le roman allemand, va encore au-delà et constate l'origine littéraire même du masculin moderne.

61 Voir Renaud Lagabrielle, « Penetrierende Männlichkeiten. Zum brüchigen Verhältnis von 'Männlichkeit' und '(Homo)sexualität' in der zeitgenössischen frankophonen Maghreb-Literatur », dans Robin Bauer, Josch Hoenes et Volker Woltersdorff, éds., *Unbeschreiblich männlich. Heteronormativitätskritische Perspektiven*, Hamburg, MännerschwarmSkript, 2007, pp. 90-103.

62 Par rapport au discours sur les particularités du Maghreb voir les articles de ce volume.

s'instaure. Mais la victime, ainsi désignée, refuse d'être soumise, et affirme son désir de l'autre et proclame son nom propre : « Abdellah Taïa ».[63] Dans cette scène, ce n'est pas uniquement le dévoilement autobiographique qui frappe le lecteur, mais le fait que ce jeune homme refuse d'être placé dans le rôle secondaire de l'éphèbe, sans pour autant renoncer à l'acte sexuel. « Abdellah » affirme son rôle passif tout en désapprouvant de servir seulement à la démonstration de force de ce meneur, désireux d'affirmer ainsi qu'il est « un vrai homme ». Cette constellation asymétrique mâle est connue depuis la poésie bachique[64] qui chante les beaux jeunes hommes et souligne leur position d'aimé subalterne par rapport à l'amant, celui qui est le plus divin de ce couple dans le sens platonicien.[65] Pour revenir à la scène décrite, « Abdellah » rompt l'illusion virile du violeur : il ne refuse pas de jouer le rôle passif, mais il rejette toute réduction et dévalorisation symbolique de cette position, considérée comme non-masculine dans une tradition néfaste. Il remet en question l'idée établie que le masculin se constitue en relation à l'autre non-masculin, c'est-à-dire que la virilisation de l'un s'accompagne de l'émasculation de l'autre. Nous observons – et cela s'avère être le sujet de cette réflexion – que les rôles sexuels, ainsi que leur définition, ne représentent pas uniquement une préférence personnelle, mais un problème d'envergure sociale dans des sociétés d'empreinte spécifique comme la société marocaine. Quand le protagoniste de Taïa refuse d'être humilié[66] et défend son désir homoérotique passif, il réclame un modèle du masculin qui n'est pas prévu ni dans le système de la sexualité « selon le Coran »[67] ni dans une société qui n'attribue pas « honneur », « raison » ('aql') ou rang social à l'homme dans ce rôle subalterne.[68] Ce qui lui pose problème tout d'abord, ce n'est pas la dévalorisation sociale, mais le fait que les *habitus* (Bourdieu) de ses partenaires le dépossèdent de sa masculinité. Tandis que la vision traditionnelle de la mélancolie se centre sur l'individu 'inadapté', nous utilisons le concept de Butler (2002) pour renverser la perspective et décrire le fonctionnement d'une culture mélancolique qui réduit l'idée des genres et des

---

63 Taïa, *Une mélancolie arabe*, *op. cit.*, p. 23.

64 Voir la poésie d'Abou Nawas de Bagdad (768-815) l'article d'Arie Schippers, « Die Knabenpoesie in der arabisch- und hebräisch-andalusischen Literatur », *Forum Homosexualität und Literatur* 31, [1983] 1998, pp. 35-56.

65 Voir Platon, *Le Banquet*, Paris, Gallimard, 1988.

66 Ce type de situation est un topique de la littérature et du cinéma. Pensons, par exemple, à Choukri qui raconte dans *Le Pain nu* les multiples viol(ation)s de l'apprenti boulanger Yazidi par un groupe de garçons ou au film *L'Homme de cendres* de Nouri Bouzid qui décrit l'abus des apprentis par le maître.

67 Voir Khatibi, « La sexualité selon le Coran », *op. cit.*, pp. 147-176.

68 Voir à ce propos l'article de Gianfranco Rebucini dans ce volume.

sexualités à une simple différence, celle entre homme et femme et celle entre hétéro- et homosexualité, et qui produit des exclusions. L'être mélancolique est alors considéré comme un reflet de cette situation et non comme un sujet en état pathologique.

Quand le protagoniste rappelle la *nouiba* et ses anciens rapports sexuels en groupe de garçons, il souligne l'aspect ludique et la réciprocité dans ces relations des jeunes, encore loin des préoccupations du masculin : « chacun se donnait à l'autre. On baissait nos pantalons et on faisait l'amour en groupe. J'étais moi-même avec eux ».[69] Ses expérimentations révèlent le goût du protagoniste pour le rôle sexuel passif et les enfants commencent à le traiter de « zamel ».[70] Ainsi, la relation égalitaire des garçons commence à vaciller jusqu'à ce qu'une transgression s'annonce : pour s'ériger en homme, un de ces jeunes établit un rapport de force en soumettant et féminisant « Abdellah », une expérience traumatique pour celui-ci. Subitement il ne se retrouve plus dans une *nouiba*, mais l'autre garçon le transforme en éphèbe pour devenir, lui-même, un homme dominant. L'auteur souligne l'aspect transgressif de cette séquence par un changement spatial, car « Abdellah », à la recherche de ses copains de toujours, passe la frontière de son quartier et rencontre ces trois garçons plus âgés à un endroit éloigné. Méconnaissant le prénom du chef, il l'appelle « Chouaïb », en lui attribuant le prénom de son cousin dont il est tombé amoureux.[71] A ce moment-là, le « jeu » est rouvert et paraît suivre les règles connues. Mais la masculinité naissante de « Chouaïb » – il porte déjà une barbe – implique un rapport de force et la violence s'annonce : le chef du groupe ne considère pas l'acte sexuel comme un jeu, mais le transforme en une preuve de sa virilité : il adopte un langage violent et force « son partenaire » physiquement.[72] Pour lui, le désir d'« Abdellah », qui se sent attiré par le plus âgé et qui joue volontairement le rôle inférieur (« Je ferai semblant d'être le soumis »[73]), ne compte pas (« Il croyait que j'avais peur. Ce qu'il me proposait m'allait très bien. Jouer au sexe avec lui [...]. Moi petit. Lui grand »).[74]

Cette différenciation entre la soumission sexuelle forcée et volontaire, sur laquelle Taïa insiste dans les passages cités plus haut, me paraît cruciale pour comprendre le problème de la mélancolie par rapport aux normes d'une

---

69 Taïa, *Une mélancolie arabe, op. cit.*, p. 13.

70 *Ibid.*

71 *Ibid.*, p. 18.

72 « Chouaïb, je ne le reconnaissais plus. [...] Il l'a dit deux fois, en se forçant à être violent » (*ibid.*, p. 19).

73 *Ibid.*, p. 15.

74 *Ibid.*

sexualité masculine. Chouaïb s'apprête à incorporer les normes d'une masculinité dominante, basée sur le pouvoir. En termes sociologiques de Bourdieu, il développe un *habitus* par l'intériorisation d'un savoir culturel et social qui fait de lui un homme. Par-là, l'auteur rend bien visible que l'ordre culturel des genres n'est pas un système abstrait, mais se manifeste dans la conscience de chacun. Dans le cas d'*Une mélancolie arabe*, nous voyons deux types de conscience du masculin s'opposer : le chef du groupe qui développe sa masculinité en utilisant sa force physique et en féminisant l'autre, et d'autre côté, Abdellah qui réclame sa masculinité « inadaptée » contre la féminisation : « Lui dire qu'il me plaisait et qu'il n'y avait pas besoin de violence entre nous, que je me donnerais à lui heureux si seulement il arrêtait de me féminiser ... ».[75] Il insiste vraiment sur la pluralité du masculin :

> Je voulais lui dire et redire qu'un garçon est un garçon, et une fille est une fille. Ce n'était pas parce que j'aimais sincèrement et pour toujours les hommes qu'il pouvait se permettre de me confondre avec l'autre sexe. De détruire mon identité, mon histoire. [...] Se donner à lui, oui, peut-être, oui. Ailleurs. Devenir Leïla, non. Non. Jamais. Faire un effort et devenir une fille pour lui qui commençait déjà à avoir un certain pouvoir sur mon cœur ? Non. Cela aurait été une trahison vis-à-vis de moi-même et de tout ce que j'ai construit de moi depuis la naissance, mon sexe. Une trahison vis-à-vis de la force qui me pousse, me guide, me connaît mieux que moi-même et que je n'étais pas prêt à abandonner.[76]

Comme il s'agit d'une affaire entre deux mâles, le narrateur souligne clairement le point de transformation de la jouissance en violence qui incite paradoxalement le devenir-homme de l'autre : « On ne jouait plus. C'était devenu une affaire d'honneur pour nous. L'honneur des hommes. L'honneur de nos vies futures ».[77] Mais « Abdellah » se souvient également du déchirement de l'autre, devenu en si peu de temps son adversaire. Celui qui se veut mâle à tout prix dévoile son côté féminin : « Sans ses acolytes, la tendresse pouvait surgir en lui à tout moment. La douceur. De la féminité. Un autre plan. Le sexe autrement. Il ne voulait pas l'admettre. Il continuait de jouer au chef ».[78] Pour lui, il ne suffit pas qu'« Abdellah » se donne volontairement, il veut l'humilier, le posséder en victime, le soumettre à sa force physique. C'est le moment qui révèle

75 *Ibid.*, p. 20.
76 *Ibid.*, p. 21.
77 *Ibid.*, p. 23.
78 *Ibid.*, p. 24.

la différence des concepts de l'homoérotisme : tandis qu'« Abdellah » reconnaît son désir du masculin, pour Chouaïb, la relation sexuelle sert à prendre le pouvoir, à s'imposer et à devenir un homme. Ce n'est qu'un stade à passer, une préparation à l'acte hétérosexuel.[79] En fait, cet acte homoérotique s'éloigne fondamentalement de la *nouiba* et devient prélude à la pratique d'une sexualité masculine de dominance[80] – qu'elle soit homo- ou hétérosexuelle. Dans un tel jeu, le partenaire subalterne devient l'objet dévalorisé : « Un label. Le garçon efféminé. La petite femme. On allait passer sur moi. On allait chaque jour et de plus en plus abuser de moi. On allait me tuer à petit feu. Me tuer vivant ».[81] Le protagoniste anticipe ici ce qui va se passer plus tard dans une relation amoureuse avec un homme algérien et le lecteur comprend que les « crises » du protagoniste ne reflètent que son *inadaptation* par rapport au principe du masculin dominant qui ne paraît pas se laisser facilement supprimer, même dans une relation heureuse.

C'était alors qu'un algérien devient son premier vrai partenaire : Slimane qui a quitté son épouse et sa famille pour vivre à Paris une vie du couple avec Abdellah. Néanmoins, un écart de pouvoir s'installe de plus en plus dans cette relation amoureuse dont le narrateur fait l'objet de sa lettre. De manière rétrospective, il récapitule son propre dévouement au partenaire sans pouvoir jamais le satisfaire. Slimane s'avère un homme possessif qui veut dominer l'autre et par conséquent, « Abdellah » devient l'objet soumis au désir de Slimane et se souvient : « Tu étais l'homme, le roi. J'acceptais ton pouvoir »,[82] en ajoutant : « Tu voulais le pouvoir. Je te l'ai donné, de mon plein gré, sans penser à mon avenir ».[83] Mais cet acte de soumission implique en même temps une différence de genre, car la virilité de Slimane s'alimente de la féminisation de l'autre. Ainsi le constat d'« Abdellah » qui se voit dévirilisé tout en précisant qu'il ne partage pas cette conception subalterne de la femme : « Je suis devenu une petite femme. Ta conception de la femme ».[84] « Abdellah » se rend compte que

79 Le viol ne paraît pas ici un signe de l'homoérotisme de Chouaïb/Ali, mais une affaire purement de pouvoir ayant pour but de le former en homme. À l'appel du muezzin, celui-ci interrompt l'acte en signe de respect pour la religion. On voit bien qu'il accepte des règles et des autorités (sa mère, la prière entre autres), mais, en même temps, il s'apprête à devenir un homme ce qui exige de prouver sa dominance physique et sexuelle.

80 Pour Khatibi, la dominance masculine s'articule dans l'image du coït qui procède comme une écriture sacrale sur la « matrice » féminine.

81 Taïa, *Une mélancolie arabe, op. cit.*, p. 28.

82 *Ibid.*, p. 114.

83 *Ibid.*, p. 116.

84 *Ibid.*, p. 117.

l'amour de Slimane, qui réclame sa virilité contre celle de son aimé, dépend d'une vision profondément inégale des partenaires : Slimane le mésestime[85] et considère leur relation « non-islamique »,[86] c'est-à-dire sans autorisation officielle. Pour « Abdellah », l'adaptation au modèle du masculin arabe paraît plutôt un processus d'aliénation : « Comme toi, je n'ai pas pleuré. Comme toi, je suis redevenu un homme de là-bas. Une image arabe de l'homme. Sec. Fier. Dur. Pantin. Ridicule ».[87]

L'état mélancolique du protagoniste, pour en revenir à cette topique, s'avère une réaction aux exigences de la société par rapport à la représentation du masculin. Le modèle de la dominance produit de manière continue – et non pas seulement par rapport à la sexualité – son autre comme subalterne et *par definitionem* non-masculin ce qui empêche les hommes de faire le deuil de ces composantes féminines exclues. En revanche, la mise en écriture ainsi que l'élaboration esthétique d'une subjectivité mélancolique, telle qu'elle est réalisée par Taïa, permet de déplorer les parties refoulées pour s'adapter à la norme du genre masculin.

C'est à travers son écriture autofictionnelle et mélancolique qu'Abdellah Taïa réussit à exprimer une masculinité qui échappe à la logique « répudiatoire » (Butler 2002). Le narrateur à la première personne fait face à toutes ses obsessions, il réincorpore le féminin, mais aussi les personnages admirés aussi bien par son entourage que par les médias. Le souvenir de son enfance au Maroc des années 1980 est marqué par les images des acteurs et actrices de la télé, plus particulièrement des feuilletons égyptiens.[88] Son discours identitaire sur le masculin est formé sur la base du deuil de ce féminin qu'il lui a fallu refouler pour devenir homme. *Une mélancolie arabe* ne se réfère donc pas seulement à la désillusion, mais permet de s'en sortir à travers de nouvelles identifications, textuellement réalisées. Il s'agit de la mise au monde littéraire d'un moi qui était indicible avant. Revenons à Butler pour comprendre la caractéristique de ce mâle mélancolique qui s'écrit. Dans son concept, la

85 *Ibid.*, p. 120.

86 *Ibid.*, p. 118.

87 *Ibid.*, p. 123.

88 Le texte de Taïa se caractérise par une intermédialité en abondance : ce sont surtout les images télévisées et filmiques et les stéréotypes genrés médiatisés qui contribuent à ici l'individualisation de cet être masculin. De plus, le narrateur évoque sa mort trois fois, chaque fois pour annoncer une nouvelle séquence qui paraît s'inaugurer avec l'ouverture du diaphragme d'une caméra. De la même manière, la course du garçon – évoquée au premier chapitre et illustrée par la couverture – fait allusion au mouvement de l'image filmique et aux personnages du cinéma. Elle symbolise également la quête vers le soi que le narrateur entreprend (voir Gronemann 2013).

qualité mélancolique est attribuée à une culture qui interdit le deuil comme réaction à l'identification masculine (ou féminine) et qui reste aveugle sur ces bases. L'individu mélancolique est donc le produit d'un ordre culturel des interdictions. Butler élabore ainsi une théorie de la mélancolie, en décrivant la spécificité des conditions sociales et culturelles qui produisent des êtres mélancoliques. Si le protagoniste du livre de Taïa souffre de mélancolie, il est un reflet de la société « de répudiation ». Par conséquent, les vrais mélancoliques sont ceux qui s'adaptent à la norme tandis que l'inscription littéraire du deuil, telle que l'effectue Taïa, permet de comprendre les mécanismes culturels de cette identification du genre en ouvrant une possibilité de s'en sortir. Le protagoniste du livre ne désespère pas de son identification avec le rôle sexuel passif et dit « subalterne », mais surtout des conséquences sociales qui se manifestent dans une société qui méprise une telle position « impuissante » et non-masculine. Si le fameux concept du « masculin hégémonique »[89] décrit un ordre social de prédominance du masculin, la formation littéraire du sujet mélancolique tel que nous la retrouvons dans le texte de Taïa s'avère un geste individuel qui remet en question ce concept. Le roman de Taïa représente une manifestation littéraire du masculin qui se démarque profondément des mythes fondateurs d'une virilité « maghrébine » ou « méditerranéenne » et des valeurs traditionnellement masculines. L'auteur rend visible, tout au contraire, l'existence d'autres codes du masculin qui ne se basent plus sur l'adaptation à un modèle exclusif socio-historiquement prédominant. Le Je « soumis » de son autofiction reprend le pouvoir en se disant par le moyen d'une écriture du mâle/mal de la mélancolie, ce qui aboutit à l'affirmation d'une masculinité inadaptée.

Bibliographie

Böhme, Hartmut, « Kritik der Melancholie und Melancholie der Kritik », dans Hartmut Böhme, éd., *Natur und Subjekt, Vol. 2, Subjektgeschichte*, Frankfurt am Main, Suhrkamp, 1988, pp. 256-273.

Butler, Judith, « Le Genre de la Mélancolie/L'Identification refusée », dans *La Vie psychique du pouvoir : l'assujettissement en théories*, trad. Brice Matthieussent, Paris, L. Scheer, 2002, pp. 199-222.

Connell, R. W., *Masculinities*, Berkeley, University of California Press, 1995.

Dialmy, Abdessamad, « Sexuality in Contemporary Arab Society », *Social Analysis* 49, n° 2, 2005, pp. 16-33.

89 Voir R. W. Connell, *Masculinities*, Berkeley, University of California Press, 1995.

Erhart, Walter, *Familienmänner. Über den literarischen Ursprung moderner Männlichkeit*, München, Fink, 2001.

Foster, Edgar J., *Unmännliche Männlichkeit. Melancholie, 'Geschlecht', Verausgabung*, Wien, Köln, Weimar, Böhlau, 1998.

Foucault, Michel, *Histoire de la sexualité, tome 1, la volonté de savoir*, Paris, Gallimard, 1976.

Foucault, Michel, « Préface à la transgression », dans *Dits et écrits*, Paris, 1994, pp. 233-250.

Freud, Sigmund, « Trauer und Melancholie », dans Dietrich Simon, éd., *Essays II. Sélection 1915-1919*, Berlin, Volk und Welt, [1917], 1988, pp. 102-120.

Genon, Arnaud, « L'autofiction comme en(je)u politique chez Abdellah Taïa », dans *Culture(s) et autofiction(s)*, Colloque à Cerisy-la-Salle, 2012, http://www.ccic-cerisy.asso.fr/autofiction12.html (visité le 24 juillet 2012).

Gronemann, Claudia, « 'Lui dire que j'étais un homme comme lui' : Autofi(c)ktionales intermediales Schreiben bei Abdellah Taïa », dans Jutta Weiser et Christine Ott, éds., *Autofiktion und Medienrealität. Kulturelle Formungen des postmodernen Subjekts*, Heidelberg, Winter, 2013, pp. 91-106.

Hamel, Christelle, « En milieu maghrébin, une question d'honneur », dans Rose-Marie Lagrave et al., éds., *Dissemblances – jeux et enjeux du genre*, Paris, L'Harmattan, 2002, pp. 37-50.

Heyndels, Ralph, « 'l'amour évidemment' ou, c'est par où le noir du monde ?' Écriture de la scène passionnelle et scène passionnelle de l'écriture : désir, trahison et mélancolie dans *L'Armée du salut* d'Abdellah Taïa », dans Ridha Bourkhis, éd., *La rhétorique de la passion dans le texte francophone : mélanges offerts à Jean Déjeux*, Paris, L'Harmattan, 2010, pp. 113-148.

Khatibi, Abdelkébir, « La sexualité selon le Coran », dans *Maghreb pluriel*, Paris, Rabat, Denoël, SMER, [1982] 1983, pp. 147-176.

Klibansky, Raymond, Erwin Panofsky et Fritz Saxl, *Saturn und Melancholie. Studien zur Geschichte der Naturphilosophie und Medizin, der Religion und der Kunst*, Frankfurt am Main, Suhrkamp, 1992.

Krämer, Sybille, « Melancholie – Skizze zur epistemologischen Deutung eines Topos », *Zeitschrift für philosophische Forschung* 48, n° 3, 1994, pp. 397-419.

Lagabrielle, Renaud, « Penetrierende Männlichkeiten. Zum brüchigen Verhältnis von 'Männlichkeit' und '(Homo)sexualität' in der zeitgenössischen frankophonen Maghreb-Literatur », dans Robin Bauer, Josch Hoenes et Volker Woltersdorff, éds., *Unbeschreiblich männlich. Heteronormativitätskritische Perspektiven*, Hamburg, MännerschwarmSkript, 2007, pp. 90-103.

Ouzgane, Lahoucine, « The Rape Continuum. Masculinities in the Works of Nawal El Saadawi & Tahar Ben Jelloun », dans Lahoucine Ouzgane, éd., *Men in African Film & Fiction*, Woodbridge, James Curray, 2001, pp. 68-80.

Serhane, Abdelhak, *L'Amour circoncis. Essai*, Casablanca, A. Retnani, Eddif, Paris, Méditerranée, 2000.

Taïa, Abdellah, *Une mélancolie arabe*, Paris, Éditions du Seuil, 2008.

Zlitni-Fitouri, Sonia, « 'La mélancolie des Genres' ou l'écriture hybride », dans Claudia Gronemann et Wilfried Pasquier, éds., *Scènes des genres au Maghreb. Masculinités, critique 'queer' et espaces du féminin/masculin*, Amsterdam, Rodopi, 2013, pp. 281-304.

CHAPITRE 11

Transgressions des normes de genre et homosexualité dans *Une vie à trois* de Bahaa Trabelsi

Sabrina Nepozitek

Abstract

The Moroccan author Bahaa Trabelsi has gained notoriety due to her discussion of social taboos. Her novels are published in Morocco, in contrast to the writings of well-known male Maghrebi authors who publish their works mainly in France. This article will examine the transgressions of social boundaries and the representation of homosexuality in Trabelsi's novel *Une vie à trois*. Adam, a skilled young man, returns home from France to honour his parents' wish who want him to marry a woman in order to conform to social expectations. The protagonist attempts to reconcile his own desire with that of his parents by taking part in a *masquerade*, concealing his homosexual desire by marrying a naïve young woman who was brought up in a very traditional family. The term "masquerade" which is of particular importance in feminist theories (f.e. Rivière, Irigaray, Butler) relates to the alienation of women in patriarchal societies and the play of gender roles. The aim of this contribution is to apply feminist theory to masculine identities and to explore the different narrative functions and effects of *masquerades* in Maghrebi literature.

Dans son premier roman intitulé *Une femme tout simplement* et paru en 1995 aux éditions Eddif à Casablanca, Bahaa Trabelsi, romancière et journaliste, relate l'histoire de Laïla qui se révolte contre son père, partagé entre l'éducation traditionaliste qu'il a reçue et la culture française libérale. Lorsqu'elle part entamer ses études en France, elle fait de nouvelles expériences, tant sur le plan intellectuel que sur le plan sensuel. Une foisss rentrée au Maroc, elle se bat pour garder son autonomie et pour pouvoir décider de sa propre vie. Dans *Une vie à trois*, paru en 2000 également à Casablanca aux éditions Eddif, Bahaa Trabelsi traite, à travers différentes voix narratives, le thème de l'homosexualité et de l'hétérosexisme au Maroc. Adam, jeune diplômé de retour de France, partagé entre les exigences familiales et son désir de vivre son homosexualité librement, finit par accepter le mariage, se pliant aux contraintes sociales et aux souhaits de sa famille. Dans ce contexte Jean Zaganiaris note qu'au cours

 | DOI 10.1163/9789004342828_013

des années 2000, « c'est sans doute Bahaa Trabelsi qui est l'auteur féminin à évoquer de manière centrale les questions relatives à la sexualité au sein de ses livres ».[1] Son succès se traduit entre autres par le fait que son premier roman en est déjà à sa troisième édition en 2002.[2] Comme Marc Gontard le constate, des romancières comme Trabelsi sont éditées et lues au Maroc, contrairement aux auteurs maghrébins masculins les plus connus.[3]

Une vie à trois ou l'effet de miroir

À propos de son deuxième roman, *Une vie à trois*, la romancière raconte que c'est en luttant contre le sida dans le milieu homosexuel masculin qu'elle a rencontré des personnes qui lui ont inspiré le personnage de Jamal. Elle n'a pas changé les noms des lieux ni des quartiers de Casablanca, souhaitant provoquer un « effet miroir » : « C'est un peu comme si on se baladait dans une réalité, je savais que ce roman allait avoir un effet miroir et que beaucoup de gens allaient s'y reconnaître ».[4] Ce souci de conférer une certaine authenticité à son récit se manifeste également dans le prologue. La narratrice y relate sa rencontre dans un bar avec « Adam et Jamal » qui, par la suite, se transformeront en personnages, se racontant eux-mêmes. Elle affirme de façon emblématique : « J'ai préféré garder d'eux cette vision fugitive. En faire des personnages. Pour qu'ils m'appartiennent. Les réinventer. *Trouver le repos de la femme en mâle de pouvoir dans la désillusion littéraire* » (c'est moi qui souligne).[5] Elle joue sur l'homophonie des mots « mâle » et « mal », se sert du lexème « être en mal de quelque chose ». La notion de pouvoir est rapprochée du mâle, ce qui met en évidence la domination masculine. Les femmes qui prennent la plume sont « dangereuses », elles acquièrent le pouvoir des mots. De par le choix du sujet, Bahaa Trabelsi pose un défi à la tradition et à l'ordre hétérosexiste qui peut être défini comme « un système de domination qui hiérarchise les sexualités

1 Jean Zaganiaris, « La question queer au Maroc : Identités sexuées et transgenre au sein de la littérature marocaine de langue française », *Confluences Méditerranée* 1, n° 80, 2012, p. 149.

2 Bahaa Trabelsi, *Une femme tout simplement*, Casablanca, Eddif, [3]2002.

3 Marc Gontard, « Introduction », dans *Le Récit féminin au Maroc*, Rennes, Presses Universitaires de Rennes, 2005, p. 8. Voir aussi Rajaa Nadifi, éd., « La Littérature féminine au Maroc », *Expressions maghrébines* 8, n° 1, été 2009.

4 CREA Université Rennes2, *Bahaa Trabelsi-02 – Ses romans*, entretien avec Bahaa Trabelsi (réalisé en 2002), http://www.canal-u.tv/video/universite_rennes_2_crea_ cim/bahaa_trabelsi _02_ses_romans.725 (visité le 30 septembre 2012).

5 Trabelsi, *Une vie à trois, op. cit.*, p. 5.

et fait de l'hétérosexualité la marque exclusive de la normalité ».[6] Au Maroc, l'hétérosexisme se traduit, entre autres, par la pénalisation de l'homosexualité. Ainsi, il est précisé dans le dictionnaire de l'homophobie : « Au Maroc, l'homosexualité, désignée dans le code pénal sous l'expression 'acte impudique ou contre-nature avec un individu de son sexe' (art. 489), est passible de six mois à trois ans de prison ou à une peine d'amende de 120 à 1200 dirhams ».[7] Le couple hétérosexuel relève, dans cette perspective, de l'ordre naturel alors que les homosexuels se voient traités de délinquants, de criminels. Fortement prohibée par l'Islam et la morale sociale, l'homosexualité constitue un sujet tabou. Vincenzo Patanè résume ainsi l'interdit social qui s'opère sur plusieurs niveaux, plus précisément, sur le plan social, religieux et juridique :

> One fundamental observation is that sodomy (*liwat*, a term that derives from Lot) is severely forbidden (*harām*) in every Islamic state, being condemned on all sides: by the Qur'an, the *hadīth*, the *sunna* (traditional rules for correct behavior), the *fiqh* (jurisprudence) and the *sharī'a* (the law). Homosexuality thus transgresses three codes: nature itself, the Qur'an, and the laws that make it a crime.[8]

Notons que la romancière nomme son personnage principal Adam, le nom du premier homme, ce qui n'est pas sans ironie. Il convient maintenant d'esquisser la structure du roman et de démontrer dans quelle mesure les concepts d'homosexualité diffèrent en Occident et au Maghreb.

Une vie à trois est un récit polyphonique, la narratrice donnant la parole à tour de rôle à Adam et à Jamal. Les chapitres intitulés *Adam*, *Jamal* et *Et Rim ?* sont caractérisés par une narration de type autodiégétique,[9] un récit à la première personne. Le type de focalisation dominant est la focalisation interne multiple, qui se trouve par exemple dans les romans épistolaires. Le même évènement est évoqué plusieurs fois selon le point de vue de divers personnages.[10] Suite à leur première rencontre, Jamal constate :

---

6 Jean-Paul Rocchi, « Hétérosexisme », dans Didier Éribon, éd., *Dictionnaire des cultures Gays et Lesbiennes*, Paris, Larousse, 2003, p. 243.

7 Christelle Hamel, « Maghreb », dans Louis-George Tin, éd., *Dictionnaire de l'Homophobie*, Paris, Presses Universitaires de France, 2003, p. 274.

8 Vincenzo Patanè, « Homosexuality in the Middle East and North Africa », dans Robert Aldrich, éd., *Gay Life and Culture. A World History*, London, Thames & Hudson, 2006, p. 278.

9 Gérard Genette, *Figures III*, Paris, Éditions du Seuil, 1972, p. 253.

10 *Ibid.*, pp. 206-211.

> La rencontre avec Adam m'a éprouvé. Je n'ai rien compris. Il a été odieux puis passionné comme un enragé. Sa maison est magnifique. Il doit être riche. [...] Quand je pense à lui, j'ai des frissons. Peut-être serait-ce plus sage de l'oublier.[11]

En comparaison, voici le point de vue d'Adam :

> Jamal a envahi ma maison de sa présence indécente et belle à la fois. [...] Après tout, cette histoire n'est qu'un simulacre de bonheur. Voilà à présent que je parle d'histoire. Je ne peux pas envisager une histoire. Ou alors dans le secret absolu.[12]

Le dernier chapitre, intitulé *Et Rim ?*, nous donne un aperçu du point de vue d'une jeune femme, mais celui-ci reste en suspens. Le point d'interrogation, placé après le sujet, démontre une certaine fragilité de son acte d'énonciation, de son lieu d'énonciation.

Adam finit par épouser cette jeune fille, Rim, pleine de rêves et éduquée dans un milieu traditionnel. Sa famille souhaite d'abord qu'il se marie avec la sœur de Rim, qui a également suivi des études en France. Adam est conscient du fait qu'il lui faut une femme obéissante et docile qui ne lui posera pas de questions sur son orientation sexuelle. Il se sert de ses privilèges en tant qu'homme dans une société patriarcale et manipule sa femme à son gré. Adam, qui critique les coutumes ancestrales et qui souffre de l'ordre hétérosexiste, est lui-même perverti par cet ordre symbolique qu'il remet en cause. La narration est loin d'être univoque car Adam réfléchit à sa condition et pose la question suivante : « Qui est la victime et qui est le bourreau? ».[13] Pour Adam, il est hors de question de s'assumer devant ses parents ; il est fils unique et rentre au pays pour diriger les sociétés de son père : « Toute mon enfance a été bercée par ce rêve : hériter du pouvoir de mon père ».[14]

L'auteur marocain Abdelhak Serhane soutient dans son essai *L'Amour circoncis* que la répression de l'homosexualité au Maroc ne se manifeste pas tant au niveau de la loi qu'au niveau moral : « être homosexuel est une honte, une faiblesse ».[15] L'opposition binaire actif/passif joue un rôle décisif car la virilité de l'homme « actif » reste intacte alors que l'homosexualité « passive » est

---

11 Trabelsi, *Une vie à trois, op. cit.*, pp. 29-30.

12 *Ibid.*, pp. 31-32.

13 *Ibid.*, p. 54.

14 *Ibid.*, p. 31.

15 Abdelhak Serhane, *L'Amour circoncis*, Casablanca, Eddif, Paris Méditerranée, ^{4}2000, p. 149.

condamnée. En arabe dialectal, les mots *attâï* et *zamel* sont employés comme insultes pour désigner l'homme « passif ». Ils se rapportent à la position passive et peuvent être traduits par « donneurs ». Le rôle « passif » étant attribué à la femme, l'homosexuel « passif » est un efféminé et sa transgression des normes sociales constitue un grave déshonneur. Il remet en question l'ordre hétérosexiste, la supériorité des hommes sur les femmes. De plus, l'honneur des hommes réside dans le mariage et la paternité, leur capacité à s'inscrire dans le lignage agnatique. Selon cette filiation patrilinéaire, c'est l'ascendance mâle qui perpétue le patronyme. Au Maghreb, il existe une certaine tolérance envers l'homosexualité tant qu'elle ne se présente pas comme une identité publiquement revendiquée et tant que les homosexuels se plient à l'obligation du mariage.[16] Abdelhak Serhane précise que, malgré l'interdit strict, des pratiques homosexuelles sont très fréquentes dans la société maghrébine et que certaines structures sociales (bipartition des sexes, interdiction du coït avant le mariage) favorisent même l'homosexualité.[17] Il en tire la conclusion que l'homosexualité est souvent vécue comme une « conduite compensatrice ».[18] Il convient de souligner que la conception de l'homosexualité au Maghreb diverge largement de celle en Occident. En Occident, les identités hétérosexuelles et homosexuelles s'excluent mutuellement, alors qu'au Maghreb la transition semble être plus souple. Ce n'est pas la pratique sexuelle qui détermine inéluctablement l'identité d'un homme.[19] Suite à un travail de terrain effectué à Marrakech, l'anthropologue Gianfranco Rebucini propose de distinguer deux modèles de la sexualité entre hommes au Maroc : le modèle homoérotique et le modèle homosexuel. Ainsi, des pratiques homoérotiques entre hommes au Maroc ne remettent pas forcément en cause leur identité de genre, leur masculinité. Il semble qu'une identité homosexuelle comme « modèle globalisant de matrice occidentale » se manifesterait plutôt dans des classes sociales plus

16 *Cf. ibid.*, pp. 148-154 ; Christelle Hamel, « En milieu maghrébin, une question d'honneur », dans Rose Marie Lagrave, Agathe Gestin et al., éds., *Dissemblances : Jeux et enjeux du genre*, Paris, L'Harmattan, 2002, pp. 37-50.

17 *Cf.* Serhane, *L'Amour circoncis*, *op. cit.*, pp. 149-150.

18 *Ibid.*, p. 154.

19 *Cf.* Hamel, « En milieu maghrébin, une question d'honneur », *op. cit.*, pp. 42-43 ; concernant les différentes conceptions de l'homosexualité en Occident et au Maghreb, voir aussi l'article de Renaud Lagabrielle, « Penetrierende Männlichkeiten. Zum brüchigen Verhältnis von Männlichkeit und (Homo-) Sexualität in der zeitgenössischen frankofonen Maghreb-Literatur », dans Robin Bauer, Josch Hoenes et Volker Woltersdorff, éds., *Unbeschreiblich männlich. Heteronormativitätskritische Perspektiven*, Hamburg, MännerschwarmSkript, 2007, pp. 90-103.

aisées ou occidentalisées.[20] Intéressons-nous maintenant au développement des personnages et analysons le comportement d'Adam ainsi que celui de son amant Jamal.

Très jeune, Jamal se glisse dans l'univers féminin et renverse les rôles traditionnels. Il s'occupe des diverses tâches ménagères, il se met à aider sa mère dans la cuisine, à laver le linge. Or, cette intrusion n'est pas sans conséquences : au lieu de lui en être reconnaissante, sa mère commence à le mépriser. Ce rejet se manifeste dans un comportement violent envers son propre enfant. Lorsque le père de Jamal le découvre dans les bras d'un autre homme, il le répudie et Jamal se retrouve à la rue. Plus tard, prostitué, il est victime d'actes de violence à cause de son orientation sexuelle et de viols par un agent de police. Ce qui est marquant dans la relation de cette scène de viol,[21] c'est que la virilité de l'agent de police n'est pas remise en cause. Au contraire, la violence infligée à Jamal semble exalter sa virilité et rétablir l'ordre symbolique contesté par les homosexuels.

Adam, qui a grandi dans un milieu bourgeois, n'a pas tout à fait les mêmes obstacles à surmonter que Jamal. Adam a vécu au sein de la communauté gay à Paris et ne craint pas tant la justice et les lois juridiques que la perte de son statut privilégié, la démasculinisation : « Ce que je redoute le plus, c'est de susciter chez les autres un sentiment de mépris ou, pire, de la dérision. ».[22] Adam confirme en quelque sorte le constat d'Abdelhak Serhane : l'homosexualité est d'abord condamnée sur le plan social et moral. Les hommes dont l'homosexualité a été découverte par leur famille se voient menacés, maltraités et/ou exclus du lignage. La pire faute qu'un homme puisse commettre, c'est de renverser les rôles attribués aux deux sexes, de jouer l'homme « passif » qui imite, pour ainsi dire, le statut subordonné de la femme.[23] Adam craint d'être vu comme un « homme efféminé », un homme dépourvu de tout pouvoir qui salit l'honneur de sa famille. S'il souhaite prendre le relais de son père, il faut qu'il suive la tradition et accepte d'épouser la femme que ses parents ont choisie pour lui. Amina, l'élue de ses parents, a suivi des études en France et ne s'intéresse guère au mariage. Ils se trouvent, tous les deux, piégés par leurs parents et c'est lors d'une soirée qu'Adam fait la connaissance de la petite sœur Rim. Il entre alors dans un jeu de mascarade, préférant la jeune fille inexpérimentée et naïve à la femme intellectuelle et dotée d'un esprit critique.

---

20 *Cf.* Gianfranco Rebucini, « Lieux de l'Homoérotisme et de l'Homosexualité masculine à Marrakech », *L'Espace Politique* [en ligne], 13, n° 1, 2011, http://espacepolitique.revues.org/index1830.html (visité le 17 septembre 2012), ainsi que l'article dans ce même volume.

21 Trabelsi, *Une vie à trois*, *op. cit.*, p. 9.

22 *Ibid.*, p. 32.

23 *Cf.* Hamel, « En milieu maghrébin, une question d'honneur », *op. cit.*, pp. 44-45.

L'(en)jeu de la *mascarade*

C'est Amina elle-même qui parle d'une mascarade par rapport à la soirée organisée par leurs parents :

> Avec un regard chargé de sous-entendus, sa mère lui présente une jeune femme aux yeux intelligents. [...] – Et vous faites quoi maintenant? s'entend-il lui demander sur un ton sarcastique. – Je cherche le mari comme vous voyez, lui répond-elle du tac au tac en lui faisant une mimique comique. Et vous? Apparemment vous participez aussi à cette mascarade. – Je fais plaisir à ma mère.[24]

Il est évident qu'Amina ne s'intéresse guère à Adam et préfère garder son indépendance au lieu de se marier avec un homme choisi par ses parents. Quant à Adam, il semble qu'il n'ait pas le choix : soit il continue à réprimer son désir, soit il mène une double vie, une vie à trois qui lui permettra de vivre une relation avec un homme. Il opte pour cette dernière solution et se plie aux vœux de ses parents en épousant la petite sœur d'Amina, Rim. Ce jeu de mascarade atteint son paroxysme lors de la nuit de noces. La question emblématique « Qui est le bourreau et qui est la victime? » se pose de nouveau. Adam se voit dans l'obligation de prouver sa virilité et de consommer le mariage avec Rim. Il y arrive en pensant à son amant et en passant une soirée bien arrosée :

> Ses parents lui ont réservé la suite nuptiale. Je vais boire le calice jusqu'à la lie, se dit-il. À la réception, on lui fait des sourires entendus. [...] Adam s'approche d'elle, hésitant. Il sait qu'il va falloir coucher avec elle. Il n'est pas excité. Tout juste attendri par cette gamine au regard effarouché qui est maintenant sa femme.[25]

L'acte sexuel est présenté comme un processus mécanique et violent. Rim, de son côté, est également nerveuse en songeant à la nuit de noces mais pour d'autres raisons. Sa mère lui a inculqué la tradition selon laquelle la femme doit être vierge lors de son mariage. Rim obéit aveuglément à sa mère et lui fournit la preuve de sa virginité, le *séroual* taché de quelques gouttes de sang. Adam n'est pas au courant de cette pratique archaïque :

> Rim se dit que tout ça n'a rien de plaisant. Quand elle entend le souffle d'Adam devenir régulier, elle vérifie qu'il s'est endormi puis se lève pour

---

24 Trabelsi, *Une vie à trois*, *op. cit.*, p. 40.

25 *Ibid.*, p. 83.

> essuyer les perles de sang de son hymen avec le *séroual* et l'en imprégner. Est-ce suffisant? s'interroge-t-elle paniquée à l'idée de décevoir sa famille.[26]

Finalement, c'est la sœur de Rim qui découvre le secret d'Adam et qui l'oblige à partager ce secret avec Rim qui ne se doute de rien. Jamal, qui s'est installé chez le couple, devient même le confident de Rim et rend son quotidien moins monotone. Comparons maintenant les différentes conceptions de la masculinité en introduisant la notion de « mascarade » qui occupe une place centrale dans la théorie féministe, voire la théorie du genre.

Quelle relation existe-t-il entre la théorie féministe et les concepts de masculinité ? Afin d'examiner des conceptions de la masculinité, il est indispensable de prendre en compte les liens complexes et multiples qui existent entre les sexes. R. W. Connell, qui a développé le concept d'une masculinité hégémonique,[27] insiste sur le fait que, même en travaillant sur des concepts de masculinité, il faut considérer le rôle de la femme dans la constitution de ceux-ci, d'autant plus que « la féminité » ou « la masculinité » n'est pas forcément lié au sexe biologique.[28]

Parmi les féministes, plusieurs ont proposé des définitions du concept de mascarade.[29] Citons Luce Irigaray à ce propos :

> Ce que j'entends par mascarade? Notamment ce que Freud appelle 'féminité'. C'est croire, par exemple, qu'il faille *devenir* une femme, qui plus est 'normale', alors que l'homme serait d'entrée de jeu homme. Il n'aurait qu'à

---

26 *Ibid.*, p. 84.

27 « Masculinity is not a fixed entity embedded in the body or personality traits of individuals. Masculinities are configurations of practice that are accomplished in social action and, therefore, can differ according to the gender relations in a particular social setting. » (R. W. Connell et James W. Messerschmidt, « Hegemonic masculinity : Rethinking the concept », *Gender and Society* 19, nº 6, décembre 2005, p. 836).

28 *Cf. ibid.*, pp. 829-859.

29 Pour une analyse approfondie du concept de « mascarade » voir aussi Liliane Weissberg, « Gedanken zur 'Weiblichkeit'. Eine Einführung », dans Liliane Weissberg, éd., *Weiblichkeit als Maskerade*, Frankfurt am Main, Fischer, 1994, pp. 7-32 ; Claudia Benthien, « Das Maskerade-Konzept in der psychoanalytischen und kulturwissenschaftlichen Theoriebildung », dans Claudia Benthien et Inge Stephan, éds., *Männlichkeit als Maskerade. Kulturelle Inszenierungen vom Mittelalter bis zur Gegenwart*, Köln, Böhlau, 2003, pp. 36-59.

> accomplir son être-homme, tandis que la femme aurait à devenir une femme normale, c'est-à-dire à entrer dans la *mascarade de la féminité*.[30]

Irigaray se réfère à Freud en critiquant sa conception négative et réductrice de la sexualité féminine. Même avant le complexe d'Œdipe, le masculin sert de point de repère pour le désir de la fille. À plusieurs reprises dans son œuvre, elle met en exergue le fait que Freud considère la petite fille comme un petit garçon. Il n'existe pas de termes propres qui pourraient témoigner de la sexualité féminine. D'après Freud, le « devenir-femme » contient plus d'obstacles que le développement sexuel du garçon, qu'il qualifie de plus linéaire. Irigaray souligne que les femmes, coupées de leurs premiers désirs-plaisirs, entrent dans l'économie phallocratique afin de participer au désir de l'homme mais au prix du renoncement à leur propre désir. Elle ne critique pas seulement la terminologie de Freud mais aussi le fait qu'il n'ait pas suffisamment pris en considération les conditions socioculturelles qui mènent à l'assujettissement de la femme.[31] À la question, posée dans le cadre d'un séminaire, de savoir ce que sera cet « autre » homme, Irigaray répond que ce n'est pas à une femme de se mettre à la place de cet « autre » homme dont la vocation est de s'émanciper de l'empire phallocratique.[32]

C'est la psychanalyste anglaise Joan Rivière qui introduit la notion de mascarade féminine en 1929 dans un article intitulé « Womanliness as a Masquerade ».[33] Dans son étude, elle décrit un type de femme intellectuelle, répondant à tous les critères d'« une féminité accomplie » : elle est une bonne épouse, une mère parfaite et excelle dans sa vie professionnelle. Elle travaille comme propagandiste mais malgré son succès indéniable, elle souffre d'une certaine angoisse. Après ses discours publics, elle sollicite l'attention des hommes – substituts de la figure du père – et, plus particulièrement, elle souhaite provoquer des compliments sur son apparence physique. Ainsi, elle porte un « masque de féminité » afin de dissimuler son désir d'occuper la position masculine dans l'économie phallocratique, de prendre symboliquement la place du père (le phallus).[34]

---

30 Luce Irigaray, *Ce sexe qui n'en est pas un*, Paris, Éditions de Minuit, 1977, p. 132.

31 *Ibid.*, pp. 35-64, 119-163. Pour la question du devenir-femme *cf.* aussi Luce Irigaray, *Speculum de l'Autre Femme*, Paris, Éditions de Minuit, 1974.

32 Irigaray, *Ce sexe qui n'en est pas un, op. cit.*, pp. 133-134.

33 Joan Rivière, « Womanliness as a Masquerade », *International Journal of Psychoanalysis* 10, 1929, pp. 303-313.

34 *Ibid.*, pp. 303-313.

La philosophe Judith Butler se joint au débat en s'appuyant sur les concepts psychanalytiques de Jacques Lacan,[35] de Joan Rivière et de Luce Irigaray. Le but de l'analyse critique de Butler n'étant pas une définition exacte de la notion de mascarade, elle préfère soulever de nombreuses questions et réussit à donner un nouveau souffle au débat :

> On the one hand masquerade may be understood as the performative production of a sexual ontology, an appearing that makes itself convincing as a 'being'; on the other hand, masquerade can be read as a denial of a feminine desire that presupposes some prior ontological femininity regularly unrepresented by the phallic economy.[36]

Selon la première position évoquée, ce serait alors la mascarade qui produit une ontologie sexuelle, qui crée une apparence qui se veut une essence. Joan Rivière, quant à elle, met en avant qu'il n'y a pas de distinction possible entre la féminité entendue comme « essence » et la féminité en tant que « mascarade » :

> The reader may now ask how I define womanliness or where I draw the line between genuine womanliness and the 'masquerade'. My suggestion is that, however, that there is any such difference; whether radical or superficial, they are the same thing.[37]

Revenons à notre personnage principal Adam : il se sent dans l'obligation de se marier avec une femme afin de se faire respecter par sa famille et de prendre le relais de son père. Adam se sert d'une mascarade comme stratégie consciente et, en conséquence, il ne remet pas en question l'ordre hétéronormatif. En épousant une jeune fille inexpérimentée, attachée aux traditions, il abuse de sa position privilégiée en tant qu'homme dans la société marocaine et fait vivre l'enfer à Rim. Si la femme, dans le cas exemplaire de Rivière, porte « un masque de féminité » pour ne pas provoquer un rejet de la part de ses collègues masculins, Adam revêt un masque de « masculinité active ». Il s'agit, en tout cas, de ne pas renverser les rôles des sexes, de rester celui qui joue le rôle actif dans le

---

35 Jacques Lacan, « La Signification du phallus », dans *Écrits*, Paris, Éditions du Seuil, 1966, pp. 685-695.

36 Judith Butler, *Gender Trouble : Feminism and the Subversion of Identity*, London, New York, Routledge, 1990, p. 47.

37 Joan Rivière, « Womanliness as a Masquerade », *op. cit.*, p. 306.

couple Adam/Rim et Adam/Jamal.[38] Dans la partie suivante, nous entamons une comparaison entre le roman *Une vie à trois* et le roman *Partir* de Tahar Ben Jelloun afin d'élargir le champ de notre étude et d'approfondir le concept de mascarade.

Partir ou la perte définitive de masculinité

Traitant de l'homosexualité et des jeux de mascarade dans la littérature maghrébine, le roman *Partir*[39] de Tahar Ben Jelloun se prête également bien à une analyse. Azel, jeune diplômé au chômage, rêve d'une vie loin de Tanger et aimerait beaucoup tenter sa chance en Espagne. Il est prêt à partir définitivement en compagnie d'un Espagnol plus âgé et très cultivé lorsqu'il se voit humilié et maltraité par la police marocaine. On relève dans cette scène de maltraitance et de viol une forte ressemblance avec la scène déjà citée dans *Une vie à trois*,[40] elle remplit la même fonction narrative, mais la narration est plus explicite et plus crue. Elle sert donc à souligner la virilité des agents de police, ces derniers symbolisant le pouvoir de l'État et de la Nation même. La violence exercée par la police est l'incarnation d'une violence étatique.

C'est Azel qui emploie au début du roman le mot « zamel » comme insulte, ne se doutant de son futur « concubinage » avec l'Espagnol nanti. La relation d'Azel et de Miguel se caractérise par une certaine ambiguïté, Miguel est tantôt le bienfaiteur qui le fait sortir de sa misère (y compris sa famille), tantôt un touriste qui profite de l'inégalité de leurs statuts et qui l'exploite sexuellement. Afin de ne laisser aucun doute quant à sa sexualité, Azel continue à rendre visite à son amoureuse et fréquente également un bordel lorsqu'elle n'est pas disponible. Miguel, au courant de ses histoires de femme, décide un soir de se venger et de l'humilier devant ses amis. Il force Azel à se déguiser en femme, à jouer l'homme « efféminé », à lui renvoyer le reflet de leur relation basée sur l'inégalité de leurs statuts économiques. Au début de la soirée, avant de se

38 Il existe aussi d'autres concepts similaires à la notion de « mascarade ». Butler elle-même développe le concept de « parodie » et affirme que le genre n'est qu'une performance. Lorsque le genre est mis en scène, par exemple dans un spectacle de travestis, la construction des genres se dévoile et brouille les frontières entre le soi-disant original et la copie (*cf.* Butler, *Gender trouble, op. cit.*). La « parodie », de même qu'un acte de « mimicry » ou « mimétisme », terme emprunté à Homi K. Bhabha, peuvent produire une différence, une ambivalence qui n'est pas classifiable, qui remet en question les discours dominants (*cf.* Homi K. Bhabha, *The Location of Culture*, London, New York, Routledge, 1994, pp. 85-92).

39 Tahar Ben Jelloun, *Partir*, Paris, Gallimard, 2006.

40 Trabelsi, *Une vie à trois, op. cit.*, p. 9.

révéler aux regards des autres, Azel éprouve un certain plaisir, il se maquille comme une mariée, tente de jouer le jeu de Miguel. Mais la soirée prend une autre tournure :

> […] Azel, bien sûr, n'est ni un bandit ni un traître, il est simplement un très bel objet, un objet de toutes les tentations. Voyez donc sa peau magnifique ! Vous pourrez le toucher. Faites la queue, mais surtout ne vous bousculez pas, il est là, il ne va pas partir. Caressez-lui la hanche, par exemple, et retenez bien vos pulsions. Il est à moi, et pas question qu'on se le dispute ![41]

Les humiliations n'en finissent pas. Ainsi, Miguel, lors d'une autre soirée avec ses amis, lui demande de faire l'amour avec une femme. Azel tombe des nues lorsque cette prétendue femme s'avère être un homme. Cette scène ne manque pas d'ambiguïté non plus, car bien qu'il soit dégoûté par cette révélation, il s'engage de nouveau dans le jeu jusqu'à ce qu'il soit révolté par les pratiques sexuelles. Une fois de plus, sa virilité et son hétérosexualité sont remises en cause. Azel, entièrement dépendant de Miguel, dépourvu de tout pouvoir, incapable de décider lui-même de son sort, sombre de plus en plus dans la détresse et la solitude. La conséquence inévitable de tout ce processus de déchéance semble être ce qu'il considère comme la perte définitive de sa virilité. L'impuissance sexuelle, le fait de ne plus arriver à faire l'amour avec une femme, constitue pour lui l'ultime blessure et il exprime sa détresse en s'adressant à sa sœur :

> Eh bien, la semaine dernière, *walou* ! Tu sais ce que ça veut dire, *walou* ? Rien de rien, j'étais incapable d'être un homme, excuse-moi, mais il faut que je parle, il faut que ça sorte, la honte, l'immense honte, la *hchouma* ! […] *Walou* ! *Walou* ! je suis devenu un *walou*, un rien, une absence, un souvenir d'homme, une ombre …[42]

La perte de masculinité d'Azel n'est pas due aux pratiques homosexuelles, sa chute irréversible est surtout provoquée par le contexte d'exploitation et de dépendance économique.

---

41 *Ibid.*, pp. 136-137.

42 *Ibid.*, pp. 233-234.

Conclusion

Dans les romans cités, la transgression des normes se situe au niveau des contenus plutôt qu'au niveau textuel ou linguistique. La « crise du masculin », souvent évoquée dans des sociétés en transition, se manifeste dans notre corpus à partir de différents « jeux de mascarade » qui n'opèrent pas selon la même logique. Dans *Une vie à trois*, Adam se sert d'une mascarade afin de ne pas être obligé de choisir entre son désir et une position sociale privilégiée en tant qu'homme marié. Il se retrouve dans une situation qui semble sans issue, caractérisée par une forte ambiguïté. Il souffre en tant qu'homme, souhaitant se réclamer d'une identité homosexuelle dans une société marquée par un ordre hétéronormatif. Mais en même temps, il renforce cet ordre symbolique en faisant souffrir une jeune fille naïve, éduquée dans un milieu traditionnel. Jamal, son amant, est répudié par sa famille à cause de ses pratiques homosexuelles et se voit dans l'obligation de se prostituer pour subvenir à ses besoins. Il tombe amoureux d'Adam et accepte de vivre sous le même toit que la femme d'Adam, il est prêt à vivre une histoire d'amour clandestine.

Dans *Partir*, ce sont les conditions socio-économiques au Maroc qui déclenchent la crise du protagoniste. Azel, jeune diplômé sans poste, est prêt à entrer dans un jeu de mascarade, à partager sa vie avec un étranger pour enfin sortir de la misère. La perte de « masculinité », son impuissance sexuelle, est emblématique de sa dépendance économique vis-à-vis de Miguel. En guise de conclusion, résumons avec les mots de Tahar Ben Jelloun la signification attribuée à la virilité dans les sociétés maghrébines :

> La sexualité (le pouvoir sexuel) est du ressort de l'homme : elle est puissance et virilité. Le sexe est valorisé, il est la base même de l'exercice des autres pouvoirs. La virilité est mythifiée. [...] Perdre ce pouvoir (peu importe pour le moment de savoir comment il est exercé), c'est perdre son statut social et sa raison d'être dans une société où il n'y a pas de place ni de rôle pour un homme 'mutilé' sexuellement.[43]

Bibliographie

Ben Jelloun, Tahar, *La Plus Haute des Solitudes*, Paris, Éditions du Seuil, 1977.

Ben Jelloun, Tahar, *Partir*, Paris, Gallimard, 2006.

43 Tahar Ben Jelloun, *La Plus Haute des Solitudes*, Paris, Éditions du Seuil, 1977, p. 64.

Benthien, Claudia, « Das Maskerade-Konzept in der psychoanalytischen und kulturwissenschaftlichen Theoriebildung », dans Claudia Benthien et Inge Stephan, éds., *Männlichkeit als Maskerade. Kulturelle Inszenierungen vom Mittelalter bis zur Gegenwart*, Köln, Böhlau, 2003, pp. 36-59.

Bhabha, Homi K., *The Location of Culture*, London, New York, Routledge, 1994.

Butler, Judith, *Gender Trouble : Feminism and the Subversion of Identity*, London, New York, Routledge, 1990.

Connell, R. W., et James W. Messerschmidt, « Hegemonic Masculinity : Rethinking the Concept », *Gender and Society* 19, n° 6, décembre 2005, pp. 829-859.

CREA Université Rennes2, *Bahaa Trabelsi-02 – Ses romans*, entretien avec Bahaa Trabelsi (réalisé en 2002), http://www.canal-u.tv/video/universite_ rennes_2_crea _cim/bahaa_trabelsi_02_ses_romans.725 (visité le 30 septembre 2012).

Genette, Gérard, *Figures III*, Paris, Éditions du Seuil, 1972.

Gontard, Marc, éd., *Le Récit féminin au Maroc*, Rennes, Presses Universitaires de Rennes, 2005.

Hamel, Christelle, « En milieu maghrébin, une question d'honneur », dans Rose Marie Lagrave, Agathe Gestin et al., éds., *Dissemblances : Jeux et enjeux du genre*, Paris, L'Harmattan, 2002, pp. 37-50.

Hamel, Christelle, « Maghreb », dans Louis-George Tin, éd., *Dictionnaire de l'Homophobie*, Paris, Presses Universitaires de France, 2003, pp. 274-277.

Irigaray, Lucie, *Speculum de l'Autre Femme*, Paris, Éditions de Minuit, 1974.

Irigaray, Lucie, *Ce sexe qui n'en est pas un*, Paris, Éditions de Minuit, 1977.

Lacan, Jacques, « La Signification du phallus », dans *Écrits*, Paris, Éditions du Seuil, 1966, pp. 685-695.

Lagabrielle, Renaud, « Penetrierende Männlichkeiten. Zum brüchigen Verhältnis von Männlichkeit und (Homo-) Sexualität in der zeitgenössischen frankofonen Maghreb-Literatur », dans Robin Bauer, Josch Hoenes et Volker Woltersdorff, éds., *Unbeschreiblich männlich. Heteronormativitätskritische Perspektiven*, Hamburg, MännerschwarmSkript, 2007, pp. 90-103.

Nadifi, Rajaa, éd., « La Littérature féminine au Maroc », *Expressions maghrébines* 8, n° 1, été 2009.

Patanè, Vincenzo, « Homosexuality in the Middle East and North Africa », dans Robert Aldrich, éd., *Gay Life and Culture. A World History*, London, Thames & Hudson, 2006, pp. 271-301.

Rebucini, Gianfranco, « Lieux de l'Homoérotisme et de l'Homosexualité masculine à Marrakech », *L'Espace Politique* [en ligne] 13, n° 1, 2011, http://espacepolitique .revues.org/index1830.html (visité le 17 septembre 2012).

Rivière, Joan, « Womanliness as a Masquerade », *International Journal of Psychoanalysis* 10, 1929, pp. 303-313.

Rocchi, Jean-Paul, « Hétérosexisme », dans Didier Éribon, éd., *Dictionnaire des cultures Gays et Lesbiennes*, Paris, Larousse, 2003, pp. 243-244.

Serhane, Abdelhak, *L'Amour circoncis*, Casablanca, Eddif, Paris, Méditerranée, ^{4}2000.

Trabelsi, Bahaa, *Une femme tout simplement*, Casablanca, Eddif, ^{3}2002.

Trabelsi, Bahaa, *Une vie à trois*, Bruxelles, Éditions Labor, coll. « théglacé », 2002.

Weissberg, Liliane, « Gedanken zur 'Weiblichkeit'. Eine Einführung », dans Liliane Weissberg, éd., *Weiblichkeit als Maskerade*, Frankfurt am Main, Fischer, 1994, pp. 7-32.

Zaganiaris, Jean, « La Question Queer au Maroc : Identités sexuées et transgenre au sein de la Littérature marocaine de langue française », *Confluences Méditerranée* 1, n° 80, 2012, pp. 145-161.

CHAPITRE 12

Masculinités en crise. *Ravisseur* et *La Vie sexuelle d'un islamiste à Paris* de Leïla Marouane

Birgit Mertz-Baumgartner

Abstract

Whereas my previous study on Leïla Marouane focused on the transgression of female gender roles, this study aims at identifying the way in which Marouane presents male gender roles and stereotypes in two of her novels, *Ravisseur* (1998) and *La Vie sexuelle d'un islamiste à Paris* (2007). In these two novels, published at a distance of almost 10 years, Marouane revises, foils, and subverts Algeria's well-established concepts of hegemonic masculinity which are based on the omnipotent pater familias, living in marriage and controlling the other family members. Referring to *Ravisseur*, the first part of this work outlines the father figure's real and symbolic disempowerment, pointing to the creation of an alternative, positively connoted masculinity, embodied by the intellectual and effeminate, potentially homosexual, neighbor. Focusing on *La Vie sexuelle d'un islamiste à Paris*, the second part of this study traces the reasons for the protagonist's identity crisis. Those can be attributed to the fact that the economically successful character of Basile, (no longer being called Mohamed), changed his name, bowing to the capitalistic and consumption-oriented world. Regarding his gender role, however, he is not able to position himself. Torn between his mother's traditional role expectations, his cousin's hedonistic behavior and his own desire for experiencing sexuality free from any cultural and social norms, he finds himself slipping into a severe personal crisis which seems to have no way out. Finally, the fact that both male protagonists 'deprave' at different locations, in Algeria and in France, leads to the conclusion that the roots of their troubled masculinities cannot only be found in France.

Le mâle hégémonique et la virilité

« Je veux être un homme. Et je sais pourquoi. [...] Être un homme en Algérie, c'est devenir invisible »,[1] constate Nina Bouraoui dans *Garçon manqué*, son

1 Nina Bouaroui, *Garçon manqué*, Paris, Stock, 2000, p. 37.

 | DOI 10.1163/9789004342828_014

texte autobiographique, postulant ainsi que, dans une société patriarcale, la norme masculine est une catégorie non-marquée. Cette « invisibilité » de l'homme est liée à une position de pouvoir garantie par des lois, des pratiques sociales et religieuses qui lui assurent la suprématie sur la femme. Pensons, dans ce contexte, au Code de la famille algérien qui – malgré les amendements apportés en 2005 – maintient le tutoriat matrimonial pour la femme ainsi que le droit de l'homme à la polygamie et à la répudiation ; il maintient aussi les inégalités concernant le choix de l'époux (la femme doit se marier à un musulman) et la demande de divorce qui, pour l'épouse, n'est possible que sous des conditions particulières (contrairement au mari) ; finalement, le Code de la famille assure les privilèges de l'homme dans l'héritage de façon que la femme ne reçoit que la moitié de ce que l'homme reçoit.

Et pourtant, la dite « norme masculine » est loin d'être une catégorie non marquée et comporte de nombreuses « conditions » dont l'accomplissement fera de l'homme un « mâle hégémonique » : « a male in power, a man with power, and a man of power ».[2] Le pouvoir du mâle hégémonique est basé, selon Connell, sur une dominance hétérosociale, c'est-à-dire sur une position de supériorité face aux femmes ; mais le statut hégémonique du mâle dispose également d'une dimension homosociale, dimension qui se réfère aux rapports de force entre différentes formes de masculinités. Il s'agit donc, toujours selon Connell, d'une catégorie doublement relationnelle (face aux femmes et face aux mâles non-hégémoniques)[3] de manière que le mâle hégémonique domine non seulement les femmes, mais aussi les hommes qui – pour les raisons les plus diverses (orientation sexuelle, statut familial, religion, etc.) – ne correspondent pas (entièrement) à la norme masculine établie. Relu sous cet angle, le Code de la famille fixe non seulement la position inférieure de la femme au sein du couple et de la famille, mais instaure également la norme masculine qui se définit par l'hétérosexualité, le mariage et la procréation. Est donc doté de pouvoir réel et symbolique celui qui est hétérosexuel, prend une (ou plusieurs) épouse(s) (selon ses possibilités économiques) et engendre des enfants. Se trouvent dans une position inférieure tous ceux qui ne sont pas mariés, n'ont pas de progéniture ou sont homosexuels.

L'idée de la virilité et du « vrai » homme – très présente dans les sociétés maghrébines – est étroitement liée au concept du mâle hégémonique. Cette

---

2 Nous empruntons le terme de « masculinité hégémonique » à Robert W. Connell. *Cf.* Michael Kimmel, Jeff Hearn et Robert W. Connell, éds., *Handbook of Studies on Men & Masculinities*, Thousand Oaks, Sage, 2005, p. 125.

3 *Cf.* Mechtild Bereswill, Michael Meuser et Sylka Scholz, *Dimensionen der Kategorie Geschlecht : Der Fall Männlichkeit*, Münster, Westfälisches Dampfboot, 2007, pp. 10-11.

virilité se mesure à l'apparence physique, au comportement face aux femmes et aux autres hommes, à la force sexuelle et à la capacité d'engendrer des enfants. « [...] il n'y a que la virilité qui compte »[4] dit Omar Gatlato dans la fameuse séquence d'ouverture du film éponyme de Merzak Allouache pour souligner le caractère modèle et normatif de l'homme viril. Si les premières lectures critiques du film ont souligné l'échec du protagoniste face à ce modèle normatif de virilité, d'autres, plus récentes, considèrent le film davantage comme une « déconstruction du mythe de la virilité au Maghreb »,[5] ou comme une citation des codes algériens « pour mieux les fracturer ».[6] Ainsi que le démontre Claudia Gronemann dans son analyse d'*Omar Gatlato*, publiée dans *Scènes de genres au Maghreb*, le film expose le caractère performatif et constructif d'une masculinité virile, remet en cause sa « normativisation » et développe l'idée d'une nouvelle subjectivité masculine dont la sensibilité et la défaillance font partie intégrante.[7]

Selon les observations de Mai Ghoussoub et Emma Sinclair-Web, cette « masculinité virile normative » se construit – majoritairement en public – dès la circoncision du garçon, considérée comme rite d'initiation au monde masculin, et sera fortifiée par le service militaire et le mariage, plus précisément par la nuit de noces qui serait, pour l'homme, l'ultime preuve de sa virilité.[8] Pour ce qui est la nuit de noces, la virilité et la virginité ne sont que les deux faces d'une même médaille,[9] les différents visages d'une construction sociale traditionnelle des genres au Maghreb (construction lourde de conséquences). Rappelons, dans ce contexte, le récit intime *L'Amande* (2004) de l'écrivaine marocaine Nedjma où le côté cauchemardesque des nuits de noces pour les « deux » sexes est exprimé de manière drastique : d'une part, dans le récit que

4 https://www.youtube.com/watch?v=mkSxbm73fiE (visité le 24 juin 2917).

5 Claudia Gronemann, « *Omar Gatlato* de Merzak Allouache (1977) : une étude de cas sur le Masculin », dans Claudia Gronemann et Wilfried Pasquier, éds, *Scènes des genres au Maghreb. Masculinités, critique 'queer' et espaces du féminin/masculin*, Amsterdam, Rodopi, 2013, p. 231.

6 *Ibid.*, p. 229.

7 *Ibid.*, p. 232.

8 *Cf.* Mai Ghoussoub et Emma Sinclair-Web, éds, *Imagined Masculinities. Male Identity and Culture in the Modern Middle East*, London, Saqi Books, 2006.

9 *Cf.* l'étude sociologique d'Isabelle Charpentier, *Le Rouge aux joues – Virginité, interdits sexuels et rapports de genre au Maghreb – Une étude d'œuvres et de témoignages d'écrivaines (franco-) algériennes et (franco-)marocaines*, Saint-Étienne, Publications de l'Université de Saint-Étienne, 2013.

fait la protagoniste de sa nuit de noces avec Hmed, décrivant l'expérience douloureuse de l'acte sexuel forcé et le contrôle de celui-ci par les parents[10] :

> J'avais ma chemise de nuit sous les fesses et Hmed sur la poitrine. Il m'a écarté les jambes et son membre est venu cogner contre mon sexe. [...] Il me faisait mal et je me contractais un peu plus à chacun de ses mouvements. L'assistance tambourinait sur la porte, réclamant ma chemise de vierge.[11]

Et un peu plus loin, lorsque son mari n'arrive pas à la pénétrer parce qu'elle a été « blindée » par sa mère quand elle était gamine, nous lisons :

> Ma belle-mère me ligota les bras aux barreaux du lit avec son foulard et Naïma se chargea de me plaquer solidement les jambes. Pétrifiée, j'ai réalisé que mon mari allait me déflorer sous les yeux de ma sœur. Il m'a rompue en deux d'un coup sec et je me suis évanouie pour la première et unique fois de ma vie.[12]

D'autre part – et c'est ce qui nous intéresse encore davantage dans le contexte de cet article – apparaît, intégrée dans les souvenirs de ses propres souffrances, l'histoire de son cousin Saïd qui, contrairement aux codes en vigueur, « s'est avéré un vrai puceau »[13] lors de sa nuit de noces : comme il avait du mal à « dépuceler Noura, sa femme », sa mère a recouru à un remède stratégique mais honteux pour son fils en lui ordonnant « de passer sept fois entre ses deux jambes ».[14] Saïd a tout de suite retrouvé sa virilité, dit le texte, et « [il] a pu déflorer Noura dans le sang et les hurlements ».[15] Parallèlement à sa propre souffrance, la protagoniste expose donc celle de son cousin et démontre ainsi à quel point les « deux » sexes sont livrés, pendant la nuit de noces, aux exigences sociales codifiées (virilité/virginité, contrôle public, etc.). Pour les personnages de Nedjma, des comportements alternatifs selon des modèles d'individualité, d'intimité et de bonheur paraissent impossibles.

---

10 Il s'agit d'une scène que l'on retrouve dans de nombreux textes littéraires et films maghrébins traitant des rôles de genre (par ex. l'ouverture du film *La Citadelle* de Mohamed Chouikh).

11 Nedjma, *L'Amande*, Paris, Plon, 2004, pp. 121-122.

12 *Ibid.*, p. 123.

13 *Ibid.*, p. 120.

14 *Ibid.*

15 *Ibid.*

Nombreux sont les textes littéraires maghrébins contemporains qui révèlent, par les moyens propres à la fiction, les conséquences négatives d'une masculinité « uniformisée », soit en mettant en scène des « mâles hégémoniques » ridicules, soit en dépeignant des itinéraires alternatifs de « déviants » – qu'ils soient puceaux, impuissants, stériles[16] ou homosexuels.[17]

Dans cet article, nous aborderons la remise en cause littéraire d'une masculinité virile à partir de deux romans de Leïla Marouane – *Ravisseur* et *La Vie sexuelle d'un islamiste à Paris* – parus dans un intervalle de dix années. La première partie de l'analyse sera consacrée à une relecture de *Ravisseur* (1998) qui accentue – contrairement aux lectures habituelles de ce texte (visant davantage le rôle de la femme ou l'intégrisme) – les masculinités qui y sont en jeu sous la forme du père-patriarche Aziz Zeitoun et celle de son antagoniste Youssef Allouchi. La deuxième partie sera dédiée au roman *La Vie sexuelle d'un islamiste à Paris* (2007) et à son protagoniste profondément « en crise ».

Clin d'œil et dérision : La déconstruction du père-patriarche dans *Ravisseur* de Leïla Marouane

Le personnage du père, dépeint par Leïla Marouane dans son deuxième roman *Ravisseur*, ressemble beaucoup à d'autres pères-patriarches qui peuplent la littérature algérienne au féminin (pensons à *Des rêves et des assassins* de Malika Mokeddem ou à la pièce de théâtre *Princesses* de Fatima Gallaire, entre autres) : il est le roi incontesté de la maison, il décide sur le destin de son épouse (en la répudiant et la remariant au voisin) et veille sur ses filles en les enfermant dans la maison familiale. Toute déviance de leur part est punie comme le démontre bien la répudiation de son épouse et son comportement violent face à sa fille aînée. Et pourtant, le pouvoir de ce mâle hégémonique (qui correspond, paraît-il, entièrement à la norme masculine en vigueur) est bien limité : d'une part, Marouane opère dans ce roman un renversement (comique)

16 En ce qui concerne le thème de la stérilité de l'homme *cf.* par ex. « Un fait divers et d'amour », dans *Le Premier Amour est toujours le Dernier* (1995) de Tahar Ben Jelloun, ou bien *Rue Darwin* de Boualem Sansal qui raconte l'histoire d'un fils adopté (mais dit biologique pour cacher la stérilité de l'homme).

17 Retenons que le thème de l'homosexualité est abordé davantage par des auteurs marocains (par ex. Ben Jelloun, Taïa, Rachid O.) et reste peu fréquent dans la littérature algérienne. Le sort du frère biologique de Yaz, protagoniste de *Rue Darwin* de Boualem Sansal, qui est banni par le clan à cause de son homosexualité et meurt à Paris du sida, est symptomatique et symbolique de cette absence.

de la situation hégémonique en condamnant le mâle à une passivité involontaire tandis que la femme et son nouvel époux – le mâle non-hégémonique – s'approprient les rôles actifs. D'autre part sont révélés, vers la fin du roman, la vulnérabilité et la fragilité du père, ancien patriarche, qui perd non seulement son pouvoir économique et social, mais surtout sa virilité.

Mais comment ce renversement des positions s'opère-t-il ? Par quelles stratégies esthétiques est-il réalisé ? Dans la première partie du texte, les rapports de force entre Aziz Zeitoun et sa femme sont bien réglés et correspondent parfaitement aux normes en vigueur (hégémonie hétérosociale). Ainsi, il décide de répudier sa femme à cause de sa désobéissance – elle a rendu visite, seule, à son premier petit-fils nouveau-né à l'hôpital – et de la remarier au voisin que le père ne prend pas au sérieux en tant qu'homme. La répudiation, métonymie de la situation de la femme en Algérie, permet à Marouane de peindre, en peu de mots, les rapports de force entre hommes et femmes. En même temps, cette répudiation oppose deux mâles – celui qui répudie son épouse et celui qui se remarie avec la femme répudiée – qui correspondent à des masculinités bien opposées. D'un côté, il y a Aziz Zeitoun, patron-pêcheur, marié et père d'une famille nombreuse qui dispose d'un pouvoir économique et d'un pouvoir discursif (il prend des décisions, répudie, punit, etc.). De l'autre côté, Youssef Allouchi, écrivain et intellectuel, quinquagénaire non-marié et sans enfants, suspecté par « les plus médisants [...] d'impuissance sexuelle ».[18] Le thème de sa possible impuissance est repris par l'imam dont la seule angoisse concernant le remariage de Nayla Zeitoun est que le mariage ne soit pas « consommé ».[19] Le fait que Youssef Allouchi est présenté au lecteur comme raffiné et quelque peu efféminé – avec des mains douces et une profonde passion pour son jardin dit Des Mille Senteurs et Couleurs – complète le portrait d'un homme « qui nous échappait par ses différences ».[20] Mais, comme la première phrase du roman le suggère déjà (« Mon père gisait sur le canapé tandis que ma mère convolait en justes noces avec Youssef Allouchi. »[21]), Leïla Marouane opère une inversion des rapports de force en donnant de l'*agency* à la femme subordonnée et au mâle non-hégémonique : divorcée et remariée, Nayla Zeitoun quitte l'Algérie avec son nouveau mari et s'installe à l'étranger. Son ex-mari, par contre, « gisait sur le canapé »,[22] et est donc condamné à la passivité et dépourvu de son pouvoir d'agir. Comme l'imam n'a pas agi selon les intentions du

18 Leïla Marouane, *Ravisseur*, Paris, Julliard, 1998, p. 14.

19 *Ibid.*, p. 17.

20 *Ibid.*, p. 15.

21 *Ibid.*, p. 13.

22 *Ibid.*

père et a insisté sur le divorce qui devait précéder le remariage, Aziz Zeitoun a perdu tout droit légal sur sa femme. Autrement dit, le roman renverse la situation initiale de manière que l'épouse profite de son remariage avec le voisin (impotent ou homosexuel) et se libère des entraves de son ex-mari tandis que celui-ci souffre de la perte de son épouse bien que ce soit lui qui a prononcé la répudiation. Alors qu'elle quitte la maison et le pays, le patriarche, à partir de ce moment, paraît cloîtré à la maison, le lieu traditionnel des femmes.

Dans *Gender Trouble*, Judith Butler affirme que les identités de genre se construisent et se fortifient par leur constante mise en scène, par leur performance réitérée.[23] La possibilité de faire exploser ou imploser l'ordre hégémonique des genres réside, selon Butler,

> in the arbitrary relation between such acts, in the possibility of a failure to repeat, a de-formity, or a parodic repetition that exposes the phantasmatic effect of abiding identity as a politically tenuous construction.[24]

À notre avis, si *Ravisseur* met en scène une telle répétition manquée et parodique de la norme masculine en vigueur et se sert de la « déformation » du père-patriarche, c'est pour déstabiliser et subvertir l'idée du mâle hégémonique comme identité « naturelle ».[25] Il s'agit d'abord d'une déformation de sa position sociale dans le sens où il perd le contrôle sur la répudiation et le remariage et ne peut qu'en subir les conséquences imprévues. La dégradation sociale d'Aziz Zeitoun est commentée par ses enfants avec ironie et sarcasme :

> Plus que du désespoir de savoir son épouse envolée, ou volée, peu importait, père souffrait des affres du déshonneur, cet horrible sort réduisait le plus robuste des mâles à rien, au néant, l'obligeant à *se défaire de sa moustache*, à troquer son pantalon contre *une djebbah*, à *se cloîtrer*, la compagnie des hommes, les vrais, lui étant désormais proscrite.[26]

---

23 « As in other ritual social dramas, the action of gender requires a performance that is repeated. This repetition is at once a reenactment and reexperiencing of a set of meanings already socially established; and it is the mundane and ritualized form of their legitimation ». Judith Butler, *Gender Trouble*, New York, London, Routledge, 1990, p. 140.

24 *Ibid.*, p. 141. « Dans la possibilité de rater la répétition, voire dans la déformation ou la répétition parodique, qui révèle l'identité fantasmatique comme construction politiquement faible », c'est nous qui traduisons.

25 « [P]arodic proliferation deprives hegemonic culture and its critics of the claim to naturalized or essentialist gender identities » (*Ibid.*, p. 138).

26 Marouane, *Ravisseur, op. cit.*, pp. 95-96, c'est nous qui soulignons.

L'expérience du protagoniste, de trompeur trompé, condamné à la passivité et dépourvu de pouvoir, détruit, selon le code en vigueur, son honneur et l'exclut désormais de la communauté des « vrais » hommes. Il est intéressant de constater que cette perte d'honneur et de réputation sociale se traduit, dans le roman, par la perte des attributs virils (moustache, pantalon, sphère publique) et la féminisation du protagoniste (sans moustache, djebbah,[27] sphère privée).

La deuxième partie du roman, concentrée autour de l'histoire de Samira, la fille aînée d'Aziz Zeitoun (violée par des intégristes et souffrant d'un profond traumatisme), fonctionne sur le même mode que la première. Le père, déjà déstabilisé par la perte de son épouse, essaie de toutes ses forces de défendre son pouvoir paternel et sa position hégémoniale, ce qui le pousse à des comportements parfois très violents face aux enfants (par ex. il tire Samira par les cheveux et risque de la scalper). La violence physique paraît être le seul reliquat de son ancienne virilité. Celle-ci sera définitivement détruite quand il rentrera à la maison après un séjour en prison : « unijambiste », avec des brûlures sur le dos et castré.[28] Il est significatif que Samira – elle même souffrant d'une folie progressive – l'appelle Djidji,[29] la djinna, et lui dit « elle ». Ce sont les déformations du corps, surtout la perte de son sexe et la perte successive de la raison qui signifient, dans *Ravisseur*, la « dévirilisation » progressive du protagoniste.

Bien que nous puissions comprendre *Ravisseur* comme une critique acerbe de la société patriarcale maghrébine, il est encore davantage une remise en question d'une masculinité uniformisée et une réflexion sur la constructivité des rôles de genres. *Ravisseur* rend visible la fragilité d'une construction sociale genrée, le caractère constructif et pour cela éphémère de l'hégémonie, sa déconstruction, et il dépeint, par le biais du personnage du voisin, une subjectivité masculine alternative qui se démarque par la différence.

Le mâle en crise – *La Vie sexuelle d'un islamiste à Paris* (2007)

À la différence de *Ravisseur*, l'intrigue de *La Vie sexuelle d'un islamiste à Paris* se déroule à Paris, plus précisément dans le milieu des immigrés maghrébins

---

27 La *djebbah* est une robe traditionnelle longue et ample que les femmes maghrébines portent dans la maison.

28 *Ibid.*, p. 155.

29 DJIDJI renvoie fort probablement au DJEDDI algérien qui signifie « grand-père ». Bien qu'il s'agisse d'une désignation respectueuse, la désignation rappelle que le père appartient désormais au troisième âge et ne dispose plus de son ancienne puissance.

de la dite deuxième génération. Malgré ce décor différent (et significatif pour le roman), nous voyons pourtant une continuité entre les deux textes en question. D'une part, *La Vie sexuelle* est, comme *Ravisseur*, la mise en scène d'un mâle perturbé et en crise, crise provoquée, dans *La Vie sexuelle*, par un carcan de normes sociales et un « bagage éducatif » qui rendent impossible, nous semble-t-il, le bonheur individuel. D'autre part, *La Vie sexuelle* rappelle le mode de narration et l'écriture de *Ravisseur*, l'introspection radicale, la folie progressive ou le tourbillon hallucinatoire du narrateur et la relation osée entre tragique et comique étant les éléments-clés dans ce contexte.

Pourquoi le protagoniste-narrateur de *La Vie sexuelle à Paris* Mohamed Ben Mokdhar, alias Basile Tocquard, diplômé d'HEC à Paris et employé de banque bien payé, est-il en crise ? Plusieurs réponses paraissent adéquates : d'abord, parce qu'il est tiraillé entre plusieurs identités, celle de Basile Tocquard n'ayant été adoptée qu'à la sortie d'HEC pour améliorer ses chances sur le marché de travail et pour mieux se fondre dans « la masse des Blancs ».[30] Ensuite, à cause de sa dépendance vis-à-vis de sa mère qui continue à contrôler sa vie (par des coups de téléphone et des visites surprises, entre autres) et à insister sur un mariage arrangé. Enfin, à cause de son pucelage hors-norme à l'âge de 40 ans, et que les autres hommes considèrent comme peu viril. Dans leur perception, il n'est pas un « vrai homme », comme le démontre bien le commentaire de Driss, son cousin :

> Il serait temps que tu t'y mettes, mon vieux, que tu vives comme un homme, un vrai, et que tu commences à t'exercer pour honorer tes houris qui, j'en suis sûr, attendent de pied ferme un beau gosse comme toi.[31]

Sa crise s'explique peut-être aussi par l'échec de ses tentatives de conquérir une femme « libre de corps et d'esprit »[32] (comme l'agente immobilière), tentatives qui se réduisent dans la plupart des cas à des rencontres fantasmées, dans un délire d'alcool et de médicaments. La fin du roman suggère même que Mohamed/Basile n'a jamais quitté son appartement (*cf.* le désordre de ce dernier lors de l'arrivée de sa sœur[33]) et s'est arrêté de travailler.

Toutes ces réponses sont correctes et soulignent les problèmes multifacettes auxquels se voit confronté le protagoniste. Et pourtant, il nous semble

---

30 Leïla Marouane, *La Vie sexuelle d'un islamiste à Paris*, Paris, Albin Michel, 2007, p. 30.

31 *Ibid.*, p. 77.

32 Contrairement aux jeunes filles maghrébines de la cité qui suivent, selon Mohamed, le modèle « vierge-jusqu'au cou-chaste-jusqu'au-mariage ». *Ibid.*, p. 57.

33 *Ibid.*, pp. 281-283.

qu'elles voilent le conflit central à l'origine des problèmes de Basile Tocquard : son emprisonnement multiple dans des systèmes sociaux normatifs (concernant l'appartenance culturelle et les rôles de genre) qui rendent impossible une existence individuelle, basée sur le droit à la différence. Plein d'ironie, le roman met en scène le modèle de vie traditionnel maghrébin, personnifié par la mère de Mohamed/Basile qui s'imagine le bonheur garanti par la religion, le mariage – dans le cas de son fils avec une jeune fille vierge du pays – et la procréation. L'idée que la tradition dite « islamique » n'est pas monolitique mais plurivoque est illustrée par Driss, modèle de « l'islamiste moderne » (comme le désigne Leïla Marouane elle-même),[34] musulman hédoniste dont le bonheur réside dans la polygamie, le concubinage et autres plaisirs du corps (excès d'alcool, gourmandise[35]), tout en conservant vers l'extérieur l'apparence du bon musulman (qui donne aux pauvres, fait ses prières, etc.). Notons, en passant, qu'il s'agit d'un bonheur évidemment superficiel et éphémère car Driss se suicide, si nous en croyons le narrateur.[36] Enfin, le texte met en scène – également sur le mode de l'ironie – le style de vie à l'occidentale qui, semble-t-il, définit le bonheur par le travail, le pouvoir économique et la consommation. En témoignent l'appartement au centre-ville, dans un des quartiers chics de Paris, que Mohamed/Basile vient de louer, l'ameublement luxueux de cet appartement ainsi que les achats orgiaques du protagoniste.

Au lieu de vivre sa différence (par rapport à tous les modèles normatifs qui l'entourent) et au lieu d'opter pour une individualité radicale (ce que fait Youssef Allouchi dans *Ravisseur*), Mohamed/Basile se décide pour une assimilation outrancière à la société française sans pour autant réussir à se libérer de ses autres systèmes de référence. Ainsi, la francisation du nom, le déménagement au centre-ville, le blanchissement de sa peau ne sont que des masques (au sens où l'entend Frantz Fanon) pour cacher une différence qui s'explique par son histoire familiale en banlieue parisienne et son éducation religieuse.[37] Au lieu d'accepter son appartenance multiple à des systèmes culturels divergents,

---

34 Lors d'une conversation téléphonique (fin septembre 2012), l'auteure nous a expliqué que Driss est, selon elle, « sexuellement islamiste », dans le sens où il est polygame et a plusieurs concubines. Il prend de l'Islam ce qui lui est favorable.

35 Dans le roman, Driss est présenté comme « un musulman tenu de s'adonner aux plaisirs de la chair qui ne sont pas une transgression […] mais une offrande du Très-Haut […] ». *Ibid.*, p. 76.

36 *Cf. ibid.*, p. 314.

37 Il dit par ex. « Je n'avais pas l'intention de profaner une musulmane […] » (*ibid.*, p. 57) ce qui démontre bien que le code de la virginité a été bien intériorisé (et n'est pas remis en question) par le protagoniste. Nous savons également qu'il connaît bien l'Islam et que – jusqu'à sa transformation – sa piété égalait celle de son frère (*Cf. ibid.*, p. 26).

il tente de dompter l'un par l'adoption de l'autre ce qui provoque, chez lui, une véritable schizophrénie et le livre à une existence totalement inauthentique et tragique.

De nouveau, Leïla Marouane présente, dans *La Vie sexuelle*, un personnage masculin « castré » (cette fois-ci au sens figuré) et, par la suite, impuissant. Notons que Mohamed/Basile n'est impuissant ni économiquement ni biologiquement. Au contraire : à la différence d'autres protagonistes masculins maghrébins dont l'impuissance économique et sociale était traduite, au niveau du texte, par leur impuissance sexuelle – pensons entre autres à *La Plus Haute des Solitudes* ou à *Partir* de Tahar Ben Jelloun –, Mohamed/Basile est économiquement (il a un poste bien payé dans une banque) et sexuellement puissant (de nombreux passages décrivent le durcissement de son sexe[38]). Et pourtant, il est mentalement impuissant, comme paralysé par la lourdeur de son « bagage identitaire » qui déborde de contradictions apparemment irréconciliables : sa naissance dans un village algérien traditionnel et sa vie à Paris ; la pauvreté de la famille et sa richesse actuelle ; son éducation (religieuse) dans une école coranique et sa formation occidentale à Paris ; la mort du père et la surprésence de la mère ; le travestissement identitaire (Mohamed devient Basile) ; le rêve d'une vie sexuelle active et son pucelage réel ; occidentalité et maghrébinité.

L'impuissance de Mohamed/Basile est le résultat d'une double castration – castration par la mère et les valeurs traditionnelles qu'elle représente ainsi que par l'assimilation outrancière à la vie occidentale – mais s'explique également par l'incapacité du protagoniste à « négocier » ses appartenances multiples et à se permettre une individualité « autre ». Par contre, les personnages féminins qui peuplent l'univers fantasmé du protagoniste[39] ont déjà « négocié » leurs identités en échappant aux moules traditionnels des rôles de genre (*cf.* les thèmes de l'hyperactivité sexuelle féminine, du lesbianisme, de l'androgynité).[40] De ce point de vue, *La Vie sexuelle d'un islamiste à Paris* me paraît avant tout être un plaidoyer pour une libération des entraves sociales et

38 « Mes cuisses en frémissaient [...] et j'ai durci. Comme le roc » (*ibid.*, p. 21) ; « [...] satisfaire mon sexe qui chauffait et durcissait avec démesure » (*ibid.*, p. 54) ; « [...] le sexe dur comme le roc, j'ai gagné les toilettes » (*ibid.*, p. 55). *Cf.* aussi *ibid.*, p. 204, 210, 248.

39 Soulignons qu'elles portent toutes des noms empruntés aux héroïnes romanesques de Leïla Marouane (ce qui semble confirmer le caractère fantasmatique des rencontres amoureuses de Mohamed/Basile). Par ex. la quadragénaire qu'il rencontre dans le café Le Flore s'appelle Hadda Bouchnaffa (*La Fille de la Casbah*). Mais il y a aussi Samira de *Ravisseur* (*ibid.*, p. 192), Djamila de *La Jeune Fille et la Mère* (*ibid.*, p. 206) et Fatima Kosra du *Châtiment des hypocrites* (*ibid.*, p. 254).

40 Mlle Papinot, la représentante de l'agence immobilière, nous est présentée comme androgyne, « homasse », mais sexy (*cf. ibid.*, p. 20) ou comme « virile et sexy » (*ibid.*, p. 53).

religieuses et pour un individualisme radical qui, seul, sera apte à donner de l'espace à la différence, qu'elle soit ethnique, religieuse ou sexuelle.[41] Les tentatives d'écriture de notre protagoniste psychotique délirant pourraient être interprétées, sous cet angle, comme des tentatives d'appropriation d'une individualité subjective ayant droit à l'altérité.

Retenons, pour conclure, que les protagonistes masculins de *Ravisseur* et de *La Vie sexuelle d'un islamiste à Paris* vivent leurs crises identitaires respectives dans deux espaces culturels différents : en Algérie et en France. Le seul fait de rester au pays n'est donc plus garant d'une masculinité réussie et accomplie, la « crise des masculinités » ne s'explique plus par le seul fait de « l'étrangeté » en France.

Bibliographie

Allouache, Merzak, *Omar Gatlato*, O.N.C.I.C., 1977.

Bouraoui, Nina, *Garçon manqué*, Paris, Stock, 2000.

Bereswill, Mechtild, Michael Meuser et Sylka Scholz, éds., *Dimensionen der Kategorie Geschlecht : Der Fall Männlichkeit*, Münster, Westfälisches Dampfboot, 2007.

Biegler Vandervoort, Edith, éd., *Masculinities in Twentieth- and Twenty-first Century French and Francophone Literature*, Newcastle upon Tyne, Cambridge Scholars Publishing, 2011.

Butler, Judith, *Das Unbehagen der Geschlechter*, Frankfurt am Main, Suhrkamp, 1991.

Cornwall, Andrea et Nancy Lindisfarne, éds., *Dislocating Masculinity. Comparative Ethnographies*, London, New York, Routledge, 2003.

Ghoussoub, Mai et Emma Sinclair-Webb, éds., *Imagined Masculinities. Male Identity and Culture in the Modern Middle East*, London, Saqi Books, 2006.

Gronemann, Claudia, « *Omar Gatlato* de Merzak Allouache (1977) : une étude de cas sur le Masculin », dans Claudia Gronemann et Wilfried Pasquier, éds., *Scènes des genres au Maghreb. Masculinités, critique 'queer' et espaces du féminin/masculin*, Amsterdam, Rodopi, 2012.

Kimmel, Michael S., Jeff Hearn et R. W. Connell, éds., *Handbook on Studies on Men & Masculinities*, Thousand Oaks, London, New Dehli, Sage Publications, 2005.

---

41 *Cf.* l'analyse pertinente de Mireille Rosello publiée récemment (et après la rédaction de cette article) ; elle résume comme résultat de ses analyses : « The novel as a whole constantly refers to, and explores the limits of traditional sexual scripts inscribed in a dominant poetics of binary oppositions between genders, between cultures, between norms and dissidence ». Mireille Rosello, « Queer Virginity : Leïla Marouane's *La Vie sexuelle d'un islamiste à Paris* », *Modern & Contemporary France* 21, n° 2, 2013, pp. 167-182.

Marouane, Leïla, *Ravisseur*, Paris, Julliard, 1998.
Marouane, Leïla, *La Vie sexuelle d'un islamiste à Paris*, Paris, Albin Michel, 2007.
Nedjma, *L'Amande*, Paris, Plon, 2004.
Rosello, Mireille, « Queer Virginity : Leïla Marouane's *La Vie sexuelle d'un islamiste à Paris* », *Modern & Contemporary France* 21, n° 2, 2013, pp. 167-182.

CHAPITRE 13

La représentation satirique de la masculinité dans le roman algérien et « beur »

Lila Medjahed

Abstract

Analyzing various writings by Algerian authors as well as by authors of Algerian diaspora, this study treats the fictional representation of masculinity. The chosen texts exhibit the gendered point of view of their narrators/protagonists, finding themselves at the margins of the limits imposed by social and collective values, yet redefining a conception of masculinity beyond hegemonic rules. Social, socio-political and economic foundations of (Algerian and French-Algerian) masculinity, being in constant negotiation with its immediate surroundings, shall also be addressed. The speech situation displayed in the novels takes its narrative and discursive components from the genre of satire. In addition, the feminine view – represented by the female narrators and other feminine characters – calls the reader's attention to the social representations of masculinity having a considerable impact on the social construction of gender.

Introduction

L'émergence de la littérature issue de l'immigration a marqué le champ littéraire français à partir des années 1980. La critique a, en grande partie, apprécié la force de l'écriture mêlant fiction et référentialité ainsi que les thématiques nouvelles proposées par le roman « beur ».[1] Le lecteur algérien a aussi remarqué

1 L'appellation « beur » est controversée par les critiques littéraires et les auteurs eux-mêmes qui récusent l'« étiquetage littéraire », comme l'explique à juste titre Hafid Gafaïti dans *Cultures transnationales de France. Des « Beurs » aux ... ?*, Paris, L'Harmattan, 2001. Sur cette question, voir aussi Alec G. Hargreaves, *La Littérature beur. Un guide bibliographique*, New Orléans, Celfan Éditions Monographs, 1992, et son article « Les Écrivains issus de l'Immigration algérienne en quête d'un statut », dans Charles Bonn, éd., *Paroles déplacées, Migrations des Identités et des textes entre l'Algérie et la France, dans les Littératures des deux rives*, Paris, L'Harmattan, 2004.

 | DOI 10.1163/9789004342828_015

la teneur littéraire intéressante de certaines productions romanesques récentes qui constituent un tournant important dans l'évolution des lettres en Algérie.

Cet essai tente d'examiner les procédés de la représentation romanesque de la masculinité par le biais de la satire dans les deux littératures, algérienne et « beur ». Ces dernières mettent souvent en scène un jeune homme vivant en Algérie ou issu de la diaspora algérienne en France en tant que narrateur ou protagoniste principal de la trame narrative et se penchent sur ses traits socioculturels ou ethniques distinctifs. Or, le mode d'écriture satirique renvoie à une image stéréotypée de l'« homme algérien » ou « beur » dans les deux pays. Celle-ci puise sa matière dans les fondements socioculturels, économiques et politiques qui varient selon les époques et sont inhérents à toute construction identitaire. En effet, les écrits de l'écrivain-journaliste algérien Mustapha Benfodil ont suscité l'intérêt des critiques algériens. D'une rive à l'autre, ces écritures algériennes et « beur » partagent quelques paradigmes symboliques qui fondent leurs imaginaires fictionnels et président aux choix des intrigues et des personnages.

Nous commencerons par définir les critères du choix du corpus sur lequel est appliquée notre grille d'analyse qui empruntera ses concepts à l'analyse du discours : les notions d'*ethos* et de situations d'énonciation. Ensuite, nous essaierons d'analyser les traits spécifiques de ce personnage problématique représentant la figure moderne de l'Algérien confronté à des contextes socioculturels différents – société occidentale en France, cultures arabo-musulmane et maghrébine en Algérie. Nous proposons une lecture comparative qui permettra d'étudier la représentation satirique de ce jeune homme à la différence captivante et redoutée dans l'imaginaire collectif d'une rive à l'autre.

Notre objectif est donc d'analyser l'image stéréotypée du jeune homme d'origine algérienne dans les deux pays à partir de l'écriture satirique. Cette image est fondée sur des « représentations collectives figées »[2] qui permettent de donner un minimum d'informations pour établir une communication massive de ce groupe social.

Nous pouvons, par ailleurs, relever quelques éléments culturels et symboliques puisés dans un imaginaire collectif algérien transmis dans les diasporas mais modifiés et adaptés au contexte français. En outre, la représentation de la masculinité est négociée avec l'environnement familial, socioculturel, politique et économique du pays dans lequel ils vivent. La masculinité s'inscrit dans un devenir d'une génération à l'autre et elle est négociée avec les membres de la société dans laquelle on évolue. Cette négociation se fonde sur des échanges

---

2 Ruth Amossy et Anne Herschberg Pierrot, *Stéréotypes et Clichés, langue discours société*, Paris, Armand Colin, 2005, p. 136.

permanents avec le Même – la culture communautaire – et l'Autre (la culture occidentale et orientale) en Algérie et en France.

1 *Ethos* et satire

Notre corpus est composé de deux romans de Mehdi Charef, *Le Thé au harem d'Archi Ahmed*,[3] marquant les débuts de la littérature issue de l'immigration, et son dernier récit à dominante autobiographique *À bras-le-cœur*.[4] Les deux récits reprennent, à un intervalle de vingt-trois ans, presque les mêmes préoccupations de l'écrivain, cinéaste et réalisateur d'origine algérienne qui, enfant, a quitté l'Algérie avec sa mère pour rejoindre son père travaillant en France. Le roman d'Azouz Begag, *Béni ou le Paradis privé*,[5] retrace le parcours d'un jeune fils d'immigré, en quête d'ascension sociale par le biais de la réussite scolaire. Dans *Boomkoeur*,[6] Rachid Djaidani relate les déboires d'un jeune banlieusard qui s'efforce d'écrire un roman pour décrire les traumatismes des jeunes pris au piège de la vie difficile dans les quartiers dits sensibles. La jeune écrivaine Faïza Guène propose une représentation féminine intéressante de la masculinité, issue de la diaspora, dans ses deux récits *Kiffe Kiffe demain*[7] et *Du rêve pour les Oufs*.[8] Nous avons enfin choisi d'analyser le roman *Archéologie du chaos* (*amoureux*) de Mustapha Benfodil qui est connu pour ses chroniques à l'humour corrosif sur la vie politique et socioculturelle en Algérie.

Ce choix, qui s'étend de 1983 à 2006, comprend ainsi les premiers ouvrages d'écrivains issus de l'immigration et considérés comme les pionniers, Mehdi Charef et Azouz Begag, ainsi que ceux produits par une génération nouvelle qui a vu le jour avec Rachid Djaidani et Faïza Guène.

Ces romans relèvent de ce qu'on appelle les catégories littéraires émergeantes qui voient le jour dans une conjoncture historique et sociopolitique précise. Leurs situations d'énonciation, autrement dit, leurs *scénographies*,[9] dessinent la figure du masculin selon les données sociologiques et anthropologiques de leur contexte de publication : le roman « beur » reprend le débat

3 Mehdi Charef, *Le Thé au harem d'Archi Ahmed*, Paris, Mercure de France, 1983.

4 Mehdi Charef, *À bras-le-cœur*, Paris, Mercure de France, 2006.

5 Azouz Begag, *Béni ou le Paradis privé*, Paris, Éditions du Seuil, 1989.

6 Rachid Djaidani, *Boomkœur*, Paris, Éditions France loisirs, 1999.

7 Faïza Guène, *Kiffe kiffe demain*, Paris, Hachettes littératures, 2004.

8 Faïza Guène, *Du rêve pour les Oufs*, Paris, Hachettes littératures, 2006.

9 Dominique Maingueneau, *Manuel de linguistique pour le Texte littéraire*, Paris, Armand Colin, 2012, p. 16.

public focalisé sur l'immigration et l'implication des membres de la diaspora maghrébine dans la vie des cités, en vogue pendant les années 80. Les romans de Benfodil doivent leur émergence à la période qui coïncide avec la concorde civile des années 90. Or, le succès du roman « beur » – avec sa tournure verlanesque qui a mis en scène le terme « Arabe » dans les médias français – coïncide avec la fameuse marche des beurs pour l'égalité et contre le racisme de 1983 en France.

Dans notre corpus, la représentation de la masculinité est basée sur une construction éthique aux niveaux discursif et symbolique du personnage de l'homme. D'un roman à l'autre, la scénographie satirique façonne d'une manière différente le profil du jeune homme algérien ou issu de la diaspora. Focalisée sur des éléments autobiographiques des écrivains, la scénographie construite par ces récits vise une critique moqueuse de l'image figée de toute une génération issue d'un entre-deux culturel et social. La configuration satirique « légitime un récit qui, en retour, doit la légitimer ».[10] Il s'agit de scènes narratives prises en charge par des narrateurs-personnages – sauf le cas du premier récit de Charef avec un narrateur omniscient – dénonçant les conditions difficiles d'intégration des jeunes issus de l'immigration maghrébine à partir des années quatre-vingt en France.

Ces difficultés sont rencontrées par des adolescents contraints à subir des règles de fonctionnement sociales et culturelles qui diffèrent dans les deux sociétés en présence. Dès lors, ces récits ne se contentent pas du témoignage misérabiliste et de la dénonciation sociale, ils ont construit un *ethos* spécifique du jeune fils d'immigré ou du jeune universitaire algérien vivant dans les quartiers populaires algérois, tiraillé entre deux cultures, deux langues et par là-même entre deux visions du monde souvent incompatibles.

Toutefois, il ne s'agit pas du simple *ethos* rhétorique qui permet au destinataire d'attribuer « à un locuteur inscrit dans le monde extradiscursif des traits qui sont en réalité intradiscursifs, puisque associés à une manière de dire ».[11] Cette définition de l'*ethos* est héritée des premiers travaux de la rhétorique aristotélicienne. Cette dernière est actuellement, comme Maingueneau l'explique, « écartelée en diverses disciplines théoriques et pratiques ».[12] L'*ethos* se construit à partir de composantes différentes d'ordre sociologique, psychologique et linguistique qui renforcent sa structure discursive. L'*ethos* masculin algérien ou issu de l'immigration rattache « une caractérisation du corps de

10 *Ibid.*

11 *Ibid.*, p. 204.

12 *Ibid.*, p. 207.

l'énonciateur (et non, bien entendu, du corps du locuteur extradiscursif) »[13] à la tonalité spécifique du texte. En outre, il est fondé sur une scénographie satirique solidement construite du point de vue argumentatif. L'auteur de la représentation de la masculinité a choisi, dans les deux littératures en question, le parti-pris littéraire de la satire qui consiste :

> À dénoncer, c'est-à-dire à creuser l'écart entre apparence et réalité. [...] c'est ainsi que le satiriste met en place une stratégie rhétorique de persuasion : pour rabaisser sa cible, il en déforme la représentation par le biais du comique et la condamne en s'appuyant sur une norme morale.[14]

Mais les narrateurs qui adoptent la *persona* du satiriste peuvent aussi être les incompris de cette société et au lieu de s'identifier à elle, combattant l'ennemi qui la menace, ils « peu[ven]t agir aussi en révolutionnaire ».[15] Ils préfèrent essuyer le refus, voire le rejet, et donc devenir l'Autre de cette société qui cesse d'être claire pour eux. Dans la suite de nos propos, nous tenterons d'analyser le profil éthique du masculin rebelle qui accuse l'écart entre les deux communautés en présence sans les rejeter complètement.

2 Le contexte familial et socio-urbain

Le personnage du masculin se construit à partir du positionnement vis-à-vis de la question de l'immigration et de l'intégration au pays d'adoption choisi par le père. La masculinité naissante est ainsi souvent confrontée au père démissionnaire qui fuit la responsabilité familiale après l'échec de son projet de vie fondé sur le déplacement migratoire, ou au père autoritaire qui craint la perte du contrôle des valeurs fondatrices de l'union communautaire. Il est aussi important de noter que les personnages dominants sont des adolescents français d'origine algérienne qui sont nés ou ont grandi en France.

Chaque récit offre une représentation satirique de l'enfance et de l'adolescence des jeunes issus de l'immigration. L'écriture de l'enfance entretient en effet un rapport plus ou moins direct au récit de vie de chaque écrivain, sans pour autant s'y limiter. Il est vrai que chacun des écrivains en question a eu à cœur de raconter son enfance ou son adolescence. L'investigation littéraire de l'enfance prend une dimension satirique qui n'exclut pas le souci de donner

13 *Ibid.*

14 Sophie Duval et Marc Martinez, *La Satire*, Paris, Armand Colin, 2000, p. 181.

15 *Ibid.*

une vision interne des premières années de la vie de ces jeunes. Le récit d'enfance « beur » n'est pas une pratique exclusivement rétrospective, mais aussi la matrice d'une satire subtile du Moi et de l'Autre.

Dans le premier roman de Mehdi Charef, *Le Thé au harem d'Archi Ahmed*, l'arrivée brusque de la mère et de son fils en France est une des scènes fondamentales dans le récit d'enfance du personnage central :

> Madjid avait sept ans quand, par un matin de novembre, sa maman et lui s'étaient retrouvés sur le quai de la gare d'Austerlitz. Son père devrait être-là, il n'y était pas. [...] Malika sur une chaise, Madjid n'a pas encore l'habitude. En Algérie, on mangeait par terre, on discutait par terre, et c'était bien. Faut suivre, sinon, les voisins ...[16]

Le choc de la mère, qui rejoint son époux dans un bidonville abandonné à la lisière de la ville, est transmis à l'enfant déçu par le grand rêve de bonheur promis dans les lettres du père. Il est important de noter que le narrateur se prive de tout commentaire subjectif sur les personnages, leurs actions ou sur le lieu dans lequel ils se trouvent. Mais la distanciation n'est que feinte car l'humour augmente au fur et à mesure que les énoncés mémoriels sont banalisés par le biais du rire qui atténue l'attaque satirique. L'usage de phrases courtes, juxtaposées, voile à peine la moquerie du narrateur-scripteur qui se rappelle l'amertume des désillusions vécues par Madjid. Mehdi Charef reprend la même scène vingt-trois ans plus tard, dans son dernier roman *À bras-le-cœur* :

> Mon père a fait fort : il nous a fait venir en novembre, la période la plus difficile pour les mélancoliques comme moi ! [...] Le sol est en terre, humide. Il y a des creux et des bosses. Mon père frotte ses mains calleuses. Il allume la radio et capte une fréquence arabe. Il prépare le café, réchauffe l'atmosphère.[17]

Le Thé au harem d'Archi Ahmed offre un récit à la troisième personne où l'enthousiasme de la jeunesse et du début de l'apprentissage de l'écriture apparait à travers une satire mordante qui a retracé le parcours difficile d'un jeune banlieusard. C'est Madjid, renvoyé d'école, chômeur et délinquant, profil du masculin en marge de la société des années 83. Il met l'index sur cette amertume dont souffrent ces jeunes des banlieues dans leur être intime, sur leur

16 Charef, *Le Thé au harem d'Archi Ahmed, op. cit.*, pp. 113-115.

17 Charef, *À bras-le-cœur, op. cit.*, p. 154.

masculinité blessée par la ségrégation raciale et le conflit avec leur communauté d'origine.

Par contre, dans le roman *À bras-le-cœur*, la consonance des voix de l'auteur et du narrateur, dans une autobiographie fictionnelle à la première personne, permet de réfléchir sur le parcours du fils d'immigré, une catégorie masculine spécifique. Né en Algérie pendant la guerre d'indépendance et intégré difficilement dans le pays d'accueil choisi par son père, le narrateur d'*À bras-le-cœur* pose la problématique d'une masculinité imposée par l'Histoire vécue et qui reste à comprendre au travers des systèmes de renvois identitaires et identificatoires recouvrant les origines paternelles, régionales et/ou ethniques, les filiations citadines ou rurales, les parcours scolaires et professionnels.

Dès-lors, la déception des débuts correspond à ce que Mathieu-Castellani appelle la séquence conventionnelle de la « naissance du héros ». Elle met en place « les fils qui ourdissent une toile ou une tapisserie où serait représentée la venue au monde de l'enfant ».[18] Le topos de la naissance difficile du fils d'immigré dans l'espace du pays d'accueil prépare le traumatisme qui structure son identité de sujet issu de l'immigration. Ce malheureux début aboutit à une accusation implicite du père, des projets d'avenir qu'il comptait réaliser dans le pays d'adoption :

> Un matin, il est partit, le père de Pat, comme on va à l'usine avec son petit sac sur l'épaule et sa casquette sur la tête [témoin] [...] [avec] Marinette [qui] a bien quinze ans de moins que son amant. Ils se sont barrés, les amants, laissant tout tomber sans remords du moment qu'ils s'arrachent du béton et de ses habitudes [Jury]. [...] Enfin, qui peut ne pas se vanter de ne point porter des cornes dans ces pigeonniers d'immeubles ? Il y a l'ennui, [...] le désir d'autres choses pour sortir de la routine. Pat déjà en riait, ce con, [...], il s'en flatte [Juge].[19]

Le discours satirique orchestre, à partir des actes et des propos des personnages, un véritable procès de famille dans lequel le narrateur omniscient est tour à tour témoin, procureur, juge, jury. Le narrateur ne fait aucun effort pour dissimuler son refus d'un comportement qu'il juge méprisable. L'invective directe « con » et la phrase ironique « il s'en flatte » fustigent ces vices familialement hérités qui sont source d'humiliation et de mépris. Lors d'un entretien,

---

18 Gisèle Mathieu-Castellani, *La Scène judicaire de l'autobiographie*, Paris, PUF, 1996, p. 2.

19 Les instances du procès-verbal sont mises en gras. Nous avons appliquée la grille d'analyse de Mathieu-Castellani de la scène de l'aveu dans le récit autobiographique. Mehdi Charef, *Le Thé au harem d'Archi Ahmed*, *op. cit.*, p. 60.

Mehdi Charef adhère complètement à cette vision satirique prise en charge par le narrateur omniscient : « Tout ce que j'ai écrit est malheureusement vrai, j'aurais préféré cent fois ne pas l'avoir vécu ».[20]

Le père de Béni en revanche veille avec attention au respect scrupuleux des valeurs communautaires. Le voici qui menace :

> Quoi ? C'est des Françaises que vous voulez, bandes de chiens ! Vous voulez salir notre nom, note race ! Vous voulez faire des enfants que vous appellerez Jacques ... Allez, allez épouser des Françaises : quand vous pleurerez parce qu'elles vous auront traité de 'bicou', vous viendrez chez votre vieux qui comprend rien.[21]

L'immigré se voit atteint dans sa descendance même dans le pays d'accueil qui est considéré comme un simple lieu de travail. Les personnages sont souvent des adolescents révoltés contre l'oppression parentale. Le récit d'enfance de Begag révèle ainsi le mal-être que génère le mode de vie traditionnel dans le milieu familial. Ses romans insistent sur l'importance du rôle du père dans la construction de la personnalité du jeune « homme » qui n'arrive pas à se défaire de la société d'origine devant un père

> [d]ebout sur ses deux jambes d'Algérien, de musulman, de paysan sétifien, de maçon acharné et fatigué, [qui] a insulté pendant encore longtemps toute sa vie, sa famille et la France.[22]

La satire met en avant l'origine paysanne du père et sa situation professionnelle, non seulement comme les traits distinctifs du personnage mais aussi comme une explication possible de ses appréhensions à l'égard de tout contact culturel avec l'Autre. Le père est venu en France pour travailler afin d'améliorer sa situation économique. Les mœurs et la vie culturelle du pays d'adoption ne l'intéressent pas, elles doivent même être évitées à tout prix. La représentation satirique du thème du mariage mixte montre combien ces contraintes parentales déterminent le comportement de l'adolescent et influent sur ses décisions à l'âge d'adulte.

---

20 Entretien avec Farida Ayari dans *Sans frontière*, mai 1983, n° 76, cité dans Ahmed Boubeker et Alain Battegay, *Les Images publiques de l'immigration, média, actualité, immigration dans la France des années 80*, Paris, L'Harmattan, 1993, p. 89.

21 Begag, *Béni ou le Paradis privé, op. cit.*, p. 109.

22 *Ibid.*

Le narrateur Béni s'insurge contre ce hiatus qui sépare les exigences ancestrales, tenues pour immuables, et son désir de s'insérer dans le monde extérieur où la vie moderne demande plus de tolérance. La transmission violente des idéaux du modèle traditionnel de la masculinité implique moins une harmonie qu'une incompréhension douloureuse du modèle parental. Mehdi Charef rappelle également ce fait autobiographique qui constitue un des soubassements de la construction de l'identité masculine issue de la diaspora maghrébine :

> Ce qui me dérange avec la génération des premiers immigrés, c'est que la majorité d'entre eux voudrait que leurs enfants soient ce qu'ils sont ou ce qu'ils ont été. A la maison, c'est tout le temps : 'attention, ne fais pas ceci, parce que tu es un Arabe … Ne fais pas ça … N'oublie pas que tu es musulman'. Dans la rue, le gosse se retrouve carrément dans un autre monde que les parents ignorent. Il est déchiré et c'est le déchirement qui me dérange. C'est ce déchirement qui fait souffrir les jeunes.[23]

Par ailleurs, les sociologues et les médias se sont de plus en plus intéressés à la bande de copains d'origine différente à partir des années 80. Les récits interrogent la représentation figée du jeune homme marquée par le lieu de naissance dans la périphérie des grandes villes françaises. Cette masculinité est construite selon un modèle socio-urbain particulier. Le jeune issu de l'immigration est souvent connu par un effet vestimentaire et un look « branché », un comportement agressif souvent déviant et un code linguistique spécifique.[24]

Cependant ce modèle est choisi pour se démarquer des pratiques comportementales et langagières, tenues pour légitimes dans les sociétés maghrébine et française. Le jeune garçon intègre une bande de copains pour se distancier de la référence parentale et de la masculinité hégémonique d'ordre sociale imposées par les deux cultures. Cette volonté de devenir « Autre », différent en formant ses propres paradigmes identitaires, n'est pas synonyme de rejet du « Même ». Elle exprime une revendication d'une « identité singulière »[25] contestant l'incompréhension des membres de la communauté d'origine et les réticences de la société d'accueil.

---

23 Ayari cité dans Boubeker et Battegay, *Les Images publiques de l'immigration, média, actualité, immigration dans la France des années 80*, *op. cit.*, p. 68.

24 *Cf.* David Lepoutre, *Cœur de banlieue, codes, rites et langages*, Paris, Éditions Odile Jacob, 2001.

25 Michel Laronde, *Autour du roman beur : Immigration et identité*, Paris, L'Harmattan, 1993.

En effet, le premier handicap auquel est confronté le jeune Français d'origine maghrébine est son nom patronymique. Le héros est doté d'un nom marqueur d'origine. Le moment de l'appel, rituel scolaire des plus simples, est angoissant pour le petit Béni qui se cache derrière ce surnom formé à partir de Ben Abdellah, à consonance fortement maghrébine : « Ça commence toujours bien, Alain Armand, Thierry Boidard ... et ça s'écrase sur moi : Benadla, Benaballa, Benbella disent même ceux qui se trompent d'époque et mélangent tous les Ben ».[26]

Le nom fait référence à des séquences historiques révolues. Ces confusions qui mélangent les origines abolissent les distinctions individuelles pour privilégier une représentation massive de l'Autre. Elles paraissent susciter l'attitude ambivalente de l'enfant qui est à la fois sensible à l'importance du nom patronymique et inquiet de son admission dans le système social du pays d'accueil.

Ce lapsus trahit le refus de l'altérité étant donné que les différences ethniques sont inscrites dans le système onomastique. Le jeune issu de l'immigration fait partie d'un groupe pris en masse, supposant que tous les noms des Maghrébins commencent indistinctement par Ben. Cela aboutit à créer une « standardisation »[27] de l'image de ces jeunes, sous forme d'un mélange d'idées reçues – sur un passé historique révolu, des sentiments inconscients – et de rejets dûs à l'ethnocentrisme culturel. Le groupe des adolescents se construit une identité propre codifiée à plusieurs niveaux et notamment symbolique et onomastique. Le troisième roman de Faiza Guène nous donne à réfléchir sur les difficultés rencontrées par les parents dans l'éducation des garçons. Ces derniers sont écartelés entre leur communauté et la « bande des copains » ayant un code comportemental spécifique.

Ahalème, la narratrice du récit *Du rêve pour les Oufs*, découvre des liasses d'argent et des stupéfiants dissimulés dans la chambre de son petit frère Fouad. Elle l'oblige à donner les noms des « grands du quartier » qui le forcent à cacher la marchandise. Ayant la liste, elle se dirige vers le hall de l'immeuble où ils se réunissent, chaque soir. À sa grande surprise, le chef de la bande et un ancien camarade de classe et son voisin de palier :

> 'Alors c'est toi qu'on appelle Cafard ?
> – Ouais.'
> Il baisse la tête un peu gêné.
> – 'Carrément ... et quand les gens t'appellent 'Cafard', tu leur réponds ?

26 Begag, *Béni ou le Paradis privé*, *op. cit.*, p. 41.

27 Amossy et Herschberg Pierrot, *Stéréotypes et clichés, langue discours société*, *op. cit.*, p. 89.

> – Ben ouais ... j'sais pas. [...] c'est juste un délire. Eux aussi ils ont des blasons du ghetto : lui c'est Chien errant, et l'autre là-bas, c'est Escobar.
> – Escobar ? À cause de Pablo Escobar ?[28]

La construction d'une identité individuelle nouvelle obéit à des codifications onomastiques reconstruites par ces jeunes banlieusards. Ces surnoms prennent la forme de substantifs métaphoriques et de noms de trafiquants de renommée internationale, derrière lesquels se cachent le nom patronymique ou le prénom : Cafard est son ami Didier. Ces pratiques onomastiques relèvent d'une socialisation particulière qui « [...] est un processus continu qui ne se limite pas au seul apprentissage durant l'enfance (socialisation primaire) des valeurs et des normes favorables à l'adhésion aux rôles masculins et féminins ».[29] Ces nouveaux modèles de fonctionnement participent à la construction de l'identité du futur adulte dans la marginalisation. La fin de chaque récit rappelle les dangers de ce choix existentiel par une non-adhésion aux valeurs dominantes, même si les narrateurs la justifient par un déterminisme socio-ethnique, culturel et économique.

Ahalème sauve son frère en arrachant au chef de la bande la promesse de ne pas le mêler à des affaires louches. Elle décide de l'envoyer en Algérie pour retrouver ses origines, loin des mauvaises fréquentations. Le regard féminin trouble ici une masculinité perturbée par son instabilité, ses tentatives déviantes de négocier avec des systèmes de valeurs souvent en conflit. Le verbe « gêner » est répété à plusieurs reprises dans le dialogue entre les deux personnages. Chaque fois qu'Ahalème est confrontée au personnage masculin – le père malade, son frère et les hommes de son entourage – celui-ci est embarrassé devant le courage, la lucidité et la résistance de la jeune fille devant les difficultés.

C'est pourquoi l'image de la femme-mère salvatrice est dominante dans les récits « beur ». La grande sœur, la voisine, la mère immigrée sont des figures féminines à la relation ambivalente avec les hommes du groupe communautaire. Elles sont à la fois fières d'eux et inquiètes pour leur avenir :

> Hamoudi, il passe son temps à fumer des pétards. [...] je l'aime bien. [...] souvent, il me récite des poèmes d'Arthur Rimbaud. Du moins le peu qu'il se rappelle, parce que le shit, ça te bouffe la mémoire. Mais quand il me les dit avec son accent et sa gestuelle de racaille, même si je comprends pas grand-chose au texte, je trouve ça beau.

---

28 Guène, *Du rêve pour les Oufs*, *op. cit.*, p. 142.

29 Germain Dulac, *Aider les Hommes ... aussi*, Montréal, VLB, 2001.

> C'est trop dommage qu'il ait pas continué l'école. C'est à cause de la prison.[30]

La déviation sociale est en effet considérée par ces jeunes comme une revanche légitime pour s'assurer une image nouvelle d'eux-mêmes. Elle est une échappatoire au « délire » dans lequel vit le jeune homme issu de l'immigration, en dépit de ses efforts d'intégration dans la société. Le poète français Rimbaud qui a chanté la liberté de l'individu, usant de sa plume pour se révolter contre les contraintes. La narratrice est fascinée par cette masculinité en quête d'ancrage bien qu'elle adopte les symboles culturels du pays de naissance. Elle témoigne aussi, d'un récit à l'autre, du malaise de ces jeunes amis – Didier et Hamoudi – vivants dans cet univers de « délire » où ils sont à la fois coupables et victimes.

En effet, la prostitution masculine est à la fois un moyen rapide de gagner de l'argent et une initiation à l'acte sexuel :

> Et demain on va se draguer les bourgeoises de Deauville! dit Pat, Ah! Ah!
> – Les vieilles? demanda Bengeston.
> – Ouais, les vieilles pleines de kéfri! [...]
> – T'y fais sa fête. Pas comme les bourgeois, [...] Non, comme un prolo.[31]

Le frère du narrateur de *Boomkoeur* dans le roman de Djaidani est aussi à la recherche de conquêtes féminines riches et faciles : « Aziz, lui, il part vivre chez les meufs, il faut dire, c'est un beau gosse ».[32] Les récits « beurs » relatent les aventures érotiques et décrivent les pratiques culturelles et sociales d'un groupe d'adolescents, toutes origines confondues, par le biais d'un code linguistique mêlant verlan et français familier. Ce dernier est synonyme de dureté, de virilité construite dans l'endurance et le conflit. Mais le point commun qui relie les membres de la bande est surtout l'âge critique de l'adolescence, celui du rêve, de l'ambition et de l'espoir de réaliser le plus rapidement des chimères. Ces jeunes, dont les héros sont des personnages de livres ou des acteurs de films d'action américains, veulent, comme tous les adolescents, transgresser des tabous pour s'imposer comme des individus entiers. Le roman « beur » insiste sur cette réalité que les médias et le discours social omettent, en tentant de reconstruire le profil de ces jeunes emprisonnés dans une image stéréotypée avant et après les années 80.

---

30 Guène, *Kiffe kiffe demain, op. cit.*, pp. 27-28.

31 Charef, *Le Thé au harem d'Archi Ahmed, op. cit.*, p. 183.

32 Djaidani, *Boomkoeur, op. cit.*, p. 39.

D'autre part, la satire « beur » trace deux *corporalités* en opposition : celle émasculée du jeune « beur » au caractère dur et fort en conformité avec son espace d'origine, les Banlieues, son langage (verlan et argot) et la conception maghrébine de la virilité fondée sur la domination masculine. En parallèle se dessine l'anti-*ethos* du bourgeois à la corporalité efféminée, d'où l'allusion sarcastique : « Pas comme les bourgeois, avec les pincettes. Non, comme un prolo, tu la crèves jusqu'à ce qu'elle tombe ».[33] Cela fait référence à la faiblesse sexuelle du bourgeois dont les attributs, l'élégance et le maniérisme étriqué renvoient au monde éthique de la corruption et de l'hypocrisie, où l'amour s'achète au même titre que le reste.

Cette conception de la virilité cimente la solidarité au sein du groupe dont les membres s'unissent par l'affirmation de leur propre pouvoir, de la supériorité du vainqueur. Cette soumission recherchée, qu'ils obtiennent par la possession en arrachant à l'Autre argent et femme, n'est pas seulement un règlement de compte social. Elle dévoile également un sens aigu de la virilité sacralisée par ces jeunes, une virilité qui se veut

> refus du sentiment et de la sensibilité, identifiés à une sensiblerie féminine ou efféminée, cette sorte de devoir de dureté, pour soi comme pour les autres, qui conduit aux audaces désespérées de l'aristocratisme de paria.[34]

Néanmoins, réduire ces jeunes aux seules perspectives ethniques occulterait les aspects socioculturels qui façonnent les relations entre la masculinité et le monde du pouvoir. Ces écrivains donnent, à leur manière, de nouvelles représentations du genre : leurs narrateurs mettent en scène une identité masculine d'adolescents français d'origine étrangère appartenant à des cultures dont les différences ne sont pas niées. Les figures masculines se construisent en contrepoint avec celles du père, du Français « dit de souche », du fils d'immigré d'origine africaine, espagnole, turque, etc. Ces romans appellent à une réflexion sur la représentation d'une masculinité qui négocie sa spécificité avec le contexte de naissance (éducation parentale, niveau d'instruction, relations entre pairs) et de futures formations socioculturelle et sexuelles.

---

33 Charef, *Le Thé au harem d'Archi Ahmed*, *op. cit.*, p. 183.

34 Pierre Bourdieu, *Langage et pouvoir symbolique*, Paris, Éditions du Seuil, 2001, p. 141.

3 Masculinité algérienne après la décennie noire

Le récit de Benfodil *Archéologie du chaos* (*amoureux*) relate les déboires du narrateur Yacine Naboulci, jeune universitaire algérien qui a fui la maison parentale après la mort de sa mère. Grand admirateur des lettres françaises et maghrébines, il jette un regard critique d'une grande virulence sur les mœurs algériennes. Ses tentatives de rébellion contre la société se terminent par son assassinat qui reste un mystère jusqu'à la fin de l'histoire. Son premier malaise est accentué par ses « apparitions brèves et évanescentes »[35] dans la *houma*, qui signifie quartier populaire, où les jeunes, ses voisins et ses anciens camarades le persiflent et le huent violemment :

> Quand je passais dans la *houma*, cette dangereuse agora, véritable cour des Miracles [...], je concentrais sur ma bouille les flèches de milliers de paires d'yeux trempées [...] de haine [...].
>
> Les garçons étaient le plus souvent 'garés' contre un mur [...]. Un jeune normalement constitué se doit de lancer le 'mot de passe' d'usage, un '*Salamalikoum*' allongé et faussement viril agrémenté d'un '*Wech rakoum les jeunes, ça va ?*' de routine. Ce que je ne concédais évidemment jamais, pas même pour la 'forme'.[36]

La caricature révèle l'hésitation du narrateur Yacine entre le refus d'un tel comportement et la tentative de le justifier. Yacine rejette toutes formes d'intégration à la culture des quartiers car il est étiqueté « Premier de la Classe » par les garçons de sa génération qui n'ont pas réussi. Ces derniers se contentent d'être des jeunes qui se tiennent adossés aux murs de leurs villes ou leurs villages à longueur de journée. Il est important de rappeler que les expressions « teneurs de mur » ou « 'garés' contre le mur » sont directement traduites de l'arabe algérien. Elles ont été médiatisées grâce aux *One men shows*[37] à grande audience en Algérie à partir des années 90. Les chroniques de journalistes algériens[38] leur ont donné des tournures stylistiques à forte charge humoristique

---

35 Mustapha Benfodil, *Archéologie du chaos* (*amoureux*), Alger, Barzekh, 2007, p. 36.

36 *Ibid.*

37 Le *One men show Djurdjurassique bled* écrit et interprété par Fellag et est joué au Théâtre international de la langue française en décembre 1997 mis en scène par David Strosberg.

38 Les teneurs de murs sont appelés *hittistes*. Il s'agit d'un mot composé de *hit* qui signifie « mur » en arabe algérois et *iste* suffixe en français. Voir sur ce sujet, l'emploi du mot dans la presse algérienne à partir des années 90 : *Le Français en Algérie : lexique et dynamique des langues* de Yasmina Cherrad-Benchefra et al., Paris, du culot, 2002.

afin d'expliquer les pratiques adolescentes en Algérie. Ces expressions dénoncent le désœuvrement qui caractérisent la vie des jeunes dont la plupart sont des chômeurs, des renvoyés de l'école. L'inactivité sociale et économique concourt à créer une culture fondée sur la surdétermination du modèle traditionnel de la masculinité où l'agressivité, à la limite de la violence, et un code langagier spécifique (choix des termes, intonation) deviennent les substrats d'une masculinité « pour la forme ». Il s'agit d'une image figée de « l'homme algérien » héritée des anciennes représentations sociales et parentales de *redjla*, qui signifie la virilité respectée et respectable, objet d'une subtile caricature dans le fameux film *Omar Gatlato* (1976) du réalisateur franco-algérien Merzak Allouache. Yacine explique les motifs de son refus :

> J'étais rétif à tout ce qui les faisait Eux et pas Moi, leur idéologie *houmiste*, avec ses conventions, ses codes, son règlement, ses dérèglements, cet infecte mélange de bêtise et de virilité à la noix.[39]

Le lecteur de ce récit est confronté à un double geste de déprise. D'une part la déprise du monde des jeunes des quartiers algérois qui se cantonnent dans une culture masculine de parade dont les codes relèvent d'un comportement archaïque. D'autre part la déprise du narrateur qui, en dépit de son intelligence surprenante, n'est pas en mesure de changer les pratiques et mentalités des garçons de son âge. Autrement dit, la satire invite à réfléchir sur la place de l'intellectuel dans une société qui se débat entre une conception traditionnelle de la virilité et les réalités d'une société confrontée au monde moderne.

Son deuxième malaise est difficilement vécu, au point d'être la thématique centrale de son récit : la femme. Les premières pages du roman sont la confession d'un adolescent victime des agressions sexuelles de sa belle-mère. Étant plus jeune que son père, Kheira s'amourache du beau-fils, le narrateur Yacine, du même âge qu'elle. Ce dernier ne cède pas à la tentation en refoulant les désirs ardents des premières années de la puberté. Il ne sort pas indemne de ces moments difficiles de lutte contre sa belle-mère et devient un misogyne convaincu et au franc-parler :

> Force est de l'avouer – et au risque de vous contredire, Professeur Foucault – le sexe est une fatalité. C'est un instrument de pacification sournoise inventé par les femmes pour venir à bout de la guerre féroce qui oppose les peuples Œstrogènes et Testostérones depuis cinq mille ans.[40]

39 Benfodil, *Archéologie du chaos (amoureux)*, *op. cit.*, p. 38.

40 *Ibid.*, p. 111.

À travers le ton violent et le choix des arguments, le récit de Yacine se présente comme un réquisitoire contre la nature biologique qui fonde la représentation de la masculinité dans la société. L'extrait commence comme un raisonnement philosophique très sérieux. Mais c'est l'argument ridicule, à la fin du paragraphe, qui crée le doute chez le lecteur bien qu'il tente de reprendre une forme scientifique plausible. Le narrateur réfléchit sur une citation de Foucault « le sexe n'est pas une fatalité » que Yacine choisira comme titre de son deuxième chapitre. Le narrateur explique le rapport entre le sexe, le pouvoir et les stratégies politiques de gestion des identités. Il rappelle les difficultés de créer de nouvelles pratiques culturelles sous la domination des représentations sexuelles traditionnelles.

En ce sens, le récit de Benfodil interroge l'identité masculine à la lumière de la phrase de Foucault en la confrontant à deux substrats inévitables : la dimension biologique et la dimension sociale qui en figent les contours. La masculinité se fonde aussi sur les rapports de pouvoir vis-à-vis du sexe opposé et sur la crainte de domination de l'Autre différent qui est censé être sous son contrôle. Yacine tente de provoquer le chaos des identités genrées et des sentiments amoureux par une « révolution rose »[41] en séduisant les filles, surtout celles des responsables haut placés accusés de maintenir l'ordre établi. Le texte rappelle que l'acteur social ne peut que difficilement échapper à son environnement. Le genre détermine les paradigmes structurels qui régissent les relations sociales.

Il est vrai que l'identité sexuelle commande la « manière spécifique d'apparaître, d'agir, de sentir »[42] qui est liée à la prise de conscience individuelle de son genre. Toutefois, celui-ci dépend de « chaque société [qui] élabore des classes sexuelles de cette manière, bien que chacune le fasse à sa façon ».[43] La dernière phrase de Yacine déstabilise les fausses évidences philosophiques et communes sans aboutir à une réfutation explicite. Il tourne en dérision les rituels de la construction de la masculinité qui contredisent sa propension à l'innovation par l'intellect, étant un grand admirateur des philosophes occidentaux et orientaux que sont Sartre, Nietzsche, Ibn Arabi, etc.

L'expérimentation de nouvelles relations amoureuses qui transgressent ce qui est prescrit et justifient ce qui est proscrit, fait de Yacine un « type particulier d'individu »[44] qui voit les choses autrement, étant considéré comme

---

41 *Ibid.*

42 Erving Goffman, *L'Arrangement entre les Sexes*, Paris, La Dispute, coll. « Le Genre du monde », [1977] 2002, p. 47.

43 *Ibid.*

44 Howard S. Becker, *Outsiders. Études de sociologie de la Déviance*, Paris, Éditions Métaillé, 1985, p. 25.

« étranger au groupe [outsider] ».[45] Il se crée un univers en définissant sa propre idée de la masculinité. Celle-ci puise sa force dans le combat contre les modèles établis, rangés, édictés par la morale, la tradition et les lois sociales :

> Je distribuais des cigarettes aux poivrots, et je donnais à lire aux lettrés parmi les clodos. J'écumais les bars à la recherche d'un gros mot utile, et je faisais la prière dans quelque mosquée ou chapelle en service pour dire à Dieu combien je Lui en voulais de m'avoir insufflé son Verbe empoisonné. Plusieurs fois, je m'étais fait embarquer au commissariat de police. C'était un plaisir infini que cette descente aux enfers, ce pèlerinage dans les méandres marécageux de la déchéance urbaine.[46]

La rébellion de cet *outsider* se traduit par la transgression des normes à différents niveaux, social, religieux, juridique, faisant fi de tout consensus sur lequel veillent les forces de l'ordre. Le discours polémique de Yacine choque les consciences paisibles qui adhèrent aux modes de fonctionnement établis, afin de rappeler que

> les groupes sociaux créent la déviance en instituant des normes dont la transgression constitue la déviance, en appliquant ces normes à certains individus et en les étiquetant comme des déviants.[47]

L'individu construit son image à travers l'identité genrée qui est une réalité sociale, un rôle sexuel et une construction identitaire.[48] Elle se fait aussi, selon la conduite de ce jeune homme, à travers la non-adhésion au conformisme ambiant et à la création de nouveaux idéaux de la masculinité. Yacine sera assassiné par ce désir de proposer un modèle social différent du sujet masculin, dans un contexte où la violence des idées ne parvient pas à modifier les anciennes représentations.

Conclusion

Les écrivains de notre corpus ont posé leurs conceptions de genre aux marges des limites imposées par la société, redéfinissant la masculinité en dehors des règles hégémoniques. Notre article a interrogé les éléments de cette négociation

---

45 *Ibid.*, p. 25.

46 *Ibid.*, p. 120.

47 *Ibid.*, p. 33.

48 Voir sur ce sujet Jean Maisonneuve, *Les Conduites rituelles*, Paris, PUF, 1998.

de la masculinité : avec les soubassements socioculturels et psychologiques (l'impact du milieu familial, du regard féminin et celui des pairs ainsi que les contraintes de la société d'accueil) de l'entourage immédiat. Cette négociation est en rapport avec les modes de socialisation des adolescents et leur impact sur la construction de l'identité masculine. Les personnages refusent de baigner dans le bassin des valeurs traditionnelles. Les nouvelles normes de la masculinité sont aussi communiquées et imposées par le biais des interactions socio-urbaines entre adolescents. Dans ces romans – et de cela résulte une des conclusions de cet article – le regard des narratrices et des personnages féminins, la confrontation avec le système des valeurs maghrébines et occidentales attirent l'attention sur les représentations sociales de la masculinité qui ont un impact considérable sur la construction du genre dans une société. L'identité masculine n'est pas une essence mais une construction permanente, ancrée dans et négociée à travers les mentalités héritées d'une génération à l'autre.

Textes de référence

Begag, Azouz, *Béni ou le Paradis privé*, Paris, Éditions du Seuil, 1989.

Benfodil, Mustapha, *Archéologie du chaos* (*amoureux*), Alger, Barzekh, 2007.

Charef, Mehdi, *Le Thé au harem d'Archi Ahmed*, Paris, Mercure de France, 1983.

Djaidani, Rachid, *Boomkoeur*, Paris, Éditions France loisirs, 1999.

Guène, Faïza, *Kiffe kiffe demain*, Paris, Hachettes littératures, 2004.

Guène, Faïza, *Du rêve pour les Oufs*, Paris, Hachettes littératures, 2006.

Bibliographie

Amossy, Ruth et Anne Herschberg Pierrot, *Stéréotypes et clichés, langue discours société*, Paris, Armand Colin, 2005.

Bakhtine, Michael, *Esthétique et théorie du roman*, Paris, Gallimard, 1978.

Becker, S. Howard, *Outsiders. Études de sociologie de la Déviance*, Paris, Éditions Métaillé, 1985.

Boubeker Ahmed et Alain Battegay, *Les Images publiques de l'immigration, média, actualité, immigration dans la France des années 80*, Paris, L'Harmattan, 1993.

Bourdieu, Pierre, *Langage et pouvoir symbolique*, Paris, Éditions du Seuil, 2001.

Dulac, Germain, *Aider les Hommes ... aussi*, Montréal, VLB, 2001.

Duval, Sophie et Marc Martinez, *La Satire*, Paris, Armand Colin, 2000.

Goffman, Erving, *L'Arrangement entre les Sexes*, Paris, La dispute, coll. « Le Genre du monde », [1977] 2002.

Laronde, Michel, *Autour du roman beur : Immigration et identité,* Paris L'Harmattan, 1993.

Laronde, Michel, *L'Écriture décentrée. La Langue de l'Autre dans le Roman contemporain*, Paris, L'Harmattan, 1996.

Maingueneau, Dominique, *Manuel de linguistique pour le Texte littéraire*, Paris, Armand Colin, 2012.

Maisonneuve, Jean, *Les Conduites rituelles*, Paris, PUF, 1998.

Mathieu-Castellani, Gisèle, *La Scène judicaire de l'autobiographie*, Paris, PUF, 1996.

CHAPITRE 14

Father Figures in *Beur* Literature – a Comparison of *Kiffe kiffe demain* by Faïza Guène, *Pieds-blancs* by Houda Rouane and *Les Chiens aussi* by Azouz Begag

Ronja Schicke

Résumé

Cet article étudie trois œuvres de la littérature beur afin d'élucider la masculinité et les modèles paternels dans le contexte beur: *Kiffe kiffe demain* (2004) de Faïza Guène, *Pieds-blancs* (2006) de Houda Rouane et *Les Chiens aussi* (1995) d'Azouz Begag. Au cours de cette contribution, il ne s'agit pas d'évoquer encore une fois les pères stéréotypes mais d'analyser la pluralité des figures du père dans les romans mentionnés et de discuter les caractéristiques de ces hommes et pères en relation avec les conditions de leur immigration et de leur exil. Le concept d'« hegemonic masculinity » d'après Connell permet de comprendre le fonctionnement de la hiérarchie masculine qui attribue une position inférieure à l'immigré masculin maghrébin dans la société française. La recherche de Barbara Drinck qui offre une vue globale des différents types du père tels qu'ils sont systématisés dans les sciences de l'éducation permet de démontrer que la paternité immigrée ne coïncide pas avec la paternité maghrébine. Le travail sociologique d'Azouz Begag sur le père éducateur offre également une compréhension plus approfondie du père immigré. En outre, il s'agit dans la littérature non pas d'une représentation de pères réels, mais de construits de personnages et ainsi de leur fonction offrant une réflexion complexe des situations sociales. Pour correspondre à cette spécificité, je recours à la terminologie de Manfred Pfister. Cela me permet de découvrir non pas seulement les stéréotypes masculins, mais aussi des modèles opposés, nuancés et subversifs.

In Maghrebian literature, masculinity plays a major role. Traditional Maghrebian fatherhood, as a model of masculinity, is also a form of domination. The dominant position of the father is questioned and overcome in different ways in modern Maghrebian literature and often leads to generational conflicts.[1] In this article, I will solely focus on immigrant masculinity,

1 *Cf.* Charles Bonn, "La Littérature algérienne de langue française et ses lectures. Imaginaire et discours d'idées", Sherbrooke, Naaman, 1974, and Claudia Gronemann, "Fictions de la Relation père/fille: La Dé/construction des mythes paternels dans Assia Djebar: *Nulle part*

 | DOI 10.1163/9789004342828_016

to be precise on Maghrebian immigrant father figures. The male Maghrebian immigrant possesses a complex identity. He is currently described as having the *mythe de retour* in mind, thus clinging on his traditional values and never finding his place in the French society. This leads to various conflicts between fathers and sons and daughters who identify essentially with French culture.[2] In *Beur* fiction, not only by male writers, but especially in novels written by female authors, father figures are often depicted as authoritarian, repressive, violent and omnipresent, strongly holding on their traditional values.[3] The central father figure in *Kiffe kiffe demain* by Faïza Guène perfectly meets this stereotype. The experienced discrimination and marginalization turn the father into a choleric, alcoholic patriarch whose frustration about his sonlessness is the origin of his violence towards his wife and daughter. To reestablish his lost masculinity, he decides to return into his home country and to marry another woman who should bear him a male heir.[4] Despite his physical absence, this unloving father is still present in the mind of his wife and his daughter who can only slowly emancipate themselves from the patriarchal regime. However, in a closer reading of *Kiffe kiffe demain* it becomes apparent that the novel offers a more complex interpretation of the father figure as it includes different, contrasting paternal models.[5]

To give an insight in the diversity of paternal roles in *Beur* literature, I chose three very different novels. *Kiffe Kiffe demain*, as I already mentioned, displays contrasting father figures, whereas *Pieds-blancs* by Houda Rouane focusses on a positive, hero-like father. *Les Chiens aussi*, an animalistic and expressive parable written by the famous *Beur* author Azouz Begag, elucidates the immigrants' position in the French society.

Hence, my analysis aims at revealing the plurality of father figures in *Beur* literature as well as exposing the reasons for their repressive regime over wives and daughters with the help of Connell's model. In order to do so, the impact of immigration and exile on the male Maghrebian identities and their masculinity must be investigated. Moreover, I will not only examine their

dans la Maison de mon père", in Alfonso de Toro, Khalid Zekri, Réda Bensmaïa and Hafid Gafaïti, eds., *Repenser le Maghreb et l'Europe*, Paris, L'Harmattan, 2010, pp. 233–247.

2 *Cf.* Anne Marie Miraglia, "Les Figures du père immigré dans le Texte dit 'beur'", *Francofonia* 55, 2008, pp. 22–27, 35.

3 *Cf.* Fatiha El Galaï, *L'Identité en suspens, à propos de la Littérature beur*, Paris, L'Harmattan, 2005, pp. 69–70.

4 *Cf.* Brinda J. Mehta, "Negotiating Arab-Muslim Identity, Contested Citizenship, and Gender Ideologies in the Parisian Housing Projects: Faïza Guènes *Kiffe kiffe demain*", *Research in African Literatures* 41, n° 2, summer 2010, pp. 182–183, 185–186, 192–193.

5 *Cf.* Mehta, "Negotiating Arab-Muslim Identity", *op. cit.*, p. 194.

social role but, using Pfister's terminology, the complex literary construct of the characters.

Hegemonic Masculinity and the Role of the Father

R. W. Connell introduces the term "hegemonic masculinity" in 1987 as part of her theory about gender and power. Connell defines hegemony as "social ascendancy achieved in a play of social forces that extends beyond contests of brute power into the organization of private life and cultural processes".[6] Thus, the term hegemony denominates the dominant position of a social actor or group. This domination is not necessarily imposed by physical force but incorporated in the very structure of society. Today, we observe that all over the world hegemony is mostly held by men. The supremacy of men over women manifests itself in cultural and religious practices, is incorporated in institutions and supported by the media. Most men do not actually correspond to the ideal of hegemonic masculinity but their behavior aims at maintaining this order as it is beneficial to them. The presence of a hegemonic masculinity does not exclude the possibility of the existence of other forms of masculinity. However, all other male identities, e.g. the homosexual masculinity, are subordinated to the hegemonic one.[7] Race is one important aspect that influences the hierarchy of masculinities. Hegemonic masculinity is usually held by white men. Thus, ethnic minority men, e.g. immigrants, often suffer from marginalization.[8]

In the family, masculinity finds its expression in fatherhood. Barbara Drinck differentiates between three main forms of fatherhood that exist today: the traditional, the new and the rejected father. The new father is actively involved in the education and the care of his children. Sometimes, this may cause him doubts about his role leading to ambivalent behavioral patterns. In contrast, the rejected father has a more negative connotation. He is unfortunate, violent and unreliable and thus neither accepted by his wife nor by his children. The concept of the traditional father is the most antique of the three as it already emerged in the ancient world where the Roman *pater familias* governed over all members of his house. In the Age of Enlightenment, his role is further assured when men become associated with the public and women get restricted

6 R. W. Connell, *Gender and Power: Society, the Person and Sexual Politics*, Stanford (California), Stanford University Press, 1987, p. 184.

7 *Cf. ibid.*, pp. 183–186.

8 *Cf.* R. W. Connell, *The Men and the Boys*, Cambridge, Polity Press, 2000, pp. 10, 29–31.

to the private sphere. In these times, being the head of a family is the key to masculinity. The traditional father occupies various roles that are mainly a consequence of his position of authority and domination in the family. He is the decision maker and provides for and protects his family. Further tasks are the education of the children and the transmission of moral values. Violations of the paternal law may be violently sanctioned. The traditional father serves as a role model for his children and as a connecting element between the spheres of the public and the private.[9] However, the position of the patriarch has been eroded ever since in the western world. Due to the shift of the workplace to the outside of the home and the establishment of the public educational system, the influence of the father on his family declines.[10] In addition, the media serve as a transmitter of cultural and moral values that do not always coincide with the paternal law. Consequently, the spread between the generations increases, leading to various conflicts and a further degradation of the paternal functions, potentially culminating in their complete absence, i.e. the fatherless society.[11]

In the following paragraph, I will briefly examine the history of Maghrebian immigration in France to reveal the influence of the Maghrebian and Western patriarchal systems on *Beur* fatherhood.

The Emergence of *Beur* Literature

At the beginning of the 20th century, Maghrebian emigration to France exists only on a very small scale. Despite their recruitment during the two World Wars, the number of immigrants does not rise significantly in France. As recently as after the Second World War, this starts to alter. Due to the lack of male workforce, a so-called "rotation system" emerges. Young Maghrebian men come to France to work for a few years and are subsequently replaced by other young men.[12] However, this pattern slowly changes, beginning in the 1950s, when the *regroupement familial* gains weight. This law allows the immigrants in France to be joined by their wives and children. With the arrival of their

9 *Cf.* Barbara Drinck, *Vatertheorien: Geschichte und Perspektive*, Opladen, Barbara Budrich, 2005, pp. 214–218.

10 *Cf. ibid.*, pp. 45–46.

11 *Ibid.*, pp. 214–218.

12 *Cf.* Alec. G. Hargreaves, *Multi-ethnic France: Immigration, Politics, Culture and Society*, New York, London, Routledge, [1995] [2]2007, pp. 16–24.

families, the immigrants' settlement becomes more permanent.[13] As a result of the lack of adequate housing, the Maghrebian men accommodate their families in shanty towns, so-called *bidonvilles* that miss basic facilities like electricity or running water. When the disastrous situation in the *bidonvilles* arouses public interest in the 1970s, the construction of social housing, the HLM (*Habitations à Loyer Modéré*), is determined and the French suburbs, the *banlieues* emerge. In 1974, labor immigration is officially coming to a halt as a consequence of the economic crisis and the fear of rising unemployment. However, since the *regroupement familial* is recognizes as a human right, the number of immigrants in France still increases. Despite the effort of the French and Maghrebian governments to quickly repatriate the immigrants, the settlement of the latter becomes permanent.[14] With the birth and the schooling of their children, the *mythe de retour*, the dream of returning in their home country, turns into a more distant prospect but is still not abandoned by the Maghrebian parents.[15] At the same time, the immigrants' children find their roots increasingly in French culture that they get to know at school and through media. Most often, they also acquire the French nationality at the age of maturity. These youths regard France as their home country but are not considered French by white French citizens. In the home countries of their parents, they are in turn treated as foreign. Consequently, a generation with a complex identity between the French and the Maghrebian culture emerges.[16] In the 1980s, the youths in the *banlieues* find a unique denomination for their generation, the *Beurs*. The term comes from the French word *arabe* that is transformed according to the rules of *verlan*, the French youth language that inverses the syllables of words. The new generation of *Beurs* is characterized by its socio-economic and spatial marginalization as well as discrimination. In contrast to their parents, the *Beurs* are not politically mute. A huge movement evolves from the youths' discontentment, culminating in the *Marche pour l'égalité et contre le racisme* or *Marche des Beurs* in 1983. However, the media contribute to a negative connotation of the term, associating it with violence and delinquency in the suburbs.[17] The *littérature beur* emerges as part of this new self-confidence of the *Beur* generation. The *Beur* literature often shows autobiographical traits and aims at

---

13 *Cf.* Abdelmalek Sayad, *La Double Absence: Des Illusions de l'Émigré aux souffrances de l'Immigré*, Paris, Éditions du Seuil, 1999, pp. 108ssq.

14 *Cf.* Hargreaves, *Multi-ethnic France, op. cit.*, pp. 63–65, 24–26.

15 Cf. Schumann, *Zwischen Eigenwahrnehmung und Fremdwahrnehmung, op. cit.*, pp. 49–54.

16 *Cf. ibid.*, pp. 11–13, 18–19, 28.

17 *Cf. ibid.*, pp. 27–29, 33–34, 42–49.

calling the public attention to the experienced exclusion and discrimination.[18] On this account, a highly controversial definition of *littérature beur* evolves, mainly based on ethnicity. Many writers contest this term understanding it as a ghettoization and a degradation of their work.[19]

Immigration, Masculinity and Fatherhood

As Connell notes, colonialism has a huge impact on the hegemony in the colonized countries. Imperialism always led to the subjugation of the colonized masculinity under the colonizer's masculinity, often denying the colonized men's virility. This hierarchy was further intensified when the colonized men migrated to the colonizer's country.[20] At the beginning of Maghrebian immigration to France, the purpose of the emigration of young, single men is to support their families back home. These men come from rural areas and mostly have little or no school education at all.[21] In France, the immigrants execute hard physical, but poorly paid work and live in shabby boarding houses, often sharing beds shift wise. The only way to endure these conditions is the dream of returning home, the *mythe de retour*. This myth also leads to a common effort to preserve religious and cultural traditions among the immigrants.[22] The arrival of wives and families does not only relieve the loneliness of the Maghrebian men but restores at least a part of their lost power and virility. In the sphere of their family, the "Law of the Father"[23] is in force.[24] Over the years, due to the birth of children and grandchildren and their schooling in France, the *mythe de retour* turns out to be an illusion. Still, many immigrants direct their whole life and the one of their children to the return in their home country.[25] The French sociologist Abdelmalek Sayad calls this phenomenon *la double absence*. In his home country, the emigrated person is physically absent but mentally present. In France, the other way round, the

18 *Cf. ibid.*, pp. 84–85, 91–94.

19 *Cf.* Crystel Pinçonnat, "Passé oublié, passé regagné: de l'Émergence d'une génération d'héritiers", *Expressions maghrébines* 7, n° 1, summer 2008, pp. 14–19.

20 *Cf.* Connell, *The Men and the Boys, op. cit.*, pp. 57–60.

21 *Cf.* Sayad, *La Double Absence, op. cit.*, pp. 59ssq.

22 *Cf.* Yamina Benguigui, *Mémoires d'immigrés: L'Héritage maghrébin*, Paris, Canal+ Éditions, 1997, pp. 15–22.

23 Mehta, "Negotiating Arab-Muslim Identity", *op. cit.*, p. 183.

24 *Cf. ibid.*, pp. 192–193.

25 *Cf.* Schumann, *Zwischen Eigenwahrnehmung und Fremdwahrnehmung, op. cit.*, pp. 49–53.

immigrant is physically present and mentally absent. A proof of the absence in the host country is for example the political indifference and muteness of the immigrants.[26]

All the mentioned aspects also lead to a change in fatherhood. Azouz Begag, a sociologist and the most famous Beur writer, stresses the plurality of paternal identities. However, three main types of immigrant fathers are distinguishable in his book *Les Dérouilleurs: Ces Français de banlieue qui ont réussi*. One of them is the *père éducateur* who attaches great importance to the school performance of his children as the only mean of social ascendency. He is a very supportive but strict father. Despite his authority, the relationships to his wife and his children are loving and intimate. The father is respected because of his hard work and his function as a provider for the family. He serves as a role model for his children. In summary, the *père éducateur* has overcome the trauma of his exile and hence abandons at least partly the *mythe de retour*.[27] In contrast, another father can be identified: a patriarch who still holds on the *mythe de retour* and his traditional values that he unsuccessfully tries to transfer to his children. Borrowing from Miraglia's expression of the "père maghrébin immigré",[28] I will refer to this type as *père immigré*. The discrepancy between the father's and his children's values provokes a variety of conflicts, degrading the father's authority.[29] The immigrants' loss of power is often compensated through a more repressive regime over the wives and daughters or leads to alcoholism.[30] A third father type that can be distinguished in Begag's work is the absent father.[31] The reasons for his absence are various: The father can either be physically or mentally absent from his family and the education of his children, e.g. as a result of his death or a divorce or because of his work, an accident or an illness.[32] In *Beur* literature, many of the named aspects reappear but often, the image of a violent patriarch prevails.[33] However, as the following analysis of the three novels shall show, not a unique image but a variety of father figures can be identified in *Beur* literature.

---

26 *Cf.* Sayad, *La Double Absence, op. cit.*, pp. 114ssq.

27 *Cf.* Azouz Begag, *Les Dérouilleurs: Ces Français de banlieue qui ont réussi*, Paris, Les Éditions Fayard, 2002, *op. cit.*, pp. 28–35.

28 Miraglia, "Les Figures du père immigré dans le Texte dit 'beur'", *op. cit.*, p. 22.

29 *Cf. ibid.*, pp. 22–27, 35.

30 *Cf.* Mehta, "Negotiating Arab-Muslim Identity", *op. cit.*, pp. 192–193.

31 *Cf.* Begag, Les Dérouilleurs, *op. cit.*, p. 28.

32 *Cf.* Schumann, *Zwischen Eigenwahrnehmung und Fremdwahrnehmung, op. cit.*, pp. 195–196.

33 *Cf.* El Galaï, *L'Identité en suspens, op. cit.*, pp. 51, 67–71.

Traditional vs. Loving Father Figures in *Kiffe kiffe demain*

Faïza Guène was born in 1985. As a child of Algerian immigrants, she grows up in a Parisian *banlieue*. Her first novel *Kiffe kiffe demain* that she publishes at the age of 19 is a great success. In her literature, Guène approaches social issues of the *Beur* generation with a unique sense of humor. Despite the common prejudice about *Beur* literature, Guène's novels do not contain any autobiographical elements.[34]

Kiffe kiffe demain is structured like a diary, to be precise the diary of Doria, the fifteen-year-old protagonist who lives in a Parisian *banlieue*.[35] Besides her biological father whose absence is the catalyst of the story, two other father figures shall be analyzed: Hamoudi who is considered a father substitute by Doria and the repressive father of Samra, a girl who lives in the same building as the protagonist.[36]

Doria's biological father fits the stereotype of the Maghrebian immigrant very well. He works in the construction sector, has married a women from his home country Morocco and even returns to his country of origin, living the *mythe de retour*. His alcoholism is a consequence of the experienced marginalization and the permanent nostalgia.[37] Neither the relationship with his daughter nor the one with his wife are intimate or loving. The father's alcoholism is a perpetual source of shame for Doria, e.g. when she has to go to the supermarket to buy beer or pick him up at the bar of the neighborhood. In addition, she frequently has to endure his violent outbursts. The father's traditional perception of women is exposed from the very beginning on. Women are worthless in his eyes as his departure proves:

> Il [le père] est retourné au Maroc épouser une autre femme sûrement plus jeune et plus féconde que ma mère. [...] Papa, il voulait un fils. Pour sa fierté, son nom, l'honneur de la famille et je suppose encore plein d'autres raisons stupides. Mais il n'a eu qu'un enfant et c'était une fille. Moi. Disons que je ne correspondais pas tout à fait au désir du client. Et le problème, c'est que ça se passe pas comme à Carrefour : y a pas de service après-vente.[38]

---

34 *Cf.* Patricia Geesey, "Global Pop Culture in Faïza Guène's *Kiffe kiffe demain*", *Expressions maghrébines* 7, n° 1, summer 2008, pp. 54–55, 58.

35 *Cf. ibid.*, p. 57.

36 *Cf.* Mehta, "Negotiating Arab-Muslim Identity", *op. cit.*, pp. 173, 193–194.

37 *Cf.* Begag, *Les Dérouilleurs, op. cit.*, pp. 27–38.

38 Guène, *Kiffe kiffe demain, op. cit.*, pp. 5–6.

El Galaï confirms that, in the Maghrebian culture, "[…] un père qui n'a pas de fils peut éprouver l'impression qu'il lui manque quelque chose."[39] Thus, the father decides to marry another wife who is able to bear a male heir which is not uncommon in the Maghrebian society.[40] Doria's ironic use of language does not only point out her critical point of view towards her father's traditionalism but also the mortification that she experiences due to her father's departure. At the beginning, despite the father's absence, Doria is not able to free herself from his authority. In contrast, his departure is the catalyst for Doria's mental problems. The young girl is still caught in the patriarchal thinking and desires the father's appreciation.[41]

However, in the end, Doria is able to emancipate herself from the authoritarian father and to build her own identity. The father is disempowered by his absence.[42] Doria's positive change is reflected in the title of the novel that combines two expressions derived from Arabic language. *Kif kif* is an Arabic saying that means *similar, kiffer* is a *verlan* word that signifies *to love*. The mixture of the two transforms the pessimistic *Kif kif demain* into a hopeful *Kiffe kiffe demain*.[43]

Doria's mother, Yasmina, starts her emancipation much quicker than her daughter, driven by the need to provide for her.[44] At the beginning, her husband's return to Morocco is a traumatic event for Yasmina. In the Maghrebian culture, "[…] une femme ne peut s'affirmer que par sa maternité, et en premier lieu, en mettant au monde un garçon."[45] Therefore, the father's return constitutes the culminating point of Yasmina's degradation, exposing her uselessness in Maghrebian terms. However, she quickly realizes the newly available opportunities and frees herself from the patriarchal husband, starting a literacy course and a new job.[46] The mother's change and relief from the "Law of the Father"[47] demonstrate her dynamic conception and are stated by Doria throughout the text:

39 El Galaï, *L'Identité en suspens, op. cit.*, p. 70.

40 *Cf.* Mehta, "Negotiating Arab-Muslim Identity", *op. cit.*, pp. 182–183.

41 *Cf.* Gale, "Searching for Home and Self", *op. cit.*, pp. 62–65.

42 *Cf. ibid.*, pp. 64–65.

43 *Cf.* Geesey, "Global Pop Culture in Faïza Guène's *Kiffe kiffe demain*", *op. cit.*, p. 58.

44 *Cf. ibid.*, pp. 58–59.

45 El Galaï, *L'Identité en suspens, op. cit.*, p. 71.

46 *Cf.* Mehta, "Negotiating Arab-Muslim Identity", *op. cit.*, pp. 183, 190–192.

47 *Ibid.*, p. 183.

> Quand Papa habitait chez nous, il était même pas question qu'elle [Yasmina] travaille alors qu'on était grave en galère de thune. Parce qu'une femme pour Papa c'était pas fait pour bosser non plus.[48]

The analysis of the father's position in his family has demonstrated that he is construed as a stereotype showing typical aspects of the *père immigré*, e.g. the maintenance of the traditional values of his culture of origin, the nostalgia and the *mythe de retour*. At the same time, due to his first mental, then physical absence, he fulfills the role of the absent father according to Drinck, demonstrating that this is not a purely Western phenomenon. The father's namelessness contributes to his perception as a stereotype. Furthermore, the conception of the literary paternal character is static according to Pfister's terminology and thus contrasts with the two women who are very dynamic and individual characters.[49] In the end, the rigid values of the traditional father are overcome by more flexible and hybrid identities.

Beside Doria's father, there exist a few more traditional father figures or *pères immigrés* in *Kiffe kiffe demain*. The story of another young woman, Samra, is mentioned several times throughout the book. Samra suffers from her violent and repressive father and brother who keep her locked up in the apartment. Doria concludes ironically that "Dans leur famille, les hommes, c'est les rois".[50] Eventually, Samra successfully escapes from her family, marrying a white French man.[51] This event leads to the complete disempowerment of the father who suffers from an apoplexy when he learns the news:

> Alors, le vieux, il a pas supporté [...] Sûrement, le choc d'avoir vu son nom 'sali' comme ça. Le nom que son père, son grand-père et d'autres types avant lui ont déjà porté. Encore une question d'honneur je suppose ...[52]

Doria's sarcastic use of language emphasizes her disagreement with the traditional patriarchal structures. However, she recognizes that these patterns are common in the immigrant community.[53] Traditionally, the women's behavior is considered to be the main threat to the family honor as El Galaï points out.[54]

48 Guène, *Kiffe kiffe demain*, *op. cit.*, p. 106.

49 *Cf.* Manfred Pfister, *Das Drama*, München, Wilhelm Fink, 2001, pp. 241–250.

50 Guène, *Kiffe kiffe demain*, *op. cit.*, p. 83.

51 *Cf.* Geesey, "Global Pop Culture in Faïza Guène's *Kiffe kiffe demain*", *op. cit.*, pp. 62–63.

52 Guène, *Kiffe kiffe demain*, *op. cit.*, pp. 136–137.

53 *Cf.* Mehta, "Negotiating Arab-Muslim Identity", *op. cit.*, p. 193.

54 *Cf.* El Galaï, *L'Identité en suspens*, *op. cit.*, pp. 69–70.

Mehta sees the increased violence of the male immigrants and their sons as an attempt "to reclaim their threatened masculinity in France".[55] Nevertheless, the static father figure is again overcome and deprived of his power by a dynamic daughter figure.

Some positive father figures can equally be found in *Kiffe kiffe demain*. For instance, Nabil's father serves as a positive image. He is a loving and understanding *père éducateur* in terms of Begag's classification.[56] Yet, the most prevalent example of a positive father is Hamoudi, a young *Beur* man who has known Doria since her childhood. Although he is not an immigrant himself, he still has to endure different forms of discrimination and marginalization, so that this positive father figure cannot solely arise from his *Beur* identity. Hamoudi is one of the few persons that Doria trusts and really likes. She even states that she "aurai[t] bien aimé que ce [Hamoudi] soit [s]on père".[57] Additionally, Hamoudi shows some aspects of a *père éducateur*. He cares for Doria, tries to protect her and to teach her what he considers important in life.[58] Finally, he even takes the father role for the little Sarah, the daughter of his girlfriend.[59] Hamoudi is clearly construed as a dynamic figure which is demonstrated by his development from a petty criminal to a responsible father.

My analysis of *Kiffe kiffe demain* has successfully shed light on alternative paternal roles that exist in *Beur* literature, going beyond the traditional interpretations of these texts and calling into question the stereotype of the violent, repressive father.

The Caring Father Figure in *Pieds-blancs*

Houda Rouane was born in 1977 in France as a child of Moroccan immigrants. In 2006, she publishes her first novel *Pieds-blancs*. Like Norah, the protagonist of her first book, Rouane works as an *assistante d'éducation* at a school that is classified *zone d'éducation prioritaire*,[60] i.e. a school that benefits from

55 Mehta, "Negotiating Arab-Muslim Identity", *op. cit.*, p. 192.

56 *Cf.* Begag, *Les Dérouilleurs, op. cit.*, p. 28.

57 Guène, *Kiffe kiffe demain, op. cit.*, p. 22.

58 *Cf.* Mehta, "Negotiating Arab-Muslim Identity", *op. cit.*, p. 194.

59 *Cf.* Guène, *Kiffe kiffe demain, op. cit.*, pp. 146–147.

60 *Cf.* Hakim Abderrezak, "*Pieds-blancs* de Houda Rouane ou la Blédophilie en *free style* des descendants d'immigrés", dans Najib Redouane et Yvette Bénayoun-Szmidt, eds., *Qu'en est-il de la Littérature 'beur' au féminin?*, Paris, L'Harmattan, 2012, p. 311.

additional resources as a consequence of fundamental social and educational issues in this area.[61]

Pieds-blancs is written as the diary of Nora Rabhan.[62] The stories from her everyday life and her childhood reveal the great admiration and affection that she resents for her father Mohammed. Mohammed, short Momo, is a typical immigrant. He came to France as a young man and has worked ever since in a factory of the French company Michelin. Norah affirms that her father's work is pure exploitation and degradation: "Trente ans [...] c'est une vie ! [...] c'est du sacrifice, c'est avancer tête baissée vers l'abattoir de la retraite".[63] Momo and his Moroccan wife Malika still dream of returning to their home country as soon as they reach the age of retirement. They consider their stay in France to be temporary and experience it as "un rêve étrange et drôle".[64] However, with the birth of their children and grand-children, the *mythe de retour* is slowly abandoned.[65] In her diary, the young protagonist links her father's experiences to the collective destiny of the male immigrants who generally suffer from discrimination and marginalization. In France, the Maghrebian immigrants are not considered as men but rather as "une espèce de sous-hommes"[66] as Norah states. She sees the discrimination and marginalization that is accompanied by a loss of masculinity as the source of the patriarchy and the paternal violence[67]:

> Les hommes trouvaient leur compte dans tout ça [les femmes arrivant en France] parce qu'ils régnaient enfin sur quelque chose. Ils redevenaient des Hommes, des vrais. Ils avaient sous la main un être obéissant et dépendant.[68]

Another way to maintain their dignity is the immigrants' effort to cling to their traditional values[69] as Momo does. He is proud of his religion and his culture and successfully transfers his values to his children. Hence, he can be considered a *père éducateur*. Norah incorporates the transmitted values and lives

61 *Cf.* Schumann, *Zwischen Eigenwahrnehmung und Fremdwahrnehmung*, *op. cit.*, p. 48.
62 *Cf.* Abderrezak, "*Pieds-blancs* de Houda Rouane", *op. cit.*, p. 311.
63 Houda Rouane, *Pieds-blancs*, Paris, Éditions Philippe Rey, 2006, p. 266.
64 *Ibid.*, p. 52.
65 *Ibid.*, pp. 65, 306.
66 *Ibid.*, p. 63.
67 *Cf.* Mehta, "Negotiating Arab-Muslim Identity", *op. cit.*, pp. 192–193.
68 Rouane, *Pieds-blancs*, *op. cit.*, p. 64.
69 *Cf.* Mehta, "Negotiating Arab-Muslim Identity", *op. cit.*, pp. 192–193.

according to them, e.g. she marries a Muslim and leaves the decision about the name of her first son to her father. These examples do not only demonstrate Momo's educational capabilities but also the intimate relationship between father and daughter. Momo is a responsible and loving father. He proves these qualities throughout the novel, e.g. when he cares for Norah's sister who has a bad accident. Norah herself adores her father as her personal hero: "Momo [...] c'est encore et toujours l'homme de ma vie."[70] Begag argues that "la survalorisation du père apparaît comme une valorisation de soi et de son milieu d'origine".[71] Hence, Momo's educational success is closely linked to his sensitive fatherhood. Additionally, his openness towards the modern values of his children may also have a positive impact on the intergenerational relationship. However, in his position as the "chef de famille",[72] he occasionally resorts to corporal punishments.[73] Momo is construed as a dynamic character with a complex identity. These aspects are the conditions for the loving relationship to his children. Mohammed can be classified as a *père éducateur* as well as a sensible, traditional father as Drinck defined him. This indicates that the traditional distinction between Maghrebian and Western paternal models has been overcome in *Beur* literature.

The Immigrant Father Figure in *Les Chiens aussi*

Azouz Begag is one of the best known *Beur* authors. He was born in Lyon from Algerian immigrants. Begag works as a researcher at the *Centre national de la recherche scientifique* (CNRS) focusing on issues of immigration and integration. Besides his work as a sociologist, he is a successful author of novels and children's books. In 1995, he publishes *Les Chiens aussi*, a parable of the Maghrebian immigrants' life in France.[74]

Les Chiens aussi is told from the point of view of César, a young puppy. In the parable, the community of the dogs stands for the Maghrebian immigrants in France.[75] This is confirmed by Mohand, an Algerian immigrant, who states:

70 Rouane, *Pieds-blancs, op. cit.*, p. 265.

71 Begag, *Les Dérouilleurs, op. cit.*, p. 35.

72 *Ibid.*, p. 75.

73 *Ibid.*, p. 240.

74 *Cf.* Margaret W. Krausse, "Entretien avec Azouz Begag", *The French Review* 78, n° 3, February 2005, p. 548.

75 *Cf.* Mark McKinney, "It's a Dog's Life: Azouz Begag's *Les Chiens aussi*", *Expressions maghrébines* 1, n° 2, winter 2002, pp. 132–138.

"Li chiens et li zimmigris ci pareil"[76] and "[r]egarde, les zimmigris sont tritis coume di chiens".[77]

With his metaphor, Begag alludes to the French saying "mener une vie de chien",[78] implying that the immigrants bear a hard life in France. Thus, this image of the dog illustrates the low position that César's father occupies in the French society. The white *français de souche* dominate the Maghrebian immigrants like a master dominates his dog. This interpretation is reinforced by the fact that the family who owns César and his parents is called Lefrançois.[79] Consequently, to speak in Connell's terms, the immigrant masculinity is again not part of the hegemonic masculinity. Mc Kinney even speaks of a "social death"[80] of the immigrants. For instance, the father is exploited in his job as an *ouvrier spécialisé* at the "roue",[81] i.e. a big wheel that the workers have to keep in action. César even compares his father's situation to slavery: "Nos parents ont été des esclaves, tenus en laisse".[82] The father does not appreciate his situation, calling his life a "chienne de vie".[83] However, he would not dare to claim a change, detained by the strong belief that he does not deserve a better place as the following citation reflects: "Eux [les humains], ils pensent! Ils ont l'intelligence sous le poil [...]. Et nous, on exécute".[84] Moreover, he fears negative consequences, e.g. being deported or killed. In contrast to the *Beur* generation, the immigrants themselves are politically mute. This leads to a conflict between César and his father. The father cannot understand his son's ambitions to improve the dogs' position in the society and even feels hurt and devalued by César's behavior.[85]

> Moi je me crève à la roue pour essayer de te bâtir un avenir, et toi, voilà ce que tu me ramènes ? Des soucis avec le monde ! [...] Tu veux foutre en l'air toutes les années que j'ai sacrifiées pour toi et ta sœur ?[86]

76 Azouz Begag, *Les Chiens aussi*, Paris, Éditions du Seuil, 1995, p. 61.
77 *Ibid.*, p. 61.
78 Azouz Begag, "Propos d'Azouz Begag", *Expressions maghrébines* 1, n° 2, winter 2002, p. 150.
79 *Cf.* McKinney, "It's a Dog's Life", *op. cit.*, pp. 132–134.
80 *Ibid.*, p. 145.
81 Begag, *Les Chiens aussi, op. cit.*, p. 13.
82 *Ibid.*, p. 102.
83 *Ibid.*, p. 12.
84 *Ibid.*, p. 14.
85 *Cf.* Christine O'Dowd-Smyth, "Writing Memory and Identity in Azouz Begag's *Les Chiens aussi* and *The Falling Angels* by John Walsh", *Expressions maghrébines* 1, n° 2, winter 2002, pp. 155–156, 162–163.
86 Begag, *Les chiens aussi, op. cit.*, p. 109.

Both, father and son are shocked and disappointed by each other. However, César realizes that this is not a personal but rather a generational problem.[87] Nevertheless, both generally have a loving relationship. For instance, the father is extremely worried when César is almost killed. Moreover, he provides for his family, sacrifices his life for them and bears the responsibility.[88] However, due to his work he is often absent from his home and the education of his children. The absence leads to a partial disempowerment of the father, giving César the freedom to pursue his revolutionary goals. In the end, César's attempts to change the society even meet with success. The *ouvriers spécialisés* can gain the control over the wheel, subverting the (post-)colonial power structures.[89] The *mythe de retour* is also mentioned in *Les Chiens aussi* when father and son meet a group of dogs who are on their way to the airport to escape the degrading conditions in France and find their luck in the "pays du Bonheur".[90] César's father argues that the *pays de Bonheur* does not exist in effect. The son's use of the word "émigrer"[91] suggests that he considers France as the home country of the dogs. Hence, the *mythe de retour* is called into question.

To conclude, César's father shows some traits of a *père immigré* but is also depicted as a loving father. As my analysis has shown, the conflict between the father and the son figure is rooted in their literary conceptions. Similar to the figuration in *Kiffe kiffe demain*, César is an individual, dynamic figure who collides with his static genitor. The main purpose of the dog metaphor is to reveal and expose the hierarchies in the French society, notably the marginalization of the Maghrebian immigrants.

As I have shown in my analysis of the three novels by Faïza Guène, Houda Rouane and Azouz Begag, a reduction of the Maghrebian immigrant father to the stereotype of a repressive patriarch is not appropriate. On the contrary, a plurality of father types can be identified. Moreover, I could show that the traditional distinction between Maghrebian and Western paternal role models has been overcome in *Beur* literature. Despite this diversity found in *littérature beur*, a few common aspects can be distinguished in all three novels, e.g. the *mythe de retour*, the *mal du pays* and the degrading labor conditions of the men. Patriarchal father figures still frequently appear in *Beur* literature. They are, like Doria's or César's father, mainly nameless and reveal, according to Pfister's terminology, a static, stereotypical conception. The latter often

87 *Cf.* O'Dowd-Smyth, "Writing Memory and Identity", *op. cit.*, pp. 155–156, 162–163.

88 *Cf. ibid.*, p. 155.

89 *Cf.* Krausse, "Entretien avec Azouz Begag", *op. cit.*, p. 550.

90 Begag, *Les Chiens aussi, op. cit.*, p. 16.

91 *Ibid.*, p. 16.

provokes generational conflicts between the male immigrants and their children who are dynamically construed. Positive paternal characters like Hamoudi or Momo are equally dynamic. An analysis of Maghrebian immigrant fathers should always take into consideration that the violent and repressive patriarchy is not necessarily culturally founded and rather a psychological consequence of the loss of masculinity that the immigrants experience in France. Nevertheless, beside the repressive patriarch, a series of alternative role models can be equally found in immigrant culture, and find its expression in *Beur* literature.

Bibliography

Primary Sources

Begag, Azouz, *Les Chiens aussi*, Paris, Éditions du Seuil, 1995.

Guène, Faïza, *Kiffe kiffe demain*, Stuttgart, Philipp Reclam jun. GmbH & Co. KG, 2012 [2004, Paris, Hachette Littérature].

Rouane, Houda, *Pieds-blancs*, Paris, Éditions Philippe Rey, 2006.

Secondary Sources

Abderrezak, Hakim, "*Pieds-blancs* de Houda Rouane ou la Blédophilie en free style des descendants d'immigrés", in Najib Redouane et Yvette Bénayoun-Szmidt, eds., *Qu'en est-il de la Littérature 'beur' au féminin?*, Paris, L'Harmattan, 2012, pp. 311–321.

Begag, Azouz, *Les Dérouilleurs: Ces Français de banlieue qui ont réussi*, Paris, Les Éditions Fayard, 2002.

Begag, Azouz, "Propos d'Azouz Begag", *Expressions maghrébines* 1, n° 2, winter 2002, pp. 149–150.

Benguigui, Yamina, *Mémoires d'immigrés: L'Héritage maghrébin*, Paris, Canal+ Éditions, 1997.

Bonn, Charles, *La Littérature algérienne de langue française et ses lectures. Imaginaire et discours d'idées*, Sherbrooke, Naaman, 1974.

Connell, R. W., *Gender and Power: Society, the Person and Sexual Politics*, Stanford (California), Stanford University Press, 1987.

Connell, R. W., *The Men and the Boys*, Cambridge, Polity Press, 2000.

Drinck, Barbara, *Vatertheorien: Geschichte und Perspektive*, Opladen, Barbara Budrich, 2005.

El Galaï, Fatiha, *L'Identité en suspens, à propos de la Littérature beur*, Paris, L'Harmattan, 2005.

Gale, Beth W., "Searching for Home and Self in Novels by Soraya Nini and Faïza Guène", in Natalie Edwards et Christopher Hogarth, eds., *Gender and Displacement: 'Home' in Contemporary Francophone Women's Autobiography*, Newcastle, Cambridge Scholars Publishing, 2008, pp. 55–66.

Geesey, Patricia, "Global Pop Culture in Faïza Guène's *Kiffe kiffe demain*", *Expressions maghrébines* 7, n° 1, summer 2008, pp. 53–66.

Gronemann, Claudia, "Fictions de la Relation père/fille: La Dé/construction des mythes paternels dans Assia Djebar: *Nulle part dans la Maison de mon père*", in Alfonso de Toro, Khalid Zekri, Réda Bensmaïa et Hafid Gafaïti, eds., *Repenser le Maghreb et l'Europe*, Paris, L'Harmattan, 2010, pp. 233–248.

Hargreaves, Alec G., *Multi-ethnic France: Immigration, Politics, Culture and Society*, New York, London, Routledge, [1995] ^{2}2007.

Krausse, Margaret W., "Entretien avec Azouz Begag", *The French Review* 78, n° 3, February 2005, pp. 548–557.

McKinney, Mark, "It's a Dog's Life: Azouz Begag's *Les Chiens aussi*", *Expressions maghrébines* 1, n° 2, winter 2002, pp. 131–147.

Mehta, Brinda J., "Negotiating Arab-Muslim Identity, Contested Citizenship, and Gender Ideologies in the Parisian Housing Projects: Faïza Guènes *Kiffe kiffe demain*", *Research in African Literatures* 41, n° 2, summer 2010, pp. 173–202. URL: http://www.redi-bw.de/db/ebsco.php/search.ebscohost.com/login.aspx%3fdirect%3dtrue%26db%3dmzh%26AN%3d2010393048%26site%3dehost-live (last visit on February 11th, 2014).

Miraglia, Anne Marie, "Les Figures du père immigré dans le Texte dit 'beur'", *Francofonia* 55, 2008, pp. 21–32.

O'Dowd-Smyth, Christine, "Writing Memory and Identity in Azouz Begag's *Les Chiens aussi* and *The Falling Angels* by John Walsh", *Expressions maghrébines* 1, n° 2, winter 2002, pp. 151–167.

Pfister, Manfred, *Das Drama*, München, Wilhelm Fink, 2001.

Pinçonnat, Crystel, "Passé oublié, passé regagné: de l'Émergence d'une génération d'héritiers", *Expressions maghrébines* 7, n° 1, summer 2008, pp. 13–31.

Sayad, Abdelmalek, *La Double Absence: Des Illusions de l'Émigré aux souffrances de l'Immigré*, Paris, Éditions du Seuil, 1999.

Schumann, Adelheid, *Zwischen Eigenwahrnehmung und Fremdwahrnehmung: Die Beurs, Kinder der maghrebinischen Immigration in Frankreich*, Frankfurt am Main, London, IKO Verlag für Interkulturelle Kommunikation, 2002.

CHAPITRE 15

Écriture et construction du corps masculin/féminin chez Mohammed Dib. L'exemple de *Habel* et *Cours sur la Rive sauvage*

Mourida Akaichi

Abstract

In the first phase of its emergence, Maghrebian literature written in French often accustomed us to exhausted, tired characters oppressed by work and poverty. This literature, which now observes a renewal, more and more tackles new sets of themes, like for example the body in its relation to desire, assertion and beauty. Since the sixties, Maghrebian writing has distanced itself from those topics connected with Algerian reality, such as socio-economic conditions, space, war, and militancy, in order to focus on more complex topics, like desire, dreams, and language. Mohammed Dib marks this turning point in Maghrebian literature by an upheaval on the level of themes and writing. The body, male or female, thus becomes a very present topic in Dibian writing. In the two novels discussed in this article, *Habel* and *Cours sur la Rive sauvage*, the body does not only have a physical meaning, but can be read as a sign, becoming expressive of an idea. Consequently, the body accounts for the novels' enigmatic character. This study examines the construction of the male/female body and its several functions displayed in the two novels, *Habel* and *Cours sur la Rive sauvage*. In this perspective, my analysis proceeds in three steps – First, I will focus on the way in which the male and female body is built according to Dib. Then, I will outline the type of relationship which governs the male and female body. Finally, I will illustrate the function of this body in Dib's writing as a textual body.

Le corps en construction ou la construction-destruction

Parler de la construction du corps masculin/féminin dans l'écriture de Dib, c'est mener une aventure dangereuse et savoureuse. Dangereuse, car à chaque fois qu'un corps commence à se construire dans le texte littéraire, il subit une déconstruction pour se reconstruire. Le lecteur est alors très vite dérouté et amené à une poursuite d'une construction qui ne cesse de se renouveler.

 | DOI 10.1163/9789004342828_017

Savoureuse, puisqu'elle devient le long du roman, non seulement infinie, mais elle s'ouvre aussi sur des interrogations attrayantes voire existentielles.

Le corps en peine

Dans les deux romans en question, la construction des corps des personnages suit un itinéraire mouvementé et incarne elle-même le mouvement. Leurs histoires illustrent dès le début cette idée du mouvement des personnages : *Cours sur la Rive sauvage* est inauguré par la phrase « Nous partîmes ».[1] *Habel* commence par l'évocation d'une image de deux personnages qui bougent :

> Comme ils se sont abandonnés côte à côte sans force, ils restent, Sabine tournant les reins vers Habel, le pressant de ses hanches, toujours ces hanches dont la largeur n'aura pas fini de le surprendre si habitué qu'il soit à les voir, à les tenir, à les embrasser.[2]

Le roman retrace l'histoire du protagoniste qui, condamné à l'exil par son frère, se trouve dans une ville étrangère, celle de Paris, qui lui dérobe ses secrets. Celui-ci essaie de comprendre l'espace, les gens et la vie, mais la réponse s'avère introuvable. Son itinéraire est voué à l'errance et au tourment de l'attente nocturne : « *Depuis deux soirs que je débouche du métro, que je me plante à ce carrefour, que j'attends* ».[3] De même, le corps d'Iven Zohar, protagoniste de *Cours sur la Rive sauvage*, est condamné au déplacement en vue de retrouver la femme désirée qui s'avère corps mouvant. Cependant, ce mouvement se transforme rapidement en un itinéraire de tourment et de souffrance pour affecter le personnage aussi bien physiquement que moralement. Le corps est ainsi mis à l'épreuve et souvent condamné à la peine.

Dans un monde inconnu et étrange, les deux protagonistes, poussés par une quête brûlante, entament une longue marche qui s'avère infinie. On assiste dans *Cours sur la Rive sauvage* à la rencontre de Radia et d'Iven Zohar à travers l'événement du mariage. Cependant, cette liaison se transforme rapidement en une suite d'épreuves pour ce premier : Radia, figure fugitive, se dédouble et l'entraîne dans une ville étrange.

La marche, qui se réduit au retour incessant pour Habel et à un voyage renouvelé pour Iven Zohar, condamne le corps humain au déplacement : Habel

1 Mohammed Dib, *Cours sur la Rive sauvage*, Paris, Éditions du Seuil, 1964, p. 7.

2 Mohammed Dib, *Habel*, Paris, Éditions du Seuil, 1977, p. 7.

3 *Ibid.*, p. 23.

se donne rendez-vous tous les soirs à un carrefour pour attendre là où il n'y a rien à attendre. Affligé par la solitude, il devient corps nu face au nouveau monde : « *Qui tout nu affronte de nouveau la solitude, la férocité* »,[4] se dit-il. Il est comme un assassin, il s'expose au danger de ce monde étrange, et son retour devient rendez-vous avec le crime et la mort : « Sept soirs d'affilée que je donne rendez-vous à ma propre mort, à ce carrefour »,[5] dit-il en s'adressant à son frère.

De son côté, Iven Zohar est condamné à la poursuite de la femme désirée qui le transporte dans un monde d'épreuves et de souffrance. L'histoire du roman s'ouvre sur une cérémonie de leur mariage qui se transforme en une scène étrange et douloureuse. Au lieu de le rejoindre, la mariée Radia devient l'auteur qui le frappe de son aiguille de lumière et lui laisse cinq étoiles de sang sur la poitrine : « Cinq étoiles de sang s'ouvrirent en cercle sur ma poitrine. »[6] Son sang est emporté par les accompagnateurs de Radia car « chacun d'eux vint imposer la main droite sur mes plaies, dit-il, et emporter mon sang sur lui ».[7] Cet acte de Radia, blessure dans le corps d'Iven Zohar, s'avère déterminant puisqu'il marque le narrateur à vie et sert la première transformation de Radia en Hellé : c'est au cours de leur voyage qu'Iven Zohar se trouve subitement en face d'une autre figure féminine à la place de Radia. « La substitution avait dû être si prompte que personne sur le moment ne s'en était avisé, et pas plus moi que les témoins »,[8] dit-il. Dans sa souffrance, et au milieu de l'assistance, le narrateur se décrit : « Je ne savais quelle détermination adopter mais me voyais dans la nécessité d'en prendre une. Je prononçai à haute voix le mot : 'Hellé' ».[9]

Le corps masculin est alors en crise car il ne cesse d'être à l'épreuve jusqu'à la castration et le démembrement. La castration dans *Habel*, scène de douleur, s'accomplit dans un espace agité, bruyant et obscur : « La salle où une agitation, des bruits, un désordre confus et pusillanimes se déclaraient de plusieurs côtés fut plongée dans le noir juste à cette seconde. »[10] Cet acte d'abolition de la masculinité, qui s'accomplit tel un spectacle, se transforme dans son aboutissement en une joie, en un cri de « victoire » tel un acte d'amour : « un

4 *Ibid.*, p. 38.
5 *Ibid.*, p. 55.
6 Dib, *Cours sur la Rive sauvage, op. cit.*, p. 18.
7 *Ibid.*
8 *Ibid.*, p. 11.
9 *Ibid.*, p. 21.
10 Dib, *Habel, op. cit.*, p. 158.

cri en fait qui était moins un cri de douleur que de victoire »,[11] dit-il. Habel, spectateur, réagit : « Brusquement, comme sur un ordre, il vomit. »[12] Dans cet acte de violence où le jeu de la lumière et de l'ombre engendre une vision d'un corps morcelé, la masculinité n'est pas regrettée et l'écriture ne retient de cette perte que le cri d'une victoire.

Le désir agit sur le corps par la violence jusqu'au désir du démembrement. L'acte d'amour devient lutte acharnée en vue de violenter le corps de l'autre : « Ils font aussi l'amour à en mourir »,[13] dit le narrateur en parlant de Sabine. Plus loin, Habel dit : « à voir qui sera le plus expert à satisfaire l'autre, à le surprendre, à lui briser bras, jambes, cœur, souffle [...] ».[14]

Dans *Cours sur la Rive sauvage*, sous l'effet du pouvoir de Radia et/ou de Hellé, Iven Zohar ne peut se défendre. Il perd toutes ses forces et rentre dans une autre dimension. Il se dédouble, se décompose pour donner lieu à trois natures, trois hommes : « Trois hommes en moi viennent d'être séparés : l'homme d'eau, l'homme de pierre, et l'homme de vent »,[15] dit-il. Ensuite, il subit un morcellement : « Morcelé, oui, je l'étais déjà ».[16] Et il meurt plusieurs fois avant de reprendre vie : « je ne sais combien d'heures je suis tombé de la sorte, combien de fois j'ai repris vie, avant de me retrouver gisant au même endroit sur la plage »,[17] dit-il.

Le tourment qui affecte le corps, qu'il provienne de l'attente vaine ou du déplacement incessant, figure aussi dans un autre état qui est la nudité. Cette nudité qui affiche le corps dans toutes ses formes, ses qualités et ses défauts, permet aussi son démembrement :

> [...] je relève à peine que nous sommes arrivés au milieu de gens, en tenue de plage aussi, occupés à ramasser des bras, des jambes, des torses, partout épars sur le sable.[18]

L'éloignement des espaces familiers tout comme le désir affectent le corps du protagoniste et tourmentent son âme. L'exil et le désir, deux thèmes constructeurs des deux romans, engendrent la perte et la mort puisque le lieu nouveau

11 *Ibid.*
12 *Ibid.*, p. 159.
13 *Ibid.*, p. 162.
14 *Ibid.*
15 Dib, *Cours de la Rive sauvage*, *op. cit.*, p. 137.
16 *Ibid.*, p. 147.
17 *Ibid.*, p. 91.
18 *Ibid.*, p. 85.

ne dévoilera jamais ses secrets puisque la personne aimée, lieu du désir, reste à chercher.

La femme-ville ou le corps en séisme

Plus compliquée encore et plus ambigüe, la construction du corps féminin dans *Cours sur la Rive sauvage* s'avère plurielle par rapport à celle du corps masculin. L'on assiste d'abord à des apparitions de la femme nommée Radia, qui ne tarde pas à se dédoubler : le corps renfermant des flammes et traversé de lumière, le visage rayonnant, le regard violent, Radia se fragmente et se subdivise pour donner lieu à une figure double : Radia/Hellé. Ce dédoublement amène plus tard la multiplication où l'on assiste à de multiples apparitions féminines : « On jurerait d'une seule et même femme passant du corps de l'une au corps de l'autre »,[19] dit le narrateur. Multiplication qui instaure une dynamique au niveau de l'écriture par l'abondance des verbes d'action :

> À la seconde où celle-ci lève le bras, sa compagne tourne la tête, la suivante bouge le pied, et il est impossible de saisir l'instant où la transmigration s'opère : une sorte d'accord de pensée les anime toutes.[20]

Le corps féminin est alors en harmonie avec le corps de la ville dans sa mobilité et ses transformations, il se différencie du corps masculin, celui d'Iven Zohar qui, lui, reste en dehors du lieu et n'arrive pas à l'intégrer ni à sonder ses secrets. Tous les efforts D'Iven Zohar aboutissent à l'errance et à la perte : « Dans ce cas, pourquoi me laisser quêter, errer, arpenter toutes ces villes ? »,[21] s'interroge-t-il.

Radia, figure incarnant la beauté et le désir dans *Cours sur la Rive sauvage*, se confond avec le lieu pour devenir elle-même lieu : elle est la ville-nova, ville neuve, ville de lumière : « Cette ville, c'était Radia, Radia ainsi métamorphosée, ou quelque chose d'elle. »[22] Cette ville qui se déplace, se décompose, disparaît, réapparaît : « La ville s'était déplacée, elle s'était reconstituée sans arrêt, à tous les pas, autour de moi »,[23] est à la fois merveilleuse et cruelle :

---

19 *Ibid.*, p. 76.

20 *Ibid.*

21 *Ibid.*, p. 129.

22 *Ibid.*, p. 105.

23 *Ibid.*, p. 131.

> la ville qu'on va voir, feu et sang, flamboyer sans pitié ; insolente et belle, la grande promesse ; parée de son cynisme, de sa cruauté, de son arrogance, l'ombre et la proie.[24]

La ville se soumet à son tour au démembrement. « Aucune chose ne bougeait, les constructions se démembraient autour de moi, à la même distance, ni plus près ni plus loin, et avec quelle lenteur »,[25] dit Iven Zohar, et subit une anthropomorphisation : « Cette ville était authentiquement femme ».[26]

De l'unicité au dédoublement, à la pluralité, le corps féminin ne se soumet pas à une construction définitive : dès son apparition, il se transforme, se fragmente, se déconstruit, jusqu'à s'annuler pour se reconstruire. Il devient dans ce schéma un projet de recommencement éternel, un jeu qui ne cesse d'étonner le personnage et le lecteur jusqu'à quitter le monde humain pour intégrer le merveilleux et le fantastique. L'écriture essaie de posséder le corps en le transformant, en le façonnant, en le démembrant, mais elle ne possède que son ombre puisque sa construction ne se réalise jamais. En effet le corps ne se construit en vérité que dans le rêve : « Mes mains rêvèrent de cheveux, [dit Iven Zohar], d'épaules, de hanches. Aussitôt le corps de Radia renaquit, sa blondeur ressuscita sous mes yeux, habillée d'ardente grâce ».[27] Il rentre ainsi dans l'inachevé.

Dans l'écriture de Dib, le corps tant masculin que féminin se soumet à différentes phases de constructions : il se transforme, se fragmente, se multiplie, s'amincit, s'illumine, se brouille, se pétrifie, jusqu'à fondre et s'évaporer pour reprendre vie. Sa construction oscille entre la vie et la mort et sa vie demeure projet de construction-destruction.

La relation corps masculin/corps féminin

Le travestissement

L'amour et le désir fondent les relations entre corps masculin et corps féminin. Dans *Habel*, la masculinité et la féminité sont parfois inséparables. Elles résident dans le personnage du Vieux appelé la Dame de la Merci et se jouent à tour de rôle par le biais du travestissement. Le corps échappe alors à sa réalité pour entrer dans l'artifice. Le trouble qu'émet la Dame de la Merci dans le

24 *Ibid.*, p. 44.

25 *Ibid.*, p. 132.

26 *Ibid.*, p. 107.

27 *Ibid.*, p. 151.

chemin de Habel, celui de la quête de la vérité et de l'amour, provient essentiellement de ce jeu avec le corps et ses ambiguïtés :

> [...] seulement alors il vit qui se tenait en face de lui, il reconnut le regard inchangé sous le fond de teint, l'ombre pour les yeux, les faux cils et la perruque.[28]

Figure de l'illusion, La Dame de la Merci entraîne tout un monde de Habel vers l'illusion. Le corps s'inscrit alors dans l'ambivalence et les faux-semblants, il devient jeu des apparences à la fois masculine et féminine et la relation corps masculin/corps féminin est brouillée. Ni la féminité ni la masculinité ne s'affirment, et l'identité du personnage oscille entre les deux. Le travestissement qui trompe l'autre, affecte aussi l'écriture pour faire d'elle une écriture déguisée. Lieu de tromperie, l'écriture entraîne le lecteur sans lui montrer de transparence. La relation entre les deux corps est encore plus forte quand il s'agit de l'affirmation de la masculinité et de la féminité à travers le désir qui les hante comme dans *Cours sur la Rive sauvage*.

Vers une danse macabre

Dans *Cours sur la Rive sauvage*, deux corps, celui d'Iven Zohar et celui de Radia, se déplacent dans une spatialité qui est elle-même mouvante. Le rapprochement des deux personnages se traduit par une suite ininterrompue de gestes. On tire l'autre vers soi, on le refoule, on l'enlace, on le tient tantôt par les mains, tantôt par les bras sans jamais le rejoindre.

> Suspendue à mon bras, [dit Iven Zohar,] Radia sautillait sur ses talons. Je serrai le coude contre mon corps pour lui offrir plus de prise. En se soulevant, ses cheveux me frappaient au visage.[29]

Le mouvement qui hante les personnages s'effectue souvent en vue de se rapprocher de l'autre, de le séduire ou encore de le détourner pour l'atteindre. L'on assiste alors à des corps qui se meuvent dans tous les sens sans jamais s'arrêter.

Dans ces tentatives de se rapprocher, le mouvement répétitif acquiert un rythme et devient danse, celle qui s'effectue dans la tourmente de la quête de l'autre et rappelle par la succession des mouvements et par leurs diversités, par

28 Dib, *Habel, op. cit.*, p. 40.

29 Dib, *Cours sur la Rive sauvage, op. cit.*, p. 8.

la légèreté et la plasticité des corps, la pratique du patinage. Danse qui touche les êtres de la ville et les emporte, pour former un spectacle fascinant :

> À intervalles réguliers, elles se groupaient selon un ordre déterminé. Mon œil captait leur va-et-vient d'ombres blanches et demeurait fasciné par le ballet que composaient leurs vols.[30]

Habel, lui, ne cesse de s'interroger sur les présences féminines : Sabine/Lily et le Vieux/La Dame de la Merci. La durée de cette poursuite dans le temps et dans l'espace, les difficultés qu'elle engendre, font de la femme un lieu de désir que l'homme cherche à atteindre : « Accentuant la pression qu'elle exerçait sur ses bras, la femme le fit se tourner, puis s'éloigner de là. »[31] Mue par le désir et la possession, la danse des corps entraîne le rapprochement, elle fonctionne non seulement comme un événement, mais elle instaure aussi une relation complexe au niveau de l'histoire du roman. Le rapprochement de Radia et d'Iven Zohar se transforme en une quête de la femme désirée dont le corps en détermine les limites et les conditions : chaque fois qu'Iven Zohar croit se rapprocher de Radia, il subit une transformation. La rencontre de Habel et de La Dame de la Merci marque le début d'un itinéraire de séduction : le geste du Vieux est signe d'invitation : « Surgissant de l'ombre un bras […] s'enroule autour de sa poitrine. Il s'en libère, comme d'un serpent, avec vivacité. »[32] Chaque fois que Habel se rapproche de ce personnage, sa perte s'accentue et son itinéraire engendre le tragique. Engendrée par la faim et la soif de l'autre, le corps-à-corps devient violence et dévoration. Ainsi, le corps féminin boit dans Habel : « La même qui le porte à boire son visage, boire son corps plus nu qu'une flamme, vider cet alcool pur, absorber le néant de son regard. »[33] Mais cette consommation devient à un certain moment réciproque, jusqu'à l'éreintement et l'usure : « Qu'est-ce qui va se passer maintenant ? Qui dévorera l'autre, l'avalera tout cru ? […].' »[34], se demande Habel. Elle est dévoration, engloutissement jusqu'à l'annulation du corps : « une envie de se rassasier d'elle, dit Habel de Sabine, s'épuiser, s'apaiser, s'engloutir en elle ».[35] Plongeant les deux amants dans l'inconscience,

---

30 *Ibid.*, p. 116.
31 Dib, *Habel, op. cit.*, p. 107.
32 *Ibid.*, p. 59.
33 *Ibid.*, p. 90.
34 *Ibid.*, p. 85.
35 *Ibid.*, p. 90.

> ne vivant que de leur faim dévorante l'un pour l'autre, ne connaissant que la soif qui les jette l'un pour l'autre, ils restent des journées entières enfermés, bouclés et suspendus l'un à l'autre, pour retomber seulement dans l'inconscience.[36]

La rencontre des deux corps dépasse les personnages pour affecter la nature et engendrer des miracles : c'est à travers le regard de Hellé que la nature se meut, se transforme, et transporte les deux personnages : « Elle me fit face et planta ses regards sur moi. La colline se mit à glisser dans la nuit. La nuit redevint flots et marées »,[37] dit Iven Zohar. La relation entre masculinité et féminité décrit des comportements étranges. Le corps masculin ne cesse d'être à la recherche du corps féminin qui incarne le sublime et le désir brûlant. Leur rencontre exige une danse qui dure dans le temps et dans l'espace, et les rares fois où elle se réalise, elle devient lutte, cannibalisme, danse macabre qui tend à la destruction du corps.

Le corps textuel

Lieu de corps en perpétuelle construction, de corps en peine, le texte se construit sur l'instabilité, celle de l'espace, celle du personnage, jusqu'à l'instabilité de l'identité.

Le nom en construction

> *Visage planté sous un visage*
> *Et au bord d'une grève qui guette*
> *Ce détour et retour de tendresse*[38]

Dans ce poème intitulé *Ton nom*, Dib parle d'un double visage, ce qui montre que sa poésie comme ses romans affichent l'ambiguïté du personnage et par suite, celle de l'identité. « Visage planté sous un visage »,[39] nous rappelle La Dame de la Merci, figure séductrice et trompeuse dans *Habel*. En plus du

---

36 *Ibid.*, p. 87.

37 Dib, *Cours de la Rive sauvage*, *op. cit.*, p. 153.

38 Mohammed Dib, « Ton nom », dans *Formulaires*, Paris, Éditions du Seuil, 1970, p. 64.

39 *Ibid.*

travestissement, tromperie par l'artifice, l'identité de ce personnage oscille entre Le Vieux et la Dame de la Merci. Ce Vieux qui « n'est pas vraiment un nom, dit Habel », et de poursuivre : « *Mais il n'avait pas jugé utile de se présenter. Alors je l'ai baptisé le Vieux, n'ayant pas trouvé autre chose.* »[40]

La souillure de Habel par le Vieux n'a pas de nom, faut-il peut-être le chercher ? De même, Habel devant la Dame de la Merci, pense à un autre nom pour lui-même : « Habel se dit alors : mon nom à moi est Ismaël. Il n'eût pas trouvé mieux s'il avait désiré prononcer des mots qui protègent. »[41] Sabine, évoquant leur cannibalisme qui traduit la violence de leur désir et participe à la recherche du nom, « pouvait se passer de nom, s'appeler Kannibale ».[42] Comme si l'on pouvait choisir son nom à tout moment. Le nom féminin ou encore le nom qui est en rapport avec la féminité s'inscrit dans l'ambiguïté. Instable dans le temps et dans l'espace, il se dédouble et rentre alors dans l'entre-deux pour perdre son caractère identitaire. Et de cette façon, il accentue le caractère échappatoire au niveau du personnage et au niveau de l'écriture.

Le personnage littéraire dibien apparaît sous plusieurs identités. Son nom se présente comme projet dont la réalisation reste en cours. Il se construit dans le dédoublement et agit dans l'histoire du roman pour devenir l'événement le plus important.

La parole sans visage ou le corps nu

L'inachèvement au niveau de la construction du corps entraîne l'écriture dans une dimension d'attente, celle d'une vraie construction. Cependant, le texte s'ouvre à une multiplicité de voix qui alternent et se croisent dans Habel : celle du narrateur, et une autre dont l'origine demeure inconnue ; elle vient de l'au-delà, elle n'a pas de sujet, elle est elle-même sujet. Parole mystérieuse, sans visage, elle fuse de toute part, se déplace, menace, harcèle et devient porteuse d'un discours de mort. En se posant sur Habel comme se pose une main : « La voix se posa sur lui telle une main à ce moment, une sale main partie d'un recoin d'ombre ».[43]

Cette voix naît de la mort puisqu'elle sort de la bouche d'un mort. Son origine justifie l'absence de sa charge. Elle est, comme sa source l'indique, une parole silencieuse, une parole qui ne dit rien. Une parole qui se parle et représente

40 Dib, *Habel, op. cit.*, p. 27.

41 *Ibid.*, p. 50.

42 *Ibid.*, p. 85.

43 *Ibid.*, p. 170.

« un degré zéro »[44] de la signification selon l'expression de Philippe Sollers, qui rappelle la fameuse expression de Roland Barthes du degré zéro de l'écriture[45]. La voix de la mort contribue ainsi à la construction du texte et donne lieu à une écriture tissée d'un lexique significatif comme par exemple : peine, pétrin, échec, maux, assassin, tombe, crâne, mort.

Dans cette quête douloureuse de son protagoniste, l'auteur crée une parole qui se détache du monde humain pour accéder à un autre jusqu'à toucher son origine. Cette parole, une voix sans corps et sans visage, revient sur elle-même. Dès que la réponse fait défaut et l'interrogation se maintient, elle revient à son point d'origine et « la réponse devient l'absence de réponse » selon le dire de Blanchot :

> Mais quand la réponse est l'absence de réponse, la question à son tour devient l'absence de question (la question mortifiée), la parole passe, fait retour à un passé qui n'a jamais parlé, passé de toute parole.[46]

Outre cette parole étrange qui s'impose et fait corps dans le texte dibien, celui-ci subit un manque et se charge d'une absence. Le blanc des pages 60 et 112, laisse une place réduite au texte pour rappeler le frère et la blessure de l'exil : « suis-je le gardien de mon frère »,[47] comme si ce souvenir effaçait tous les autres mots et réduisait le texte à sa seule évocation. Le blanc figure dans le corps du texte comme un arrêt, un démembrement. Ainsi, le texte se morcelle pour se détacher de la corporéité et rejoindre le morcellement des corps de certains personnages.

Une alternance de caractères s'ajoute à ce manque. Le caractère normal cède la place à l'italique chaque fois qu'il s'agit de cette parole du Vieux appelée aussi « voix de la mort ». Cette alternance de deux voix, une parole qui vient d'en haut et une autre qui vient d'en bas, tisse une dualité et provoque un retour incessant de l'écriture aux mêmes objets, aux mêmes thèmes et aux mêmes personnages. Corps ouvert selon l'expression de Grossmann, le texte est alors en quête de la diversité et de la pluralité :

> Les textes de Joyce et d'Artaud nous invitent à concevoir un espace ouvert et inachevé. Œuvres aux limites instables, perpétuellement *in progress* dans le procès de lecture qu'elles impliquent et qui les sous-tend, elles

---

44 Philippe Sollers, *L'Écriture et l'Expérience des Limites*, Paris, Éditions du Seuil, 1968, p. 20.

45 *Cf.* Roland Barthes, *Le Degré zéro de l'Écriture*, Paris, Éditions du Seuil, 1953.

46 Maurice Blanchot, *L'Écriture du désastre*, Paris, Gallimard, 1980, p. 54.

47 *Ibid.*

> témoignent de la transformation qui, dans les textes modernes, affecte les rapports entre l'auteur et le lecteur.[48]

Le corps du texte dans *Cours sur la Rive sauvage* s'ouvre à une nouvelle écriture, celle de l'amour et celle de la mort : Hellé devient cité dont

> les murs se sont enroulés et rapprochés, vibrant impétueusement, resplendissant. Ils ont fini par composer un symbole, ou ce que je crois en être un ; figure, parole incertaine, qui semblait vouloir m'apprendre. Tes yeux voient l'écriture de l'amour. C'est le sceau à jamais interdit. Tes yeux voient l'écriture de la mort.[49]

Portant le manque et l'absence, oscillant entre vide et plein, le texte devient boiteux et affiche l'ambiguïté ; il s'ouvre à la construction-destruction en tant que lieu d'amour et de mort.

Vers un corps-signe

« Quand tout est dit rien n'est dit »,[50] dit l'auteur dans le commentaire de son recueil poétique *Feu beau feu*. Dib essaie par tous les moyens d'atteindre un langage significatif. Il transmet par le langage qu'il veut entraîner ses personnages jusqu'aux limites de leur quête, jusqu'à la folie, jusqu'à les plonger dans l'enfer, pour sonder les limites de l'écriture et le degré de ses significations. Dans le monde labyrinthique où se trouve le narrateur de *Cours sur la Rive sauvage*, le corps de Radia devient signe qui illumine parfois le chemin pour Iven Zohar et le détourne du monde des significations, du monde d'autrefois :

> Cependant la salle s'estompa en un clin d'œil et cessa d'exister. Le pourvoyeur aussi fondit, et je fus, de là, conduit par Radia, ou plutôt par le corps d'une flamme bleue qu'elle avait emprunté à travers les soubassements de la terre.[51]

48 Evelyne Grossmann, *Artaud-Joyce, le Corps et le Texte*, Paris, Nathan, 1998, p. 16.

49 Dib, *Cours sur la Rive sauvage, op. cit.*, p. 158.

50 Mohammed Dib, *Feu beau feu*, Paris, Éditions du Seuil, 1979, p. 7.

51 Dib, *Cours sur la Rive sauvage, op. cit.*, p. 101.

Dans *Habel*, le texte se tisse d'une parole qui se pratique jusqu'à défier le temps et l'espace. Elle s'éternise à travers le héros qui parle sans interruption jusqu'à la mort et même après elle sans donner de réponses : « Je le raconterai, dit Habel. Je le redirai. Je le répéterai à celui qui me mettra dans ma tombe. »[52] Cette parole « qui se parle »[53] selon l'expression de Todorov, rime avec la mort : « La parole la plus belle est celle qui se parle. En même temps, c'est une parole qui égale à l'acte le plus violent qui soit : se donner la mort ».[54]

Le texte fondé sur un monde de construction-destruction, celle du corps, celle du lieu, ne peut être lieu d'une écriture significative. Faute de donner un sens, l'écriture adopte un mouvement de retour sur les mêmes événements : Habel passe son temps à évoquer le retour et le carrefour qui deviennent à la longue un retour au suicide et à la mort. Il rumine le passé, temps de l'exil. Iven Zohar ne cesse d'évoquer Radia/Hellé et le voyage effectué dans sa ville merveilleuse. Ce retour crée une parole répétitive, une parole vide qui tourne dans le vide ne servant qu'à rappeler ce retour jusqu'à l'obsession. Le texte se tisse alors de douleurs et de cassures pour afficher la solitude, la blessure, la fuite, le désarroi, le viol, la souillure, le séisme, le suicide et la mort. L'écriture, elle, se confronte à la folie et à la perte, devient écriture de la « limite »[55] puisqu'elle montre que le sens comme la vie se trouvent ailleurs : « Il n'y a pas de réponse. Mais il y une autre vie au-dedans de moi, elle s'étire, tendre pellicule, recouvrant un printemps en train de reverdir »,[56] dit Iven Zohar. L'écriture significative ou le corps-signe du texte est exprimé dans des symboles comme cette découverte à la fin de *Cours sur la Rive sauvage* : la ville, lieu de rencontre des deux écritures : celle de l'amour et celle de la mort.

Conclusion

La construction du corps masculin/féminin dans l'écriture de ces deux romans est une expression de l'inachèvement (représenté par la construction et la déconstruction), thème qui marque la deuxième partie de l'œuvre dibienne comme *Les Terrasses d'Orsol* ou encore *Le Sommeil d'Eve*. Le corps masculin/féminin s'inscrit dans un itinéraire de peine et de tourment. Sa construction

52 Dib, *Habel, op. cit.*, p. 70.

53 Tzvetan Todorov, *Poétique de la Prose*, Paris, Éditions du Seuil, 1978, p. 26.

54 *Ibid.*

55 J'emprunte ce mot à Sollers, *L'Écriture et l'Expérience des limites, op.cit.*, p. 33.

56 Dib, *Cours sur la Rive sauvage, op. cit.*, p. 158.

incarne la souffrance et la transformation, et aboutit souvent au démembrement en vue d'une reconstruction. Le corps féminin, objet de désir brûlant, se montre parfois angélique, parfois satanique. Il oscille entre la vie et la mort, entraîne le corps masculin dans un monde d'épreuves dangereux et fantastique et condamne l'espace au séisme. Signe de liberté et d'indépendance, la figure féminine échappe à l'homme pour l'inciter à une poursuite éternelle. La féminité devient alors la raison d'être de l'écriture dibienne et de la représentation du masculin à l'intérieur d'elle. La construction renouvelée du corps masculin/féminin, la quête sans aboutissement, agissent au niveau de l'écriture et provoquent son échappatoire. L'œuvre de Dib, réputée difficile voire complexe, aspire à une nouvelle construction : celle de l'écriture fondée sur le rêve et le désir, celle d'un nouveau monde.

Bibliographie

Romans

Dib, Mohammed, *Habel*, Paris, Éditions du Seuil, 1977.
Dib, Mohammed, *Cours sur la Rive sauvage*, Paris, Éditions du Seuil, 1964.

Ouvrages

Akaichi, Mourida, *Un théâtre de voyage*, Paris, L'Harmattan, 2005.
Barthes, Roland, *Poétique*, Paris, Éditions du Seuil, 1981.
Barthes, Roland, *Essais critiques IV. Le Bruissement de la langue*, Paris, Éditions du Seuil, 1984.
Barthes, Roland, *Le Degré zéro de l'Écriture*, Paris, Éditions du Seuil, 1953.
Blanchot, Maurice, *L'Espace littéraire*, Paris, Gallimard, 1955.
Blanchot, Maurice, *L'Écriture du désastre*, Paris, Gallimard, 1980.
Bonn, Charles, *Le Roman algérien de langue française*, Paris, L'Harmattan, 1985.
Borel, France, *Le Corps-spectacle*, Bruxelles, Éditions de l'Université de Bruxelles, 1987.
Brodziak, Sylvie, éd., *Le Corps à l'œuvre*, Paris, Le Manuscrit, 2007.
Dib, Mohammed, *Feu beau feu, poèmes*, Paris, Éditions du Seuil, 1979.
Goldenstein, Jean-Pierre, *Lire le Roman*, Bruxelles, De Boeck, 1999.
Grossmann, Evelyne, *Artaud-Joyce, le Corps et le Texte*, Paris, Nathan, 1998.
Richir, Marc, *Le Corps. Essai sur l'Intériorité*, Paris, Hatier, 1993.
Valette, Bernard, *Esthétique du roman moderne*, Paris, Nathan, 1993.
Sollers, Philippe, *L'Écriture et l'Expérience des limites*, Paris, Éditions du Seuil, 1968.
Todorov, Tzvetan, *Poétique de la Prose*, Paris, Éditions du Seuil, 1978.
Todorov, Tzvetan, *Littérature et signification*, Paris, Larousse, 1967.

Articles

Bonn, Charles, « L'Exil fécond des romanciers algériens », dans Jacques Mounier, éd., *Exil et Littérature*, Grenoble, Éditions littéraires et linguistiques de l'Université de Grenoble (ellug), 1986, pp. 68-79.

Deplanques, François, « The Long Luminous Wake of Mohammed Dib », *Research in African Literature* 23, nº 2, été 1992, pp. 71-87.

Miraglia, Anne Marie, « L'Errance chez Malika Mokeddem entre l'Exil et l'Impossible Retour », *Expressions maghrébines* 4, 2005, pp. 143-156.

Index

www.ingramcontent.com/pod-product-compliance
Lightning Source LLC
LaVergne TN
LVHW010544300926
849162LV00002B/232
* 9 7 8 9 0 0 4 3 4 1 5 6 2 *